W0260710

Adolf Melezinek

Ingenieurpädagogik

Praxis der Vermittlung technischen Wissens

Vierte, neubearbeitete Auflage

SpringerWienNewYork

O. Univ.-Prof. Dipl.-Ing. Dr. Dr. Adolf Melezinek
Universität Klagenfurt
Klagenfurt, Österreich

Druck und Bindearbeiten: Druckerei Theiss GmbH, A-9400 Wolfsberg
Graphisches Konzept: Ecke Bonk
Gedruckt auf säurefreiem, chlorfrei gebleichtem Papier – TCF
SPIN: 10725602

Mit 91 Abbildungen

Die Deutsche Bibliothek – CIP-Einheitsaufnahme

Melezinek, Adolf:
Ingenieurpädagogik ; Praxis der Vermittlung technischen Wissens / Adolf Melezinek. – 4., neubearb. Aufl. – Wien ; New York : Springer, 1999

ISBN-13:978-3-211-83305-6 e-ISBN-13:978-3-7091-6802-8
DOI: 10.1007/978-3-7091-6802-8

Meiner Frau Vera,
deren Verständnis und stetes Interesse
meine Arbeit sehr gefördert haben

Vorwort zur ersten Auflage

Das letzte Jahrhundert und insbesondere die letzten Jahrzehnte brachten eine enorme Entwicklung der Technik; diese Entwicklung wirkt sich auch auf das Bildungssystem aus. Mit der Bedeutung der Technik nimmt auch die Bedeutung des technischen Unterrichts zu – in ihm werden ja die gewonnenen Erkenntnisse an die heranwachsende Generation weitergeleitet. Das Niveau des technischen Unterrichts muß dem Niveau der modernen Technik und der gesellschaftlichen Entwicklung entsprechen.

Die Wiedergabe der zu unterrichtenden Sachverhalte muß einerseits fachwissenschaftlichen Kriterien standhalten, andererseits muß sich der Dozent mit den Fragen, die sich aus der Vermittlung der technischen Inhalte an seine Studenten und Schüler ergeben, befassen. Ein Charakteristikum des Technik-Unterrichtes ist daher ein Ineinander fachlicher und didaktischer Aspekte. Es genügt nicht, daß der Dozent den Stoff beherrscht – er muß auch Klarheit darüber haben, wie der Lernende optimal zur Erkenntnis geführt werden kann.

Um zur richtigen Systematik und Methodik des Unterrichtens zu gelangen, sind grundlegende Untersuchungen erforderlich. Zu grundsätzlichen Überlegungen bleibt aber dem praktizierenden Dozenten in der Fülle der täglich anfallenden Arbeit wenig Zeit.

Die vorliegende Arbeit will dem Techniker, der das Lehramt ergreifen möchte, wie auch dem schon lehrenden Techniker eine praxisnahe Hilfestellung leisten. Das Buch soll einen Überblick über den Bereich der Lehre der Technik geben und gleichzeitig Hilfe für einen fachgerechten und erfolgversprechenden Unterricht technischer Fächer sein. Es soll nicht konkrete „Rezepte“ liefern, sondern Anregungen und Impulse für die schöpferische Gestaltung des Unterrichts durch die individuelle Lehrerpersönlichkeit.

Dieses Buch möchte zur bewußten Gestaltung und damit zur Verbesserung der Lehre der Technik beitragen – und dies womöglich an allen technischen Ausbildungsstätten, von der Berufsschule, über die mittleren und höheren technischen Lehranstalten bis zu den technischen Hochschulen und selbstverständlich auch an den verschiedenen Ausbildungsstätten der Industrie sowie weiterer Institutionen.

Der Unterrichtsprozeß mit seinem vielschichtigen Zusammenspiel aller Einflußgrößen bildet ein außerordentlich komplexes Erkenntnisobjekt und kann in einer Arbeit dieses Umfangs sicher nicht vollständig abgebildet werden. Für ein vertiefendes und weiterführendes Studium sind darum zum Abschluß der einzelnen Kapitel dieses Buches jeweils einige Literaturangaben zusammengefaßt.

Klagenfurt, im Sommer 1977 Adolf Melezinek

Vorwort zur zweiten Auflage

Alle Ergänzungen und Erweiterungen der ersten Auflage dieses Buches habe ich dem Ziel untergeordnet, das Vorurteil vom Ingenieur, der „nicht reden kann", weiter abzubauen. Auch Ingenieure und Techniker brauchen, heute mehr denn je, kommunikative Fähigkeiten, Fähigkeiten, über ihre Leistungen zu berichten, leichtverständlich technische Informationen zu vermitteln.

Neben Technik-Lehrern versuche ich in der zweiten Auflage der „Ingenieurpädagogik" gezielt auch Ingenieure und Techniker in Betrieben und anderen Institutionen der technischen Praxis anzusprechen. Personen, die Vorträge halten müssen, Personen, die technische Geräte und Einrichtungen vorführen, Mitarbeiter in die Funktion von technischen Anlagen einweisen müssen usw. usw. Es handelt sich um einen breiten Personenkreis, nicht nur um Ingenieure und Techniker, die fachspezialisiertes technisches Wissen professionell vermitteln, sondern im weitesten Sinn um alle Ingenieure und Techniker. Sie alle müssen nämlich häufig ein technisches Orientierungswissen vermitteln, welches auch Nichttechnikern ein gewisses Maß an Kenntnissen für unsere technisierte Welt anbietet. Gemeint ist hier auch ein technisches Orientierungswissen für Entscheidungsträger in Politik und Wirtschaft.

Um auch den in ihrer technischen „Kerntätigkeit" stark ausgelasteten, den aus dieser Sicht „eiligen" Lesern, die sich schnell informieren möchten, einen praxisnahen Einblick in die Ingenieurpädagogik zu erleichtern, habe ich an jedes Kapitel eine knappe Zusammenfassung – wichtige „Praxis-Tips" – angefügt. Um ein ausführliches Studium des Buches zu erleichtern, steht am Ende des Buches ein Glossar, eine Erklärung der wichtigsten im bildungswissenschaftlichen Bereich häufig verwendeten Fachwörter, zur Verfügung.

Klagenfurt, im Sommer 1986 Adolf Melezinek

Vorwort zur dritten Auflage

Nachdem die erste Auflage dieses Buches vergriffen war, erschien 1986 die zweite Auflage und in der Folge 1989 die ungarische Übersetzung, „Mérnökpedagógia", und 1991 die tschechische Übersetzung, „Inženýrská pedagogika". Das Interesse an diesem Buch ist so groß, daß nunmehr schon die dritte deutschsprachige Auflage erscheinen kann. Die neue Auflage ist in einigen Abschnitten ergänzt und überarbeitet, und ich hoffe, daß auch diese „Ingenieurpädagogik" womöglich vielen Lesern von Nutzen sein wird.

Klagenfurt, im Frühsommer 1992 Adolf Melezinek

Vorwort zur vierten Auflage

Anknüpfend an die bisherigen drei deutschsprachigen Auflagen der „Ingenieurpädagogik“ (1977, 1986, 1992) wurden auch Übersetzungen ins Ungarische (1989), ins Tschechische (1991, 1994), Slowenische (1997) und ins Russische (1997, 1998) veröffentlicht. Das Interesse an diesem Buch ist so groß, das nunmehr eine weitere – vierte deutschsprachige – Auflage erscheinen kann.

Die Auflage wurde in einigen Abschnitten aktualisiert und entspricht u. a. voll dem Qualifikationsprofil für Technik-Dozenten des internationalen Berufsregisters „European Engineering Educator – Europäischer Ingenieurpädagoge ‚ING-PAED IGIP‘ “.

Ich hoffe, daß auch diese vierte Auflage der „Ingenieurpädagogik“ vielen Lesern von Nutzen sein wird.

Klagenfurt, im Winter 1998/99 — Adolf Melezinek

Inhaltsverzeichnis

Einleitung

Beginnen wir mit einem Beispiel aus dem Alltag, einem Vorfall, der Ihnen jederzeit geschehen kann. Da stellt man Ihnen die Frage: Herr X, Sie arbeiten schon einige Jahre in der Entwicklung integrierter elektronischer Schaltungen. Wären Sie bereit, in ca. 4 Wochen bei der Jahreshauptversammlung unserer Gesellschaft einen Vortrag über die Möglichkeiten der Verwendung solcher Schaltungen in medizinischen Geräten zu halten?

Angenommen, Sie bejahen die Frage. Was unternehmen Sie in der Folge? Selbstverständlich kann ich nicht Ihre individuellen diesbezüglichen Aktivitäten genau beschreiben. Eine weithin beobachtbare Praxis belegt aber, daß viele Personen in der angenommenen Situation umgehend darangehen, den Redetext zu entwerfen. Meist als „Aufsatz", ausgefeilt und ausgetüftelt bis ins kleinste Detail. Überlegungen wie etwa: „Welche Vorkenntnisse und Einstellungen zu meinem Thema haben wohl die Zuhörer?", „Sollte ich zur Unterstützung meines Vortrages Dias, Transparentfolien verwenden?", „Welche ‚anregende Zutaten' sollte ich für die bessere Verständlichkeit meines Textes verwenden?" bleiben meistens in den Grauzonen der Überlegungen liegen.

Bei der Gestaltung eines **wirkungsvollen** Vortrages, bei der Realisierung jeder **wirkungsvollen Informationspräsentation**, sind viele Einflußgrößen zu berücksichtigen. Kehren wir zu unserem Vortrag zurück, und zwar in Form einer Gegenüberstellung.

Variante 1

- Sie gestalten Ihren Vortrag, ohne genau die Ziele, welche Sie bei Ihren Zuhörern erreichen wollen, zu überlegen,
- ohne die Verwendung von Medien (Diaprojektor usw.),
- Vortragsbeginn um 13.30, also unmittelbar nach dem Mittagessen,
- Vortragsdauer 60 Minuten.

Variante 2

- Sie definieren sich genau die Ziele des Vortrages,
- Sie wählen, den Zielen entsprechend, die Kernbegriffe des Vortragsstoffes und analysieren die Zusammenhänge dieser Begriffe,

- Sie wählen bewußt Medien (z.B. Overheadprojektor und Diaprojektor) zur Unterstützung Ihres Vortrages,
- Vortragsbeginn um 9 Uhr vormittags,
- Vortragsdauer von 90 Minuten einschließlich Diskussion, zwischendurch eine kurze Kaffeepause.

Wie wäre wohl die Resonanz der Zuhörer bei der Gestaltung des Vortrages nach Variante 1, wie bei Variante 2?

Bei der zweiten Variante könnte wahrscheinlich ein besserer Erfolg nicht ausbleiben.

Jeder Vortrag, jede Rede, jedes Lehrgespräch, jede **Kommunikation**, spielt sich in einem **kommunikativen Wirkungssystem**, unter dem Einfluß bestimmter Faktoren, bestimmter Einflußgrößen, ab.

Eine systematische Vorbereitung, die **bewußte Berücksichtigung aller entscheidenden Einflußgrößen**, erhöht die Erfolgschancen Ihres Vortrages.

Auch systematischer Unterricht spielt sich im kommunikativen Wirkungssystem ab. Auch an technischen Schulen sind die das Unterrichtsgeschehen bestimmenden Faktoren, die pädagogischen Variablen, die entscheidenden Einflußgrößen, immer zu berücksichtigen.

Struktur des Buches

Darum werden wir dieses Buch mit der Darstellung des kommunikativen Gesamtzusammenhanges beginnen. Im Kap. 1 „Gegenstand und Ansatz der Ingenieurpädagogik“ sind die theoretischen Grundlagen der wissenschaftlichen Disziplin „Ingenieurpädagogik“, kurz zusammengefaßt. Ein wissenschaftliches Grundwissen erleichtert die wirkungsvolle Gestaltung der Wissensvermittlung.

Die weiteren Kapitel befassen sich geradewegs mit den einzelnen Faktoren des kommunikativen Wirkungssystems. Jeder Komponente, jeder Einflußgröße, d. h. jedem Schritt der Vorgangsweise bei der Vorbereitung einer Informationspräsentation, ist ein Kapitel des Buches gewidmet.

Die wirkungsvolle – praktisch bewährte und theoretisch untermauerte – Vorgangsweise bei der Planung einer Informationspräsentation zeigt folgende graphische Darstellung:

Ziele festlegen

Es ist wenig sinnvoll, sich mit der Frage zu befassen, welcher Weg am schnellsten zu Ihrem Bestimmungsort führt, ehe Sie wissen, welches dieser Bestimmungsort ist. Dies gilt auch für Ihren Vortrag, Ihre Rede, Ihren Text oder Ihren Unterricht. **Setzen Sie sich darum als erstes ein klares Ziel!** Definieren Sie den „Soll-Zustand", den Sie mit Hilfe Ihres Textes beim Leser, oder mit Hilfe Ihres Vortrages bei den Zuhörern erreichen wollen. Die Besprechung der einzelnen Faktoren des kommunikativen Wirkungssystems wollen wir auch in diesem Buch mit der Einflußgröße **Ziel** beginnen (Kap. 2).

Stoff auswählen

Jeder Tag bringt uns neue Informationen, wir haben (insbesondere in der Technik) eine richtige Wissensflut zu bewältigen. **Wählen Sie darum – ausgehend von Ihren Zielen – aus den verfügbaren Informationen bewußt die wichtigsten aus!** Vermeiden Sie Überlastungen Ihrer Hörer. Konzentration auf die wichtigsten Phänomene und Begriffe ist pädagogisch wertvoll, weil dadurch Wesentliches deutlicher hervortritt. In Kap. 3 befassen wir uns mit den zu vermittelnden Informationen, mit der Einflußgröße **Lehrstoff**.

Adressaten einschätzen

Wichtig für die erfolgreiche Wissensvermittlung ist die Kenntnis der Adressaten, an welche Sie Informationen vermitteln. Als „Informationssender", d.h. als Lehrer, als Textautoren usw. müssen Sie Vorkenntnisse, Einstellungen und Motive Ihrer Adressaten beachten. **Beziehen Sie die von Ihnen gegebenen Informationen auf die Erfahrungen der Adressaten, um diesen das Verständ-**

nis zu erleichtern! Selbstverständlich spielen auch die sozio-demografischen, wirtschaftlichen und weiteren Merkmale Ihrer Adressaten eine wichtige Rolle. Kapitel 4 ist den **psychologischen und soziologischen Aspekten bei der Informationsvermittlung** gewidmet.

Medien bestimmen

Wer von uns wurde in seiner Entwicklung nicht von großen Lehrerpersönlichkeiten geprägt? Das menschliche Vorbild ist unersetzlich, es soll und wird seine Rolle auch bei zukünftigen Kommunikationsprozessen behalten. Bei der heutigen Informationsflut bietet aber auch die Technik wichtige Hilfen für die Vermittlung und den Umgang mit Wissen. Die sogenannten „klassischen" Medien (gedruckte Materialien, Tafeln, Dia- und Filmprojektoren usw.) sowie die „neuen" Medien (Video, Computer, usw.) können bei der Informationsvermittlung wirkungsvoll eingesetzt werden. Mit dieser Problematik werden wir uns im Kapitel **Unterrichtstechnologie** befassen (Kap. 5).

Methoden auswählen

Das abschließende Kapitel (Kap. 6) ist den eigentlichen **Methoden** der Vermittlung technischer Informationen gewidmet. Hier werden die möglichen „Wege" besprochen, auf denen Sie die Adressaten wirkungsvoll zu den gesteckten Zielen führen können. Neben der Diskussion zielwirksamer Methoden werden auch bewährte Lehr- und Trainingstechniken aufgezeigt. Mancher Redner schnauft beim Sprechen, er unterbricht den Redefluß oft unorganisch mitten im Satz. Was stimmt da nicht? Mancher Redner wieder spricht pausenlos und gleichmäßig-monoton. Er langweilt und bringt die Zuhörer zum Abschalten. Wichtig ist auch die Mimik (alle Formen des Gesichtsausdrucks) und Gestik (Haltung des Körpers und die Bewegung der Gliedmaßen). Mimik und Gestik sollten die Sprache sinnvoll begleiten und unterstreichen. Lehren ohne Mimik und Gestik hat keine „Farbe".

Eines sollte bei der Informationsvermittlung auf jeden Fall beachtet werden: die **Verständlichkeit**. Dies gilt sowohl für Vorträge, als auch für die Gestaltung von Texten. Haben Sie selbst sich nicht schon oft stundenlang mühsam durch Bedienungsanleitungen und Manuals gekämpft und sind dabei nicht viel klüger geworden? Auch Methoden der „Verständlichkeit" wird im letzten Kapitel Aufmerksamkeit gewidmet.

Sie wissen nun über die Struktur des vorliegenden Buches Bescheid und sollten mit seinem Durcharbeiten beginnen. Je geschickter Sie die Methoden der Informationsvermittlung handhaben werden, desto eher werden Sie Freude an Ihrer Tätigkeit finden und damit Ihren Adressaten besonders viel nützen können.

1
Gegenstand und Ansatz der Ingenieurpädagogik

Die Darstellungen dieses Buches sollen insbesondere Praktiker ansprechen. Ingenieure und Techniker, welche Vorträge halten, in der betrieblichen Aus- und Weiterbildung tätig sind, oder an technischen Schulen bzw. Hochschulen unterrichten. Darum bildet die Praxis der Informationsvermittlung den Schwerpunkt dieses Buches.

Für einen erfolgreichen Unterricht muß aber auch der Praktiker wissen, wann und warum ein spezielles lehrendes Tun sinnvoll ist. Ein angemessenes ingenieurpädagogisches wissenschaftliches Basiswissen ermöglicht ein situationsgemäßes, variables Gestalten der jeweiligen Lehraufgaben. Das heißt: Wissenschaftliche Reflexion, wissenschaftliches Interesse, kann dazu führen, daß aus schlechtem Unterricht besserer und aus gutem Unterricht sehr guter wird.

Darum wollen wir in diesem Buch auch die Theorie nicht ganz vergessen. In diesem Kapitel werden wir uns kurz mit dem Gegenstand und Ansatz der Ingenieurpädagogik befassen und das kommunikative Wirkungssystem des Unterrichtsprozesses vorstellen. Ausgehend von diesem Rahmen werden wir uns in den folgenden Kapiteln mit den einzelnen Unterrichtsprozeß-Einflußgrößen befassen.

1.1 Zum Gegenstand der Ingenieurpädagogik

Was meint der Begriff „Ingenieurpädagogik"? Wenn wir uns vorerst auf eine pragmatisch gewonnene Definition beschränken, auf eine Definition, die das beschreiben will, was in der Realität des technischen Schulwesens vorzufinden ist und auf was es aus der Sicht der Lehre der Technik prinzipiell ankommt, kann kurz gesagt werden: **Die Ingenieurpädagogik meint alle auf die Verbesserung der Lehre der Technik gerichteten und auf deren Ziel, Inhalte und Formen bezogenen Aktivitäten.**

Schon das Wortgefüge „Ingenieurpädagogik", die Verbindung der Worte „Ingenieur" und „Pädagogik", kennzeichnet das Symptomatische dieser wissenschaftlichen Disziplin, nämlich die Interaktion der Technik, der technischen Wissenschaften mit der Pädagogik, mit dem Bildungswesen. Das notwendige technische Wissen bieten der Ingenieurpädagogik die einzelnen technischen Wissenschaften, z.B. also die Elektrotechnik, das Maschinenwesen, das Bauingenieurwesen usw. Die Erkenntnisse der Pädagogik (Didaktik) werden bei der Bildung entsprechender Wissenssysteme für den Unterricht sowie bei der Unterrichtsgestaltung allgemein eingesetzt, wobei auch die Erkenntnisse weiterer Wissenschaften, wie z.B. der Psychologie, Soziologie, Informationstheorie u.a. zur Geltung kommen (s. Abb. 1).

Die Wiedergabe der zu unterrichtenden Sachverhalte muß einerseits fachwissenschaftlichen Kriterien standhalten, andererseits muß sich der Lehrende mit Fragen, die sich aus der Vermittlung der technischen Inhalte an Lernende ergeben, befassen. **Ein Charakteristikum jedes Fachunterrichtes ist daher das Ineinander fachlicher und didaktischer Aspekte.**

Wir wollen im weiteren global als Gegenstand der Ingenieurpädagogik die **wissenschaftliche Untersuchung und praktische Realisierung der Ziele und**

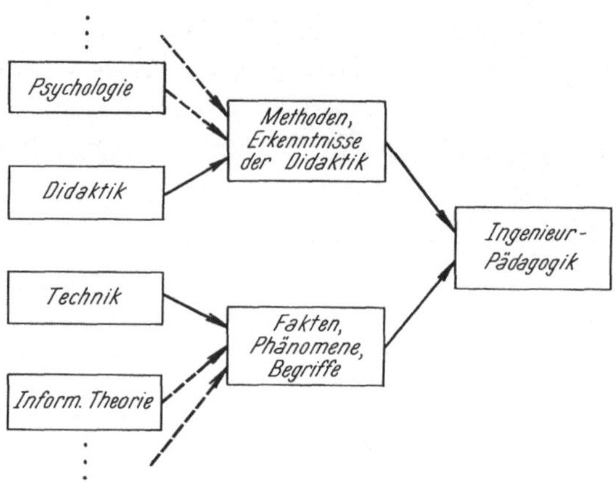

Abb. 1. Quellen der Ingenieurpädagogik

Inhalte technischer Fächer und Unterrichtsgegenstände sowie des Prozesses, in dem der Lehrstoff durch bestimmte Medien unter dem Einfluß einer bestimmten soziokulturellen Umwelt mit Hilfe bestimmter Lehrmethoden in Wissen bestimmter Adressaten umgewandelt wird, bezeichnen.

1.2 Zum Ansatz der Ingenieurpädagogik

Die wissenschaftliche Pädagogik ist durch verschiedene Schulen, durch verschiedene Strömungen gekennzeichnet, wobei vereinfacht und sehr allgemein zwei Hauptströmungen unterschieden werden können. Die eine Strömung vertritt mehr oder weniger traditionell den „philosophisch-geisteswissenschaftlichen Ansatz" und verwendet überwiegend phänomenologisch-verstehende Methoden um Einsicht in die Gegebenheiten des Unterrichtsprozesses zu gewinnen. Die zweite Strömung wird durch Wissenschaftler repräsentiert, die in einem größeren oder kleineren Ausmaß den „kybernetischen Ansatz" vertreten und überwiegend kalkülhafte Methoden verwenden. Obwohl innerhalb dieser beiden Strömungen ein weites Spektrum von Schulen vorkommt, sind ihnen gewisse Schlüsselideen gemeinsam, die sie gleichzeitig voneinander trennen.

Im deutschen Sprachraum können u. a. z. B. folgende Schulen unterschieden werden:

- die „Berliner Schule" (Heimann, Otto, Schulz)
- die „Aachener Schule" (Zielinski, Schöler, Tulodziecki sowie Zifreund, Witte u. a.)
- die Gießener Schule" (Correll u. a.)
- die kybernetische Schule" (Frank, Arlt, Graf, Lahn, Lánský, Lehnert, Riedel, Rollett, Schmid, von Cube, Weltner u. a.)

Der in diesem Buch vertretene ingenieurpädagogische Ansatz baut zwar auf den Erkenntnissen der traditionellen philosophisch-geisteswissenschaftlichen Pädagogik, akzentuiert aber stark – ausgehend von den Spezifika der technischen Wissenschaften und der Techniker – den auf dem Begriff der Information mit ihrem quantitativen Maß und dem Konzept des Regelkreises aufbauenden Ansatz der kybernetischen Pädagogik.

Der ingenieurpädagogische Ansatz versucht eine integrale Betrachtungsweise im Sinne einer „Wissenschaft sowie einer Kunst"zu realisieren, die Wissenschaft des Unterrichts mit der Kunst des Lehrers – mit der Lehrerpersönlichkeit – zusammenzuführen. Der Unterrichtsprozeß soll wissenschaftlich, womöglich kalkülhaft, durchdrungen werden – die Unterrichtstätigkeit sinnvoll algorithmiert werden, aber der Mensch und mit ihm die Kunst, die den Unterricht inspiriert und ihm schöpferischen Charakter verleiht, sollen ihre

Rolle im Unterrichtsgeschehen behalten. Die Kunst des Lehrens soll auf der Grundlage einer Wissenschaft vom Bewirken von Lernprozessen zur Geltung gebracht werden.

Ich werde nun den ingenieurpädagogischen Ansatz an einem Beispiel illustrieren und mein Verständnis des Begriffes „Unterricht“ global andeuten sowie von diesem ausgehend das Buch strukturieren.

1.2.1 Der Unterrichtsprozeß und seine Träger

Unterricht ist ein Prozeß, bei dem durch Lehren gelernt wird. Lehren verstehen wir dabei als „Lernen ermöglichen“, d.h. im Sinne von Gagné [3] als ein Arrangieren der außerhalb des Lernenden bestehenden Bedingungen.

Der Unterrichtsprozeß spielt sich zwischen zwei Polen ab – er hat zwei Träger: ein Lehrsystem (üblicherweise eine einzelne Lehrperson) und ein Lernsystem (üblicherweise eine größere oder kleinere Schüler- bzw. Studentengruppe). Zwischen Lehr- und Lernsystem werden Informationen ausgetauscht; manchmal überwiegend nur vom Lehrer zu den Schülern (monodirektional), manchmal mehr oder weniger ausgewogen in beiden Richtungen (bidirektional) (Abb. 2).

Aus den kurz angedeuteten Überlegungen ist ersichtlich, daß die Ingenieurpädagogik den Unterricht als Prozeß versteht, der wie jeder andere bestimmten Gesetzmäßigkeiten unterliegt und von einer Reihe Faktoren in seinem Verlauf bestimmt wird. Wir wollen uns nun noch kurz diesen Faktoren – den Unterrichtsprozeß-Einflußgrößen – zuwenden.

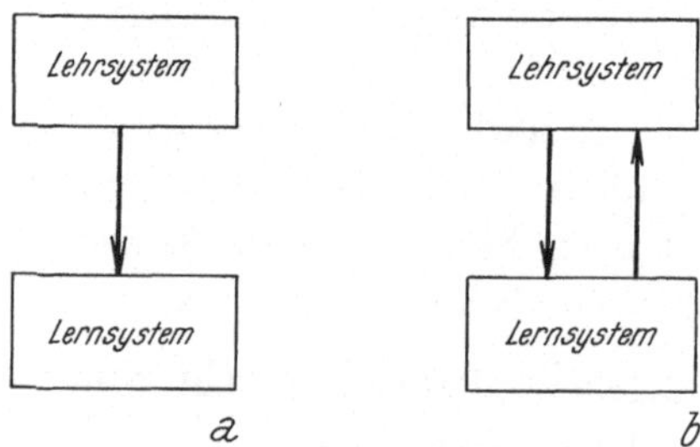

Abb. 2. Die beiden Pole des Unterrichts: Lehrsystem (Lehrer) und Lernsystem (Schüler). Häufig werden Informationen überwiegend „monodirektional“, d. h. vom Lehrsystem zum Lernsystem übermittelt (**a**). Eher weniger häufig wird ein Informationsfluß „bidirektional“, d.h. auch vom Lernsystem zum Lehrsystem (Rückkoppelung, Feedback) bewußt realisiert (**b**)

1.2.2 Die Unterrichtsprozeß-Einflußgrößen; das kommunikative Wirkungssystem

Die das Unterrichtsgeschehen beeinflussenden Faktoren können von den sogenannten W-Fragestellungen

wozu – was – wer – wo – womit – wie

wird unterrichtet?, die schon auf Comenius zurückzuführen sind, abgeleitet werden.

Ausgehend von den erwähnten W-Fragestellungen definiert Frank [1], anknüpfend an Heimann [6], die sogenannten sechs pädagogischen Variablen. Die modellhafte Darstellung des Unterrichtsprozesses aus der Sicht der Ingenieurpädagogik zeigt Abb. 3.

Die Frage nach dem „**wozu** wird unterrichtet?" ist eine Frage nach den Zielen des Unterrichtes, sie führt zur Variablen **Lehr- bzw. Lernziel** (*Z*).

Die Frage „**was** wird unterrichtet?" ist eine Frage nach dem Lehrstoff und führt zur wichtigen Unterrichtsprozeß-Einflußgröße **Lehrstoff** (*L*).

Die Frage „**wer** wird unterrichtet?" fragt nach dem Lernenden – es interessieren insbesondere seine für den Lernprozeß wichtigen psychologischen, eventuell auch die biologischen Merkmale. Die Gesamtheit dieser Adressatenbeschreibungen wird in der pädagogischen Variablen **Psychostruktur** (*P*) zusammengefaßt.

Die Frage „**wo** wird unterrichtet?" ist eine Frage nach der soziokulturellen Umwelt, in der sich der Unterricht abspielt bzw. aus welcher die Adressaten kommen. Diese Einflußgröße können wir kurz mit **Soziostruktur** (*S*) bezeichnen.

Die Frage „**womit** wird unterrichtet?" führt zu den beim Unterricht verwendeten Lehr- und Lernmitteln, zu den Medien, durch die den Adressaten

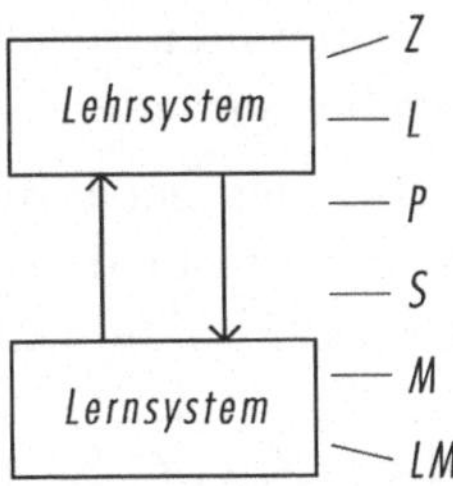

Abb. 3. Das ingenieurpädagogische Modell des Unterrichtsprozesses: Der Unterrichtsprozeß ist ein Prozeß, der wie jeder andere bestimmten Gesetzmäßigkeiten unterliegt. Er hat zwei Pole, zwischen denen Informationen übermittelt werden. Der gesamte Prozeß wird von einer Reihe Einflußgrößen (*Z*, *L*, *P*, *S*, *M*, *LM*) in seinem Verlauf bestimmt

der Lehrstoff vermittelt wird; diese Frage führt zur pädagogischen Variable **Medium** (*M*).

Die den Praktiker wohl am meisten interessierende Frage „**wie** wird unterrichtet?" ist die Frage nach der Lehrmethode, oder anders ausgedrückt, die Frage nach dem Lehralgorithmus. Die entsprechende pädagogische Variable werde ich im weiteren als **Lehrmethode** (*LM*) bezeichnen.

Die Abhängigkeit des Unterrichtsgeschehens von den genannten Einflußgrößen

- Lehrziel (*Z*)
- Lehrstoff (*L*)
- Psychostruktur (*P*)
- Soziostruktur (*S*)
- Medium (*M*)
- Lehrmethode (*LM*)

erscheint schon ohne nähere Begründung einleuchtend, wenn man sich vergegenwärtigt, wie stark sich der Unterricht verändert, wenn man diese Größen variiert.

1.3 Zur Struktur dieses Buches

Die im vorhergehenden Abschnitt kurz zusammengefaßten Einflußgrößen bestimmen mehr oder weniger stark die einzelnen Seiten des Unterrichtsprozesses. Bei der Unterrichtsvorbereitung ergibt sich für den Praktiker insbesondere die didaktische Aufgabe, bei gegebenen Werten *Z, L, M, P* und *S* nach passenden Werten *LM* zu suchen. Anders ausgedrückt: zu beantworten ist die Grundfrage, welche Lehrmethode (*LM*) bei gegebenem Lehrstoff (*L*), gegebenene Lehr- und Lernmitteln (*M*) sowie vorhandenen Adressaten (*P*) und gegebener Einwirkung einer bestimmten soziokulturellen Umwelt (*S*) ein gegebenes Lehrziel (*Z*) zu erreichen gestattet.

Die Lehrmethode, welche bei der genannten Fragestellung besonders interessiert, ist eine Funktion der verschiedenen Einflußgrößen. Mathematisch könnte man dies in Form einer Funktionsgleichung beschreiben:

$$LM = f(Z, L, P, S, M)$$

Diese Funktionsgleichung beschreibt äußerst komplizierte Zusammenhänge – alle Einflußgrößen wirken gemeinsam, die einzelnen Größen können gleich- oder entgegengerichtet wirken; liegen einige von ihnen fest, sind häufig auch schon die anderen in einem gewissen Maß bestimmt etc.

Der Unterrichtsprozeß in seiner Gesamtheit der Dimensionen des Lehrens und Lernens, des wechselseitigen Zusammenspiels aller pädagogischen Variablen, bildet ein außerordentlich komplexes Erkenntnisobjekt.

Um diese komplexen Verhältnisse womöglich übersichtlich darzustellen, lasse ich mich in diesem Buch von den bewährten Maximen der cartesischen Methode leiten, insbesondere ... jede der zu untersuchenden Schwierigkeiten in so viele Teile zu teilen, als möglich und zur besseren Lösung wünschenswert wäre. ... Wir werden also die gegebene Gesamtfunktion in Teilfunktionen auflösen, die den Einfluß der einzelnen Größen beschreiben.

Das Buch habe ich so strukturiert, daß den einzelnen Unterrichtsprozeß-Einflußgrößen *Z, L, P, S, M,* und *LM* getrennte Kapitel gewidmet sind. Unser hochkomplexer Gegenstand wird also in getrennt zu betrachtende und modellmäßig vereinfachte Teile zerlegt. Dabei dürfen wir selbstverständlich den ganzheitlichen Aspekt nicht vergessen – dieser soll das gesamte Buch durchdringen und wird womöglich insbesondere im abschließenden Kapitel „Lehrmethoden im technischen Unterricht" hervortreten. Auch die fließend gehaltenen Grenzen zwischen den einzelnen Kapiteln des Buches sollen zu einer ganzheitlichen Darstellung der einzelnen Aspekte beitragen.

Literatur

1. Frank, H.: Kybernetische Grundlagen der Pädagogik. Agis-Verlag. Baden-Baden, 2. Auflage 1969.
2. Frank, H. und Meder, B.: Einführung in die kybernetische Pädagogik. Deutscher Taschenbuch-Verlag, München, 1971.
3. Gagné, R.: Die Bedingungen des menschlichen Lernens. Hermann Schroedel Verlag, Hannover, Darmstadt, Dortmund, Berlin, 1973.
4. Geiger, K: Methodik der Lehre der Wechselstromtechnik. VEB Verlag Technik, Berlin, 1956.
5. Geiger, K: Induktive und deduktive Lehrmethode. VEB Verlag Volk und Wissen, Berlin, 1966.
6. Heimann, P.: Didaktik als Theorie und Lehre. In: „Die Deutsche Schule", 1962.
7. Melezinek, A.: Probleme der Ingenieurpädagogik. In: Melezinek (Hrsg.), „Ergebnisse und Perspektiven der Ingenieurpädagogik". Verlag J. Heyn, Klagenfurt, 1972.
8. Melezinek, A.: Fortschritte der Ingenieurpädagogik. Verlag J. Heyn, Klagenfurt, 1976.
9. Melezinek, A.: Kapitoly z teorie vyučování elektrotechnickým předmětům. Verlag der Technischen Hochschule Prag, 1969.
10. Melezinek, A.: Ingenieurpädagogik: Technologietransfer als Wissenstransfer. In: Melezinek/Sodan (Hrsg.), „Technologietransfer-Kooperation im Dienste des Menschen". Leuchtturm-Verlag, Alsbach/Bergstr., 1984
11. Melezinek, A.: A Model for Educational Training of Technical Teachers. In: International Journal of Applied Engineering Education, Vol. 5, No. 6, pp. 671–674. Pergamon Press, Oxford, 1990.

2
Lehr- und Lernziele im technischen Unterricht

Unterrichten bedeutet planvolle und nicht zufällige Vermittlung von Informationen. Die Grundlage einer planvollen Wissensvermittlung bilden klar definierte Ziele.

Ich bin gemeinsam mit Robert F. Mager [12] der Meinung, daß „Wenn man nicht genau weiß, wohin man will, man leicht dort landet, wo man gar nicht hin wollte". Die Planung von Vorträgen, von Kursen, von Lehrveranstaltungen – von Unterricht allgemein – soll sinnvoller Weise mit der Festlegung von Zielen beginnen.

Im Sinne unseres ingenieurpädagogischen Ansatzes ist die Frage nach den Lehr- bzw. Lernzielen* eine Frage nach dem „wozu". Wozu wird unterrichtet?

Wenn klar definierte Ziele fehlen, fehlt gleichzeitig eine sichere Grundlage für die Auswahl angemessener Lehrstoffe, geeigneter Medien und Methoden. Eindeutige Ziele ermöglichen eine sorgfältigere Planung des Unterrichts und unterstützen eine nüchterne und sachliche Einschätzung des in der Schule überhaupt Erreichbaren. Genaue Ziele in der Hand von Lehrenden und Lernenden erleichtern die Selbstkontrolle beider Seiten. Der Lernende kann selbst seine Ergebnisse, seinen Lernfortschritt, beurteilen – dadurch wird seine Lernmotivation positiv beeinflußt und ein effizienteres Selbststudium bewirkt. Gleichfalls der Lehrende kann den Erfolg seiner Tätigkeit objektiv beurteilen.

---

* Wir wollen hier die Begriffe „Lehrziel" und „Lernziel" womöglich einheitlich verwenden – ausgehend von der Überzeugung, daß Ziele nicht als machtvoll durchgesetzte Fremdbestimmung zustande kommen sollten, sondern als pluralistisch verabredete Setzungen kompetenter Persönlichkeiten und Gruppen. Um „Lernziele" handelt es sich strenggenommen nur dann, wenn der Lernende die Ziele selbst festlegt bzw. sich voll mit bestimmten Zielen identifiziert.

2.1 Zur Terminologie

2.1.1 Der Begriff „Ziel"

In der einschlägigen Literatur, in Lehrplänen, in Diskussionen etc. wird zwar häufig der Begriff Lehr- bzw. Lernziel* strapaziert, aber fast ebenso häufig mit unterschiedlichem Sinn belegt, unterschiedlich verstanden. Wir wollen darum vom Anfang an unser Verständnis dieses Begriffes darlegen – dabei kann uns die Darstellung in Abb. 4 behilflich sein.

Lassen Sie uns von einer Lehrveranstaltung, von einer Unterrichtsstunde, einem Kurs, einer Übung oder ähnlichem ausgehen. Alles, was der Lernende für unsere Lehrveranstaltung können muß, um dieser Veranstaltung folgen zu können, um den Lehrstoff zu verstehen, wollen wir als **Voraussetzungen** oder Vorkenntnisse bezeichnen.

Die **Kursbeschreibung** informiert über den Inhalt des Kurses, sie definiert aber üblicherweise nicht detailliert exakt das angestrebte Ergebnis des Kurses. Die Beschreibung des Kurses stellt ein durchaus legitimes Verfahren dar, welches zur Anordnung der Kursinhalte beiträgt. Aus der Kursbeschreibung ist zwar der Gegenstand des Kurses ersichtlich, aber nicht das Verhalten, das der Lernende nach dem Kurs zeigen können soll.

Als **Ziel** wollen wir die beabsichtigten Ergebnisse des Kurses, der Lehrveranstaltung, verstehen. Das Kursziel beschreibt also ein Produkt des Unterrichtsprozesses, das, was als Ergebnis dieses Prozesses erwartet wird. Die Beschreibung eines **Lernziels soll eine Aussage beinhalten, die den gewünschten Zustand des Lernenden nach dem Kurs, das Verhalten, welches der Lernende nach dem Kurs zeigen können soll, angibt**.

Zur Illustration ein Beispiel aus den Lehrplänen einer Fachschule für Metallbearbeitung – Gegenstand Maschinenkunde: ... Befestigungselemente; lösbare, nicht lösbare, federnde ...

Diese und ähnliche Aussagen verstehen wir als Kursbeschreibung, nicht aber als Ziel des Kurses. Solche Aussagen beschreiben nicht das angestrebte Ergebnis des Kurses, sie sagen nichts Konkretes darüber aus, was der Lernende

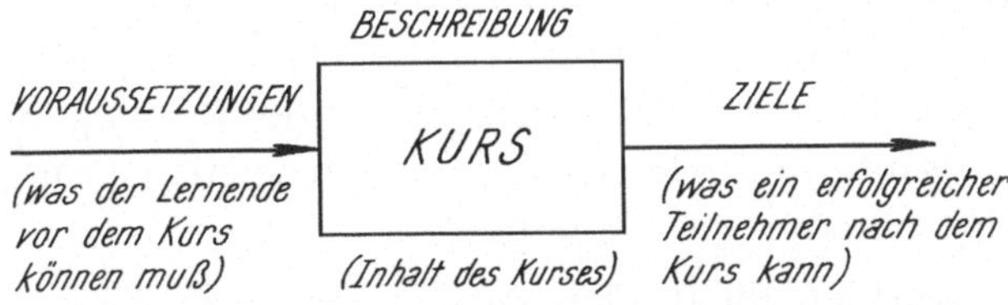

Abb. 4. Der Begriff Lernziel beinhaltet eine Aussage, in der die beabsichtigten *Ergebnisse* des Studiums beschrieben werden

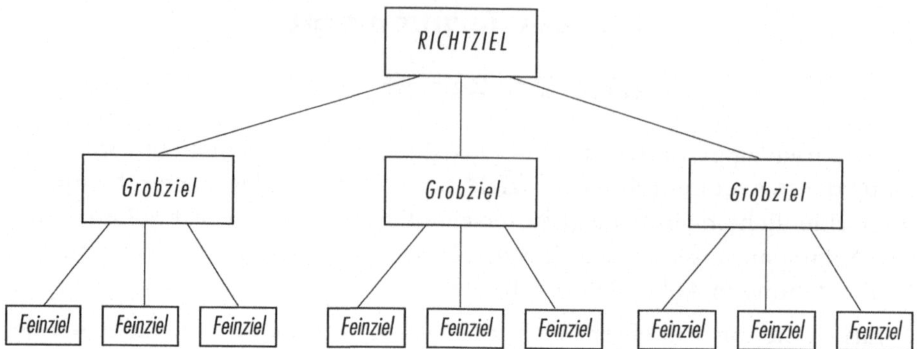

Abb. 5. Zielebenen: Auf der höchsten Ebene liegen *„Richtziele"*. Diese haben umfassenden Charakter, sie bieten einen Gesamtrahmen. Als *„Grobziel"* können Sie beispielsweise das Ziel eines Vortrages, einer Unterrichtsstunde etc. verstehen. *„Feinziele"* sind dann Detail-Ziele, die zusammen das Erreichen des Grobziels ermöglichen

tun soll, wenn er nachweist, daß er das Ziel der Lehrveranstaltung erreicht hat – sie definieren nicht das Ziel des Kurses.

Nach unserem Verständnis des Begriffes Ziel würden wir aus dem zur Illustration gewählten Lehrplan-Abschnitt etwa die Aussagen ... der Schüler soll mindestens drei lösbare Befestigungselemente aufzählen können ... oder ... der Schüler soll aus einer Gruppe ihm vorgelegter unterschiedlicher Befestigungselemente alle nicht lösbaren Befestigungselemente aussuchen können ... etc. als mögliche Feinziele bezeichnen.

2.1.2 Zu den Zielebenen

Wir wollen im weiteren folgende Zielebenen unterscheiden (Abb. 5):

- Richtziele
- Grobziele
- Feinziele

Richtziele beinhalten allgemeine Leitgedanken und Leitvorstellungen, sie haben umfassenden Charakter. Durch Richtziele wird ein Gesamtrahmen, werden allgemeine finale Zielsetzungen vorgegeben. Richtziele dienen wegen ihres umfassenden Charakters als Kriterium bei der Prüfung, ob in den konkreten und präziser formulierten Grob- und Feinzielen ursprünglich Gemeintes auch wirklich zum Ausdruck kommt.

Ausgehend von den Richtzielen werden die durch eine Endverhaltensbeschreibung der Adressaten gekennzeichneten Grob- und Feinziele formuliert. Über die Grobziele, die den angestrebten Endzustand noch nicht genau umschreiben, werden sukzessive die operationalisierten konkreten Zielvorstellungen – die optimale Feinzielstruktur – erarbeitet.

Praktisch könnten Sie z. B. so vorgehen, daß Sie vorerst das Richtziel, etwa das Ziel eines gesamten Kurses, festlegen. Danach formulieren Sie als Grobziele die Ziele einzelner Kursteile. Zuletzt die Feinziele als Einzel(Detail-)ziele, die zusammen das Erreichen der Grobziele ermöglichen.

2.1.3 Zu den Zielkategorien

Üblicherweise werden drei Kategorien von Lehr- und Lernzielen unterschieden (Abb. 6):

- Ziele aus dem kognitiven Bereich (**erkennen**, d. h. verstandesbezogen)
- Ziele aus dem psychomotorischen Bereich (**handeln**, d. h. manuellbezogen)
- Ziele aus dem affektiven Bereich (**fühlen**, d. h. gefühlsbezogen).

Der **kognitive Bereich** umfaßt alle jene Lernziele, die intellektuelle Ergebnisse betonen, wie z. B. spezifische Fakten, Begriffe, Verfahren usw.

Zum **psychomotorischen Bereich** werden Ziele gerechnet, die motorische Geschicklichkeit (etwa Maschineschreiben, Bedienung von Geräten und Maschinen etc.) betonen. Hier handelt es sich also überwiegend um bewußtes körperliches Machen.

a

b

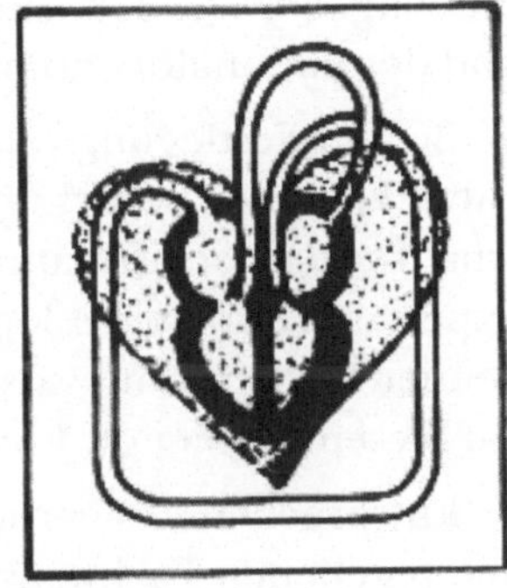

c

Abb. 6. Zielkategorien: Ziele aus dem *kognitiven* Bereich sind verstandesbezogen, sie beschreiben Kenntnisse und intellektuelle Fähigkeiten (**a**). Ziele aus dem *psychomotorischen* Bereich sind handlungsbezogen, sie beschreiben manuelle und motorische Fertigkeiten (**b**). Ziele aus dem *affektiven* Bereich sind gefühlsbezogen, hier werden Gefühlswerte angesprochen, es werden Einstellungsänderungen angestrebt (**c**)

Der **affektive Bereich** beinhaltet Ziele, die Gefühl und Emotion betonen. Hier werden also Gefühlswerte (ästhetische, sittliche u. a.) angesprochen.

2.2 Zur Festlegung von Zielen

Das Zustandekommen von Zielen ist ein vielschichtiger und komplexer Prozeß, mit dem wir uns hier nicht ausführlich befassen wollen – es seien hier nur ganz kurz einige Aspekte dieser Problematik angedeutet.

Um zu Lernzielen im Bereich der technischen Ausbildung zu kommen, stützt man sich insbesondere auf Anforderungen aus dem Berufsbild, d. i. auf die sogenannten Qualifikationsprofile. Als eindrucksvolles Beispiel für die Ermittlung von Qualifikationsprofilen sei die in [14] bzw. in [15] referierte Untersuchung des VDI mit ca. 25.000 Ingenieuren der Fachrichtung Maschinenbau genannt.

Qualifikationsprofile werden durch Berufs- oder Arbeitsplatzanalysen ermittelt, wobei man als **Anforderungsprofil** die Eigenschaften einer Stelle in der gegebenen organisatorischen Struktur versteht und demgegenüber die Eigenschaften des Stelleninhabers unter dem Begriff **Qualifikationsprofil** zusammenfaßt. Bei der erwähnten Untersuchung des VDI wurden die Meinungen aller betroffenen Interessengruppen erhoben; als Gruppen mit verschiedenen Interessenlagen wurden identifiziert: die Auszubildenden, die Ingenieure, die Kommunikationsgemeinschaft der Wissenschaftler, die Wirtschaft und als Residualkategorie die Gesellschaft. Jede dieser Interessengruppen beurteilt ihrerseits die Bedeutung der Elemente des Qualifkiationsprofils unter verschiedenen Urteilsaspekten. Als Urteilsaspekte wurden bei der Untersuchung der individuelle, der gesellschaftliche, der betriebswirtschaftliche und der nationalökonomische Aspekt verwendet.

Bei der Festlegung von Zielen ist selbstverständlich u. a. auch die Zukunftsentwicklung zu berücksichtigen; die Analyse von prognostischer und gesellschaftskritischer Literatur erlaubt die Erarbeitung von Hypothesen, die von Expertengruppen ideologiekritisch zu untersuchen sind. Auch unter durchgehender Verwendung wissenschaftstheoretischer Betrachtungen ergeben sich auf diesem Gebiet oft Entscheidungen politischer Natur.

Entsprechend zu berücksichtigen sind selbstverständlich auch die Einflüsse der gegebenen Fachwissenschaft; insbesondere Strukturanalysen helfen hier zu entscheiden, welche Elemente und Bereiche in den Lehrplan Eingang finden sollen. Neben stoffimmanenten logischen Zusammenhängen sind auch gnoseologische, d. h. erkenntnistheoretische Aspekte zu berücksichtigen.

Die Problematik der Festlegung von Zielen ist derzeit auf allgemeinerer Ebene mit einem Abstraktheitsgrad verbunden, welcher dem praktizierenden Lehrer nicht viel weiterhilft. Auf der Ebene einzelner Fächer und Ausbildungsbereiche wurden demgegenüber in den letzten Jahren etliche Modelle entwickelt, aus denen sich durchaus für die Praxis akzeptierbare Theorien entwikkeln lassen. Dieser Praxis werden wir uns im weiteren zuwenden.

2.3 Merkmale eindeutiger Zielbeschreibung

Wir haben bisher festgehalten, daß die Beschreibung eines Lernzieles den gewünschten Zustand des Lernenden nach dem Lernprozeß zum Ausdruck bringen soll. Es ist wichtig, Lernziele eindeutig mitzuteilen; jeder kompetente Leser soll aus der Beschreibung des Zieles erkennen, was der Verfasser des Zieles – z. B. also der Unterrichtende – lehren will. Ziele sollen so formuliert werden, daß selbstverständlich auch die Adressaten, also die Studenten bzw. Schüler, klar erkennen, wie sie nachweisen sollen, daß sie das Ziel erreicht haben.

R. F. Mager [12] formuliert für den Praktiker: Ein eindeutig beschriebenes Lernziel ist also eines, das ihre Absicht deutlich werden läßt; die beste Beschreibung ist diejenige, die die meisten vorstellbaren Alternativen ausschließt.

Als Hilfsmittel einer solchen eindeutigen Zielformulierung kann man sich folgender Kennzeichnen bedienen:

- Ziele sollen ein beobachtbares Verhalten, d. i. beobachtbare Handlungen des Lernenden beschreiben.
- Ziele sollen die Bedingungen festlegen, unter denen das Ziel erreicht werden soll.
- Ziele sollen angeben, wie gut das Zielverhalten geäußert werden muß, um als zufriedenstellend zu gelten.

Wir wollen nun auf die genannten Merkmale einer eindeutigen Zielbeschreibung etwas näher eingehen.

2.3.1 Beschreibung des Endverhaltens

Ob das Lernziel vom Adressaten erreicht wurde, können wir praktisch nur durch Beobachtung seiner Leistung, gewisser Aspekte seines Verhaltens, bestimmen. Das wichtigste Kennzeichen einer Lernzielbeschreibung ist deshalb, daß sie die Art des Verhaltens eindeutig bestimmt.

Die Beschreibung eines Lernziels setzt sich aus Worten und Zeichen zusammen. Nachdem es viele mehrdeutige Worte gibt, Worte, die viele Interpretationen zulassen, ist es erforderlich, diejenigen Worte und Wortkombinationen zu suchen und zu verwenden, die unsere Ziele womöglich eindeutig fixieren.

Worte, wie z.B. verstehen, glauben, die Bedeutung erfassen, lassen sicherlich viele Interpretationen zu. Solche Worte sollten Sie bei der Formulierung von Lernzielen womöglich nicht verwenden.

Demgegenüber Worte, wie z. B. aufzählen, schreiben, vergleichen, identifizieren, graphisch darstellen u. ä., ergeben weniger Interpretationsmöglichkeiten – solchen und ähnlichen Worten sollten Sie bei der Lernzielbeschreibung den Vorrang geben.

Versuchen Sie nun einige Lernziele aus Ihrem Fachgebiet zu formulieren; bemühen Sie sich dabei, in unserem Sinne die Art des Verhaltens, die kennzeichnet, daß der Lernende das Ziel erreicht hat, näher zu beschreiben.

Danach versuchen Sie selbst zu überprüfen, ob Ihre Beschreibung des Lernzieles das erwünschte Ergebnis klar und womöglich eindeutig bezeichnet. Benützen Sie dazu folgende Testfrage: **Was tut der Lernende, wenn er nachweist, daß er das Ziel erreicht hat?**

Lassen Sie uns zur Illustration einige Beispiele andeuten. In der folgenden Tabelle sind Lernziele formuliert. Kreuzen Sie in der Tabelle bei den einzelnen Zielen an, ob es sich um eindeutig oder eher um nicht sehr eindeutig abgefaßte Zielbeschreibungen handelt!

Lernziel	Eindeutig	Nicht sehr eindeutig
1) Die Gesetze des Magnetismus verstehen		
2) Das Ohmsche Gesetz identifizieren können		
3) Die Bedeutung des Hookeschen Gesetzes verstehen		
4) Lösbare Befestigungselemente aufzählen können		
5) Musikverständnis entwickeln		
6) Elektrische Meßgeräte ablesen können		

(Lösung: Eindeutig ~2,4,6; nicht eindeutig ~1,3,5)

Sehen wir uns die Überprüfung wenigstens eines der angegebenen Ziele an: Lassen Sie uns die Testfrage beim ersten Lernziel stellen. Was wird der Lernende tun, wenn er nachweist, daß er die Gesetze des Magnetismus versteht? Wird er sie aufzählen? Wird er die Gesetze oder eines der Gesetze ableiten? (Welche Gesetze des Magnetismus sind hier überhaupt gemeint?) Soll er numerische Beispiele berechnen? etc. Dieses Ziel ist sicher nicht eindeutig formuliert – es ist nicht klar, was als Nachweis für „verstehen“ anerkannt werden soll.

Das zweite Ziel in unserer Tabelle ist sicher eindeutiger formuliert. Der Adressat soll aus einigen ihm vorgelegten Gesetzen das Ohmsche Gesetz herausfinden – es identifizieren. Ganz eindeutig ist die Zielbeschreibung aber doch nicht, genauso wie z. B. beim Ziel „Elektrische Meßgeräte ablesen können“. Man könnte auch bei diesen von uns einstweilen als ziemlich eindeutig formulierten Zielbeschreibungen noch verschiedene Unzulänglichkeiten finden. Zum Beispiel: Welche elektrischen Meßgeräte sind gemeint? Soll der Adressat Meßgeräte mit linearer oder nichtlinearer Skale ablesen können? Mit einem oder mehreren Meßbereichen? Mit welcher Genauigkeit soll er ablesen können? usw.

Zur weiteren Präzisierung der Zielbeschreibungen können die schon in der Einleitung in Abschn. 2.3 angeführten folgenden Kennzeichen herangezogen werden.

2.3.2 Beschreibung der notwendigen Bedingungen

Ein höherer Präzisierungsgrad der Zielbeschreibung kann durch Angabe von Bedingungen, unter denen das Zielverhalten gezeigt werden soll, erreicht werden. Auch wenn die Zielbeschreibung ein Endverhalten formuliert, können zusätzlich angegebene Bedingungen, wie z. B. „Darf der Adressat eine Formelsammlung benutzen, oder muß er ohne irgendwelche Hilfsmittel arbeiten?“, „Wird bei der numerischen Berechnung die richtige Lösung als entscheidend angesehen, oder wird auch ein bestimmter Rechenweg erwartet?“ stark die Auswahl des Lehrstoffes sowie der Lehrmethode beeinflussen. Die Angabe notwendiger Bedingungen gestattet auch dem Studenten zielgerechter zu lernen.

Es ist also manchmal vorteilhaft und mitunter sogar nötig, bei der Zielbeschreibung zusätzliche Hinweise zu geben, wie etwa:

- Es wird eine Aufzählung von ... genannt.
- Es werden die erforderlichen Geräte gegeben ...
- Ohne Benutzung von Tabellen ...
- Ohne Benutzung eines elektronischen Taschenrechners ...
- etc.

2.3.3 Bestimmung des Beurteilungsmaßstabes

Eine weitere Präzisierung der Zielbeschreibung kann durch die Angabe des Beurteilungsmaßstabes für das gerade noch ausreichende Zielverhalten erreicht werden. Durch die Angabe wenigstens der unteren Grenze für das noch annehmbare Verhalten wird nicht nur eine wichtige Information für die Adressaten definiert, sondern auch ein für die Unterrichtsgestaltung allgemein erforderliches Leistungsmaß angegeben.

Die hier besprochene Präzisierung kann durch

- Vorgabe einer zeitlichen Begrenzung (wenn es erforderlich ist, daß der Adressat sein Verhalten innerhalb eines bestimmten Zeitraumes äußert)
- Bestimmung der Mindestzahl richtiger Antworten (z.B. mindestens drei verschiedene lösbare Befestigungselemente aufzählen können ...)
- Bestimmung des Genauigkeitsgrades (z.B. die Ergebnisse der Berechnung müssen wenigstens auf zwei Stellen genau sein ...)

erreicht werden.

Als Beispiel wollen wir eine Lernzielbeschreibung, die versucht, alle von uns genannten Kennzeichen zu respektieren, angeben. Das Ziel ist zum größeren Teil dem psychomotorischen Bereich zuzuordnen und bezieht sich auf Wartungsarbeiten an einem adaptiven Lehrgerät, einer „Lehrmaschine", bei der als wichtiges Kommunikationselement ein Lichtpunkt auf einer Mattscheibe verwendet wird.

Nun das Beispiel: Am funktionsfähigen Lehrgerät XY mit Hilfe des Standard-Zubehörs innerhalb von 30 sec den Indikations-Lichtpunkt rund einstellen können. Als hinreichend rund gilt eine Abweichung von maximal 0,5 mm von der beigelegten Schablone.

Abschließend soll darauf hingewiesen werden, daß die bisher angegebenen Beispiele sich praktisch nur auf Lernziele, die Kenntnisse und Fertigkeiten betreffen (kognitiver und psychomotorischer Bereich), bezogen haben. Sicher werden auch in der technischen Ausbildung Ziele des affektiven Bereiches angestrebt – etwa Ziele, nach denen Adressaten eine gewisse „kritische Einstellung" erwerben sollen etc. Auch solche Verhaltensweisen sollen als Lernziele, so weit dies möglich ist, präzise beschrieben werden.

Der erforderliche Präzisierungsgrad bei der Formulierung von Zielen muß überhaupt in den einzelnen konkreten Fällen sinnvoll gewählt werden – im Zusammenhang mit den stoffimmanenten Strukturen etc., aber auch anhand rein pragmatischer Kriterien (z.B. Zeitfaktor). Ziele, die dem Lehrenden von übergeordneten Institutionen vorgegeben werden, müssen jedenfalls so formuliert sein, daß dem Lehrenden ein genügend weiter freier methodischer Spielraum zur Gestaltung seines Unterrichts offen bleibt.

2.4 Zum Zielniveau

Bei der Formulierung von Lernzielen haben wir bisher unsere Aufmerksamkeit dem **Präzisierungsgrad** gewidmet. Ein weiterer zu beachtender Aspekt ist der der Festlegung des **Zielniveaus**. Überlegungen zum Niveau der Ziele sind für die Planung von Lehrveranstaltungen wichtig; diese Überlegungen bestehen praktisch in der Überprüfung dessen, ob die Lehrveranstaltung (wie meist vorgegeben wird) Verständnis vermittelt, oder sich damit zufrieden gibt, wenn die Adressaten die Fähigkeit erreichen, Lehrstoff zu reproduzieren, Fakten wiederzugeben.

Innerhalb neuerer Forschungen wurden verschiedene Klassifikationsschemata für Ziele, sogenannte Taxonomien von Lernzielen, entwickelt. Diese Taxonomien bilden ein gutes Hilfsmittel beim Formulieren, Erkennen sowie beim niveaumäßigen Unterscheiden von Zielen. Ich werde darum in der Folge auf diese Taxonomien eingehen.

2.4.1 Zieltaxonomien

Die Lernzieltaxonomien werden in drei Bereiche – den kognitiven, psychomotorischen und den affektiven – unterteilt. Eine scharfe Trennung dieser Bereiche ist selbstverständlich nicht möglich, die drei Bereiche zeigen nur verschiedene Schwerpunkte bei der Bestimmung von Zielen – im allgemeinen sind aber die Taxonomien in den einzelnen Bereichen recht nützlich. Die Taxonomien wurden von B. S. Bloom [1], D. R. Krathwohl [11] u. a. entwickelt.

Die Kategorien für die einzelnen Bereiche der Taxonomie sind in hierarchischer Ordnung angelegt, vom einfachen bis zum komplexen Verhalten. Die folgende Übersicht macht das deutlich.

Hierarchie der Lernziele	Stufe 1	Kennen
im kognitiven Bereich	Stufe 2	Begreifen
	Stufe 3	Anwenden
	Stufe 4	Analyse
	Stufe 5	Synthese
	Stufe 6	Beurteilung
Hierarchie der Lernziele	Stufe 1	Aufnehmen
im affektiven Bereich	Stufe 2	Reagieren
	Stufe 3	Werten
	Stufe 4	Organisation
	Stufe 5	Wertordnung
Hierarchie der Lernziele	Stufe 1	Imitation
im psychomotorischen Bereich	Stufe 2	Manipulation
	Stufe 3	Präzision
	Stufe 4	Handlungsgliederung
	Stufe 5	Naturalisierung

Im nächsten Kapitel wollen wir uns etwas näher mit der Taxonomie für den kognitiven Bereich befassen.

2.4.2 Zur Taxonomie der Ziele im kognitiven Bereich

Wie ich eben gezeigt habe, beginnt die Hierarchie der Ziele im kognitiven Bereich mit einfachen Wissensergebnissen und wächst bis zu der komplexen Verhaltensform „Beurteilung", d. i. zur Wertbestimmung. Von jeder Kategorie des angegebenen Klassifikationsschemas wird angenommen, daß sie das Verhalten eines niedrigeren Niveaus beinhaltet – so beinhaltet die Kategorie „Begreifen" das Verhalten des Niveaus „Kennen" usw.

In der folgenden Übersicht werden die einzelnen Kategorien des kognitiven Bereichs der Zieltaxonomie näher beschrieben und durch einige typische Verhaltensausdrücke illustriert:

<u>Stufe 1 – Kennen</u> Kennen wird definiert als Erinnern an vorher gelerntes Material. Es handelt sich um das niedrigste Niveau dieser Taxonomie, praktisch um die Reproduktion von Lehrstoff – von Fakten, Phänomenen, Gesetzen, usw.

Einige typische Aktionsverben: kennt, definiert, beschreibt, bezeichnet, nennt, skizziert u. ä.

<u>Stufe 2 – Begreifen</u> Begreifen wird definiert als Fähigkeit, den Sinn des Lehrstoffes zu erfassen.

Einige typische Aktionsverben: unterscheidet, vergleicht, identifiziert, wandelt um, wählt, weist hin u. ä.

<u>Stufe 3 – Anwendung</u> Die Anwendung wird verstanden als Fähigkeit, gelerntes Material in neuen Situationen (Niveau etwa „Routineaufgaben") zu verwenden.

Einige typische Aktionsverben: berechnet, ändert, sagt voraus, löst, gebraucht, schätzt ein, erklärt, findet u. ä.

<u>Stufe 4 – Analyse</u> Als Analyse wird die Fähigkeit verstanden, Material in seine Komponenten zu zerlegen, so daß sein Aufbau, seine Struktur verstanden werden kann. Hier beginnt etwa das Niveau „Lösen von Nicht-Routineaufgaben".

Einige typische Aktionsverben: analysiert, zerlegt, differenziert, umreißt, trennt, stellt gegenüber u. ä.

<u>Stufe 5 – Synthese</u> Synthese bezeichnet die Fähigkeit, einzelne Teile zu einem neuen Ganzen zusammenzusetzen, z. B. Durchführungspläne für einen For-

schungsauftrag zusammenzusetzen etc. Es handelt sich also um die Fähigkeit, neue Strukturen zu formulieren, um das Lösen von Nicht-Routineaufgaben.

Einige typische Aktionsverben: setzt zusammen, entwirft, entwickelt, formuliert neu, plant u. ä.

Stufe 6 – Beurteilung Beurteilung wird als Wertbestimmung verstanden, als Fähigkeit, den Wert von Materialien (Unterlagen, Forschungsberichten etc.) für einen bestimmten Zweck zu beurteilen. Ziele auf dieser Stufe beinhalten alle vorhergehenden Stufen und bilden das höchste Niveau im kognitiven Bereich.

Einige typische Aktionsverben: bestimmt, kritisiert, interpretiert u. ä.

2.5 Zusammenfassung zur Präzisierung und Niveaubestimmung von Zielen

Ich möchte hier einen pragmatisch sinnvoll erscheinenden Weg für die Beschreibung von Zielen einzelner Vorträge, Referate, Lehrveranstaltungen, zusammenfassend andeuten. Ich gehe dabei davon aus, daß die Entscheidung über die Richt- und Grobziele bereits gefallen ist und nun der Lehrende als ersten Schritt bei der Planung seiner Veranstaltung die Feinziele dieser Veranstaltung beschreiben will. Dabei sollte berücksichtigt werden:

a) **Als Ziel verstehen wir eine Aussage, in der die beabsichtigten Ergebnisse des Unterrichts beschrieben werden.** Die Zielbeschreibung muß dem Leser die Unterrichtsabsicht eindeutig darlegen, das vom Lernenden erwartete **Endverhalten präzise beschreiben**.

b) **Das Endverhalten wird als beobachtbares Verhalten des Adressaten** so **beschrieben**, daß ersichtlich ist, was der Lernende tun muß, um zu zeigen, daß er das Lernziel erreicht hat.

c) **Der Präzisierungsgrad der Zielbeschreibung kann durch Angabe von Bedingungen, unter denen das Zielverhalten gezeigt werden soll** (erlaubte und verbotene Hilfsmittel), **sowie durch Angabe des Beurteilungsmaßstabes** für ein gerade noch ausreichendes Zielverhalten **erhöht werden**.

d) **Neben dem Präzisierungsgrad der Zielbeschreibung ist unbedingt auch das Zielniveau zu beachten.** Bei den Analysen der einzelnen Ziele auf ihr Niveau können die hierarchisch angeordneten Zieltaxonomien verwendet werden. Durch eine einfache Matrix (s. Tabelle als frei erfundenes Beispiel) kann man überprüfen, ob z. B. Einzelwissen gegenüber komplexeren Verhaltens- und Leistungsformen nicht zu stark betont wird u. ä. Der Anteil der Ziele auf den höheren Niveaus sollte nicht zu klein sein, nachdem eben diese Ziele die Qualität der Lehrveranstaltung weitgehend mitbestimmen.

Zielniveau Ziel Nr.	Kennen	Begreifen	Anwendung	Analyse	Synthese	Beurteilung
Ziel Nr. 1	×					
Ziel Nr. 2	×					
Ziel Nr. 3		×				
Ziel Nr. 4			×			
Ziel Nr. 5	×					
Ziel Nr. 6				×		
Ziel Nr. 7					×	
Ziel Nr. 8	×					
.						
.						
.						

2.6 Zur Berechtigung operationalisierter Zielbeschreibungen

Trotz der vielen unbestreitbaren Vorteile der hier vertretenen Methode eindeutiger, operationalisierter, Zielbeschreibungen werden gegen diese Methoden manchmal Einwände vorgebracht. Insbesondere befürchten manche, daß die freie Kommunikation zwischen Lehrenden und Lernenden verloren gehen könnte und mit ihr Kreativität, Originalität und Spontaneität. Ein solcher Einwand ist zweifellos berechtigt – ist aber, meiner Meinung nach, nicht grundsätzlicher Art. Auf der Grundlage von genauer beschriebenen Lernzielen kann sich sehr wohl „bedeutsames Lernen“ ereignen.

Es soll nicht bestritten werden, daß exakte Ziele einen zielorientierten Unterricht implizieren und daß ein solcher effektiv nur durch entsprechende zielorientierte Kommunikation verwirklicht werden kann. Wenn der Lehrende die Aufgabe hat, ein bestimmtes Lehrziel zu erreichen, muß er die Rolle des Steuernden übernehmen – dies kann dem Lehrenden nicht angelastet werden. Es ist leicht, auf alle Schüleräußerungen einzugehen und originelles Verhalten zu ermutigen, wenn es nicht darauf ankommt, ein bestimmtes Lehrziel in einer bestimmten Zeit zu erreichen.

In der Praxis technischer Schulen wird täglich in vielen Beispielen nachgewiesen, daß ein zielorientierter Unterricht keinenfalls mit einer reinen monodirektionalen Kommunikation gleichgesetzt werden kann. Bemühungen um mehr „freie Kommunikation" können z.B. mit Hilfe von „Projektstudien" gefördert werden. Beim Projektverfahren, d.i. bei der Lösung eines gemeinsamen Problemes, kann die Kommunikation recht „frei" sein und bleibt durch das gemeinsame Ziel doch in einem überschaubaren und überprüfbaren Rahmen. Bei den an technischen Schulen sehr häufigen Laborübungen ist Gruppenarbeit typisch und freie Kommunikation wird gefördert und gefordert, usw.

Es ist bekannt, daß genau definierte Ziele häufig mehr kritische Reflexionen auslösen als allgemein formulierte Ziele. Für grobe Abgrenzungen findet man praktisch immer irgendeine Rechtfertigung, erst im Feinzielbereich wird die Diskussion wirklich effizient.

In begründeten Fällen ist es auch durchaus möglich, auf die Präzisierung von Lernzielen zu verzichten – dann sollte man aber auch die Konsequenz ziehen und auf die Überprüfung des Lernerfolges verzichten. Überprüfen heißt doch, das Verhalten des Lernenden mit einem erwarteten Zielverhalten zu vergleichen. Wird kein Zielverhalten definiert (oder kann ein solches nicht präzisiert werden), so scheint auch eine Überprüfung des Lernerfolges sinnlos.

Diese Problematik werden wir in den weiteren Kapiteln noch immanent anschneiden. Lassen Sie uns nun die Zielproblematik einstweilen beenden – wir werden uns jetzt kurz noch der Problematik der Erfolgskontrolle zuwenden.

2.7 Zur Erfolgskontrolle und Leistungsmessung

2.7.1 Zum Zweck der Erfolgskontrolle und Leistungsmessung

Man kann zwei wichtige Funktionen der Erfolgskontrolle, bzw. Leistungsmessung unterscheiden, und zwar eine **prognostische** und eine **diagnostische**.

Zweck der Leistungsmessung unter **diagnostischem** Aspekt ist es, Grundlagen für die Selbstkontrolle des Lernenden sowie für die Lernsteuerung zu liefern. Soll die Erfolgskontrolle diesen Zweck erfüllen, müssen entsprechende Leistungsmessungen häufig durchgeführt werden, sie müssen den Lehr- und Lernprozeß durchgehend durchdringen. Leistungsmessung in großen Abständen, wie zum Beispiel nur am Ende eines Semesters, genügt dem diagnostischen Aspekt nicht, nachdem das Fehlerfeld zu groß – der Rückstand einzelner unaufholbar werden kann.

Zeigt die diagnostische Leistungsmessung unbefriedigende Erfolge, sollen Hinweise des Lehrenden – z.B. auf entsprechende Lehrbuchabschnitte, Übungsbeispiele etc. – dem Lernenden das Erreichen der gegebenen Teilziele erleichtern.

Leistungsmessungen, welche dem diagnostischen Zweck dienen, sind ein integrierender Bestandteil jedes Unterrichtsprozesses. Bei kleineren Adressatengruppen ist die Durchführung diagnostischer Zwischentests einfach realisierbar. Bei großen Gruppen, wie z. B. in den Anfangssemestern technischer Hochschulen, können entsprechende Einrichtungen der modernen Unterrichtstechnologie (s. Abschn. 5.5.2.1.b) zur Durchführung von häufigen Erfolgskontrollen sinnvoll herangezogen werden.

Zweck der Leistungsmessung unter **prognostischem** Aspekt ist die Auslese, die Verleihung von Berechtigungen, die Erteilung von Noten. Dieser Aspekt ist meistens normativ geregelt – ich will hier auf die entsprechenden Vorschriften und Regelungen nicht eingehen, sondern in der Folge nur einige allgemeine Bemerkungen zur Problematik des Maßstabes bei der prognostischen Leistungsmessung machen.

2.7.2 Zum Maßstab der Leistungsmessung

Hier kann praktisch unter drei Maßstäben unterschieden werden, und zwar dem subjektiven, dem relativen und dem absoluten. Der subjektive Maßstab ist „adressatenorientiert", der relative Maßstab ist „normorientiert" und der absolute Maßstab kann als „zielorientiert" bezeichnet werden.

2.7.2.1 Subjektive Leistungsmessung

Als „subjektiv" wollen wir ein solches Leistungsurteil bezeichnen, bei dem der Lehrende gleichwertige Leistungen nach wechselndem Ermessen verschieden beurteilt. Eine solche Beurteilung stützt sich meistens auf Faktoren, die außerhalb der nachweisbaren Leistung des Lernenden liegen – z. B. werden Noten nach Fleiß, Charakter, Fähigkeit etc. eines Schülers modifiziert. Die Intentionen einer solchen Beurteilung sind beispielsweise die, daß ein Schüler mit kleinen Fähigkeiten, aber großem Fleiß durch eine bessere Zensur ermuntert, ein nachlässiger Schüler aber durch eine schlechtere Zensur angetrieben werden soll.

Ein Lehrender, welcher die Note wegen Faktoren, die außerhalb der nachweisbaren Leistungen liegen, anhebt, tut dies zwar in der Meinung, daß eine solche Notenverbesserung zu einer eventuellen künftigen Leistungssteigerung führe, kommt damit aber bei seiner Beurteilung in den Bereich reiner Spekulation. Persönlich wird ein Lehrender mit subjektiver Bewertung mit der Zeit sicher auf Kritik und Schwierigkeiten auch bei seinen Schülern stoßen. Subjektiv modifizierte Noten verhindern für alle Interessierten eine echte Einsicht in die Leistungsveranlagung der Betroffenen – nicht nur von den Behörden, aber auch von den meisten Studenten wird eine womöglich objektive Leistungsbeurteilung vom Lehrenden erwartet.

2.7.2.2 Relative Leistungsmessung

Als „relativ" wollen wir eine Leistungsbeurteilung bezeichnen, wenn sie als Maßstab den Leistungsdurchschnitt einer Gruppe verwendet.

Diese Art der Leistungsbeurteilung ist die wahrscheinlich häufigste in der üblichen Praxis. Die Vorstellung einer „naturwüchsigen" Verteilung von Leistungen ist nämlich in uns allen fest verankert; wir erwarten, daß nur ein geringer Teil der Studenten sehr gute Leistungen erbringen kann, der größte Teil der Lernenden etwa durchschnittliche Ergebnisse erreicht und ein kleinerer Rest der Studenten schlecht abschneidet. Man nimmt an, daß eine vom Leistungsdurchschnitt ausgehende symmetrische Leistungsverteilung gewissermaßen „gesetzmäßigen" Charakter hat, und praktisch wird von der Gaußschen Normalverteilung ausgegangen, wobei die Durchschnittsleistung mit der Durchschnittsnote der Notenskala korreliert wird (Abb. 7).

Bezogen auf eine fünfstufige Notenskala bedeutet dies, daß etwa 50% der Studenten einer Gruppe die Note „3" erhalten, je etwa 20% der Gruppe die Noten „2" und „4" und je 5% der Studenten die Noten „1" und „5".

Wenn die Ergebnisse einer Leistungsbeurteilung z. B. so ausfallen, daß etwa 80% der Studenten die Beurteilung „1" (oder eventuell „5") erreichen, schleicht sich bei den meisten Lehrenden ein Gefühl des Unbehagens ein – ein solches Ergebnis unterscheidet sich stark von der erwarteten Normalverteilung. Man verändert dann meistens die Testaufgaben solange, bis das Testergebnis etwa der Normalverteilung entspricht; d. i. Fragen, die von allen Studenten richtig beantwortet werden, werden genauso wie Fragen, die niemand beantworten kann, ausgeschieden.

Diese Orientierung an einer „Normalverteilung" hat verschiedene Nachteile:

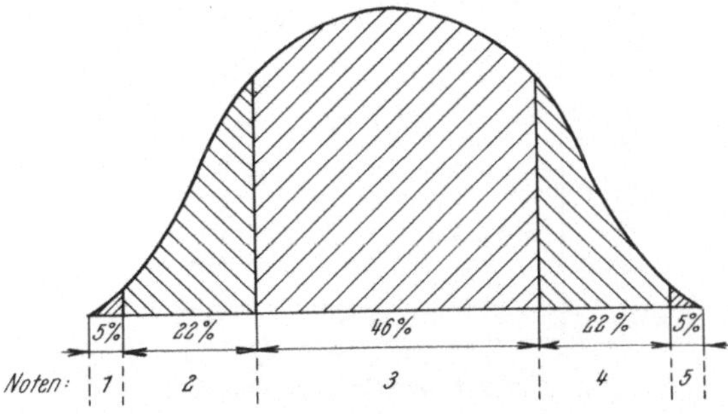

Abb. 7. Relative Leistungsmessung: Hier gehen wir von der Vorstellung einer „naturwüchsigen" Verteilung von Leistungen aus – Gaußsche Normalverteilung. Erwartet wird, daß etwa die Hälfte der Studenten einer „mittleren" Bewertung entspricht und nur ein geringer Teil sehr gut bzw. schlecht abschneidet

- Die Leistungsgruppe legt das Leistungsniveau fest; es ergibt sich eine schlechte Vergleichbarkeit der Beurteilung aus verschiedenen Gruppen.
- Die Leistungsmotivation weniger begabter Studenten wird herabgesetzt; wenn sich alle Mitglieder der Gruppe mehr anstrengen, bleiben die weniger Begabten stets am unteren Ende der Verteilung.
- Es wird die Einstellung begünstigt, daß der größte Teil der Studenten nicht in der Lage ist, die angestrebten Lernziele vollständig zu erreichen.

2.7.2.3 Zielorientierte Leistungsmessung

Die zielorientierte Bewertung kommt aufgrund der Berücksichtigung vorgegebener Lernziele zustande – eine gute Anpassung an die Normalverteilung ist nicht wesentlich. Wesentlich ist nur, ob die Prüfungsaufgaben möglichst genau die Erreichung der Lernziele messen. Entspricht die lernzielorientierte Prüfung gut der Situation, für die ausgebildet wird, so soll das Prüfungsergebnis eine möglichst schiefe Verteilung zeigen.

Als Erfolgskriterium bei der lernzielorientierten Leistungsmessung wird z. B. oft das sogenannte 90/90- oder das 80/80-Kriterium angestrebt. Bei diesen Angaben weist die erste Zahl den Prozentsatz der Adressaten, die zweite den des erreichten Wissens aus. Die 90/90-Bedingung besagt demnach, daß ein Kurs erfolgreich ist, wenn 90% der Adressaten 90% des zu vermittelnden Stoffes erlernen.

Die Zusammenhänge sind aus Abb. 8 erkennbar. Auf der waagrechten Achse ist das erreichte Wissen in Prozent angegeben, auf der senkrechten Achse die Anzahl der Adressaten. Das 90/90-Kriterium wird in der Abbildung

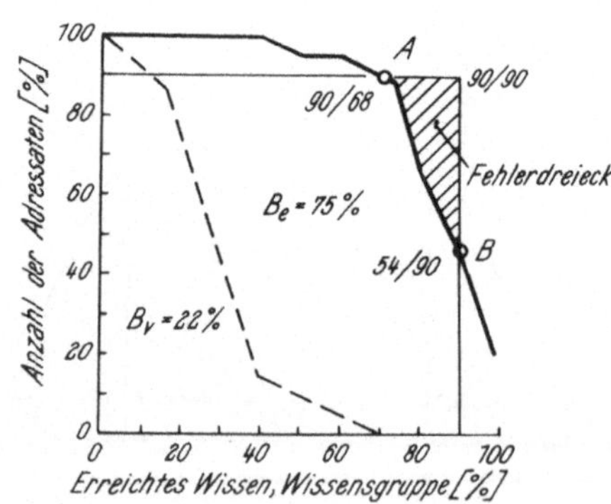

Abb. 8. Zielorientierte Leistungsmessung: Hier gehen wir vom Wunsch aus, daß womöglich alle Adressaten den ganzen Stoff bewältigen. Z. B. ein 90/90 Leistungskriterium besagt, daß ein Kurs erfolgreich ist, wenn 90% der Adressaten 90% des Stoffes erlernen

durch eine Fläche dargestellt, die 81% der Fläche der Idealbedingung 100/100 entspricht. Trägt man in die Darstellung ein Testergebnis ein, das die Anzahl der Adressaten dem erreichten Wissen zuordnet, dann ergibt sich ein Kurvenzug, der die 90/90-Flächenbegrenzung in zwei Punkten (den Punkten A und B) schneidet. Die Fläche unterhalb des Kurvenzuges stellt die erreichte Istfläche dar, die Fläche darüber ein „Fehlerdreieck", begrenzt durch die Punkte A, B und 90/90. Die Größe des Fehlerdreiecks ist ein Maß dafür, inwieweit das 90/90-Kriterium erreicht wurde. Wird das 90/90-Kriterium erreicht, dann ist die Größe des Fehlerdreiecks „0".

Noch einige Bemerkungen zu Abb. 8: Es werden Wissensgruppen gebildet – der Gruppe 100% ist die Anzahl der Adressaten zugeordnet, die 100% Wissen erzielten, der Gruppe 90% die Anzahl der Adressaten, die ein Wissen von 90% und mehr (also von 90 bis 100%) nachgewiesen haben etc. Das 90/90-Kriterium definiert an sich nur die Endbedingung und ist darum in Relation zu den Anfangsbedingungen zu bewerten. In Abb. 8 zeigt der strichlierte Kurvenzug das im Eingangstest nachgewiesene Anfangsniveau. In unserem Beispiel beträgt die Fläche unterhalb des strichlierten Kurvenzuges 22% – dies entspricht dem Wissen B_v der Adressaten vor dem Kurs. Das Wissen der Adressaten nach dem Kurs wird durch die Fläche unterhalb des voll eingezeichneten Kurvenzuges ausgedrückt und beträgt im angedeuteten Beispiel $B_e = 75\%$. Die aus beiden Kurven im 90/90-Bereich abzuleitende Flächendifferenz entspricht dem Gesamtwissens-Zuwachs Z, im Beispielsfall ist $Z = B_e - B_v = 75 - 22 = 53\%$. Über die hier angedeuteten Darstellungs- und Berechnungsmöglichkeiten berichtet ausführlich H. Onken [13], seiner Arbeit wurde auch das hier angedeutete Beispiel entnommen.

Als Maßstab bei der lernzielorientierten Leistungsmessung wird also der Erfüllungsgrad eines operationalisierten Lernzielkataloges genommen. Der Lehrende muß sich also schon vor Beginn der Lehrveranstaltung völlig über die konkreten Lernziele im klaren sein; gleichfalls den Adressaten sollen die Ziele rechtzeitig vor dem Leistungsnachweis bekannt sein.

Abschließend sollte gesagt werden, daß trotz verschiedener wissenschaftlicher Anstrengungen und Erkenntnisse die Leistungsmessung, d. h. die Bewertungspraxis, noch viele offene Probleme beinhaltet. Der Lehrende kann nur schwer wissen, was der Lernende wirklich gelernt hat, nachdem sicher eine beachtliche Diskrepanz zwischen dem Umfang des Gesamtlernprozesses und dem bei der Prüfung geoffenbarten Ausschnitt bestehen bleibt.

2.8 Zusammenfassung; Praxis-Tips

Bereitet ein Lehrer Unterricht oder ein Textautor einen Text vor, wird er von Zielvorstellungen geleitet. Diese Zielvorstellungen sollten womöglich eindeutig formuliert werden. Denn: *Es ist wenig sinnvoll, sich mit der Frage auseinanderzusetzen, welcher Weg am besten zu Ihrem Bestimmungsort führt, ehe Sie genau wissen, welcher dieser Bestimmungsort ist.*

Es erscheint sinnvoll, Zielvorstellungen so zu formulieren, daß

- sie anderen (z. B. Kollegen, aber auch den Studenten) eindeutig verständlich sind,
- man nachträglich feststellen kann, wie nahe man an die Ziele herangekommen ist,
- man untersuchen kann, ob es angemessen ist, gerade diese Ziele anzustreben – insbesondere aus der Sicht des Niveaus, auf dem die Adressaten bestimmte Kenntnisse und Fähigkeiten erwerben wollen.

Der Prozeß der Zielformulierung könnte etwa folgendermaßen ablaufen:

✎ ***Formulieren Sie das Grobziel (Grobziele) für Ihre Lehrverstanstaltung.***

Bringen Sie hierbei Ihre Zielvorstellungen so allgemein zum Ausdruck, daß möglichst viel davon sprachlich erfaßt wird. Überprüfen Sie auch, ob Ihr Grobziel im Rahmen eventueller vorgegebener übergeordneter Richtziele integrierbar ist.

Beispiel: Die Adressaten sollen in anschaulicher und motivierender Weise Grundvorstellungen über die wichtigsten Erscheinungen erfahren, welche den Flug von Flugzeugen ermöglichen. Insbesondere sollen die Adressaten eine anschauliche Vorstellung über das Zustandekommen des Phänomens „aerodynamischer Auftrieb" sowie über die entsprechende Wirkung von Tragflügeln erwerben.

✎ ***Formulieren Sie die Feinziele für Ihre Lehrveranstaltung.***

Ausgehend vom Grobziel formulieren Sie nun präzise (d.h. konkret und womöglich unmißverständlich) die entsprechenden Feinziele. Beschreiben Sie also das Verhalten des Adressaten so, daß ersichtlich ist, was der Lernende tun muß, um zu zeigen, daß er das Lernziel erreicht hat (s. Abschn. 2.3.1). Ein höherer Präzisierungsgrad der Zielbeschreibung kann durch Angabe von Bedingungen, unter denen das Zielverhalten gezeigt werden soll (Abschn. 2.3.2), und durch Angabe des Beurteilungsmaßstabes (Abschn. 2.3.3) erreicht werden.

Beispiel: Zum vorhergehenden Grobziel könnten u.a. folgende Feinziele formuliert werden:

a) Die wichtigsten Kräfte, die auf ein Flugzeug im Horizontalflug einwirken, nennen können.
b) Die Hauptbauteile des Flugzeuges nennen können, die den für die Überwindung der Schwerkraft notwendigen Auftrieb erzeugen.
c) Den Begriff „Stromlinie" beschreiben und das Stromlinienbild in einem waagrechten durchströmten Rohr skizzieren können.
d) Das Stromlinienbild in einem einfachen waagrechten durchströmten Rohr mit dem Stromlinienbild in einem waagrechten Rohr mit Verengung vergleichen können. Beide Stromlinienbilder müssen dabei vom Adressaten selbständig skizziert werden.
e) Die Strömung um einen Tragflügel skizzieren können.
f) In die Skizze eines umströmten Tragflügels den Bereich des Unterdrukkes sowie des Überdruckes einzeichnen können usw.

✎ ***Untersuchen Sie das Niveau der formulierten Ziele.***

Einen geringen Grad an Komplexität, ein niedriges Niveau, haben Ziele, wenn sie sich z.B. nur darauf beziehen, daß der Adressat Wissen, das ohne seine Mitwirkung entstanden ist, reproduzieren kann. Ein höheres Niveau haben Ziele, bei denen der Adressat Wissen anwenden bzw. selbst produzieren muß. Bei der Untersuchung von Zielen auf ihr Niveau können die hierarchisch angeordneten Zieltaxonomien (s. Abschn. 2.4.1 und 2.4.2) verwendet werden. Sie sind ein Kontrollinstrument, mit dem besonders betonte bzw. vernachlässigte Zielstufen erkannt und unbeabsichtigte Einseitigkeiten vermieden werden können. Grundsätzlich sollten, über längere Zeit gesehen, Ihre Ziele niveaumäßig auf verschiedenen Stufen liegen.

Beispiel: Die Feinziele des vorhergehenden Beispieles liegen insgesamt auf den niedrigeren Niveaustufen. So liegen die Ziele a) b) c) etwa auf der Stufe 1 „Kennen", das Ziel d) auf der Stufe 2 „Begreifen" usw.

Mit der Klärung Ihrer Zielvorstellungen und der präzisen und überlegten Formulierung der Ziele haben Sie den ersten Schritt bei der praktischen Planung Ihrer Lehrveranstaltung durchgeführt. Den Zielen entsprechend können Sie im weiteren die am besten passenden Medien, Methoden und den relevanten Lehrstoff auswählen.

Der Einflußgröße „Lehrstoff" werden wir uns nun im nächsten Kapitel zuwenden. Der Lehrstoff ist im Hinblick auf das erstrebte Lernziel auszuwählen. Für das Erreichen der Ziele irrelevante Informationen sind zu vermeiden, weil sie den Adressaten verwirren können. Demgegenüber sind zentrale Begriffe und Inhalte besonders hervorzuheben.

Literatur

1. Bloom, B. S.: Taxonomy of Educational Objectives Cognitive Domain. David McKay Company, Inc., New York, 1956.
2. Cube, F. von: Ergänzende und korrigierende Funktionen des Lehrers beim Einsatz curricularer Medien. FEOLL, Paderborn, 1975.
3. Decker, F., und Mayer, R.: Betriebliche Mitarbeiterbildung. Verlag Dr. Th. Gabler. Wiesbaden, 1976.
4. Dubs, R.: Zur Curriculumforschung im berufsbildenden Schulwesen in der Schweiz. In: Die berufsbildende Schule Österreichs, Heft 2,1973/74.
5. Dumke, D.: Schülerleistung und Zensur – Ergebnisse aus der Arbeit niedersächsischer Lehrerfortbildung. Schrödel Verlag, Hannover, 1973.
6. Frank, H.: Zur Objektivierung des Testens und Prüfens. In: Melezinek (Hrsg.), „Die Technik und ihre Lehre". Verlag J. Heyn, Klagenfurt, 1974.
7. Gronlund, N.: Stating Behavioral Objectives for Classroom Instruction. The Macmillan Company, London, 1970. (Deutsche Übersetzung von Norbert Murauer, Skriptenreferat der Österreichischen Hochschülerschaft an der TU Graz.)
8. Guilford, J. P.: A System of Psychomotor Abilities. In: American Journal of Psychology, 71, 1968.
9. Heller, K.: Leistungsbeurteilung in der Schule. Quelle und Meyer Verlag, Heidelberg, 1974.
10. Hoffmann, M.: Problematik der Benotung. In: Hinweise für die Lehrkräfte an den landwirtschaftlichen Fachschulen in Bayern. Herausgeber: Bayerisches Staatsministerium für Ernährung, Landwirtschaft und Forsten – Ref. Schulwesen.
11. Krathwohl, D. R.: Taxonomy of Educational Objectives Affective Domain. David McKay Company, Inc., New York, 1974.
12. Mager, R.: Lernziele und programmierter Unterricht. Beltz Verlag, Weinheim, 1972.
13. Onken, H.: Die Erfolgsanalyse in der betrieblichen Weiterbildung. Siemens AG., Bestell-Nr. E 6400/001.
14. Peters, R., und Polke, M.: Beruf und Ausbildung der Ingenieure. VDI, Düsseldorf, 1973.
15. Peters, R.: Das Qualifikationsprofil des Ingenieurs. In: Melezinek (Hrsg.), „Ingenieurpädagogik und Computereinsatz". Verlag J. Heyn, Klagenfurt, 1975.
16. Posch, P., und Schneider, W.: Elemente der Unterrichtsplanung auf Hochschulniveau. IBE-Bulletin 12/973.
17. Rys, S.: Základy didaktiky. Verlag Năse vojsko, Prag, 1966.

3
Lehrstoff im technischen Unterricht

Die pädagogische Variable Lehrstoff beinhaltet die Antwort auf die Frage nach dem „was". Was soll gelehrt bzw. gelernt werden?

Die Frage nach dem, was gelernt werden soll, steht im engen Zusammenhang mit der Frage nach dem, wozu gelernt werden soll – es besteht ein Zusammenhang zwischen den Zielen und Inhalten. Ziele lassen sich meistens über mehrere Inhalte verwirklichen. Je besser diese Inhalte unter Erwägung lernpsychologischer und aller anderen anfallenden Gesichtspunkte ausgewählt werden, desto größer wird die Wahrscheinlichkeit der Zielverwirklichung. Die gleich am Anfang dieses Buches angedeutete Komplexität des Unterrichtsprozesses, des wechselseitigen Zusammenspiels der pädagogischen Variablen wird hier deutlich.

Ein für die Unterrichtspraxis außerordentlich wichtiges Problem bildet die insbesondere im Bereich der Technik deutliche Informationsexplosion. Das Wissen der Menschheit vermehrt sich ständig, die Menge des vom Menschen über sich und seine Umwelt gespeicherten Wissens wächst enorm. Es erscheint nicht möglich, in der zur Verfügung stehenden Zeit den immer größer werdenden Stoffumfang zu vermitteln – es besteht ein deutliches Lehrstoff-Zeit-Problem. Von diesem Problem werden wir in diesem Kapitel ausgehen.

3.1 Zum Lehrstoff-Zeit-Problem

3.1.1 Allgemeine Entwicklung

Um die Zeit der Erfindung des Buchdruckes mit beweglichen Lettern in der Mitte des 15. Jahrhunderts erschienen in Europa jährlich etwa nur 1.000 neue Buchtitel, um das Jahr 1700 erschienen jährlich weniger als hundert neue wissenschaftliche Originalarbeiten. Gegen 1950 wurden in Europa an die 120.000 neue Titel jährlich herausgegeben. Heute nimmt die wissenschaftliche und technische Literatur in der ganzen Welt pro Jahr um etwa 60 Millionen Druckseiten zu. Auch wenn es sich sicher nicht behaupten läßt, daß jedes neue Buch in vollem Umfang unser Wissen vermehrt, ist immerhin die steil ansteigende Kurve der Buchproduktion in bestimmten Grenzen kennzeichnend für das Anwachsen des Wissensvolumens der Menschheit.

H. Frank und B. Meder [5] veranschaulichen die Entwicklung durch die in Abb. 9 gezeigte Darstellung. Schon zu Beginn des 19. Jahrhunderts überstieg die Menge der wissenschaftlichen Erkenntnisse das Fassungsvermögen des einzelnen. Noch vor Ende des 19. Jahrhunderts wäre es einem einzelnen nicht einmal mehr möglich gewesen, im Laufe seines Lebens die in einem einzigen Jahr neu hinzukommenden Forschungsergebnisse zur Kenntnis zu nehmen.

Auch bei dem üblichen arbeitsteiligen Lernen, bei dem sich der einzelne nur mehr Spezialkenntnisse aneignet, also als Fachmann, als Spezialist, ausgebildet wird, zeigt sich immer mehr zusätzlich zur Ausbildung auch ein Umlernen im Lauf des Lebens als erforderlich. Die Nutzzeit des einmal vermittelten Wissens wird immer kürzer, der Aktualitätswert von Lehrstoffen nimmt schnell ab. In

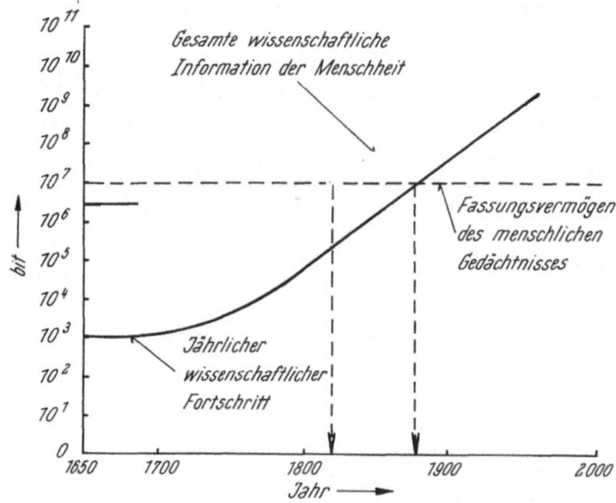

Abb. 9. Das Wissen der Menschheit wächst ständig. Insbesondere in den letzten Jahrzehnten sprechen wir von einer „Informationsexplosion"

Abb. 10 werden nach [5] dieNutzzeiten von Teilen des heute aktuellen Lehrstoffes wiedergegeben. Es ist ersichtlich, daß die Aktualität des im Beruf (Industrie und Wirtschaft) neu angeeigneten Wissens im Vergleich mit dem Schul- bzw. Hochschulwissen am schnellsten verfällt. Man kann derzeit von einer durchschnittlichen Nutzzeit des in der Berufspraxis zu erwerbenden Wissens von etwa 7 Jahren ausgehen für das Bildungsgut der Hochschule gilt etwa der doppelte, für das der allgemeinbildenden Schule rund der vierfache Wert.

In Westdeutschland schätzte man 1991 die Halbwertzeit des Hochschulwissens mit 10 Jahren, d. h. die Hochschulbildung hat jährlich einen Aktualitätsverlust von 5%.

3.1.2 Entwicklung im Bereich der technischen Wissenschaften

Als konkretes Beispiel der schnellen Entwicklung der Technik möchte ich die Elektrotechnik und insbesondere die Nachrichtentechnik anführen. Die Entwicklung der Nachrichtentechnik (Elektronik) ist in den letzten etwa 30 Jahren besonders stürmisch verlaufen – sie hat einen gewissen Vorlauf gegenüber anderen Bereichen der Technik. Es ist zu erwarten, daß sich dieses Entwicklungstempo auch auf andere Gebiete überträgt – kein Gebiet der Technik entwickelt sich unabhängig von den anderen.

K. Geiger [6] hat schon vor längerer Zeit versucht, das Anwachsen des Umfanges der Nachrichtentechnik quantitativ auszudrücken (Abb. 11). Wenn auch die Kurve nur unter bestimmten Einschränkungen zu beurteilen ist, so zeigt sie doch klar die Tendenz der Entwicklung – sie unterstützt etwa die Aussage, daß das Wissen der Menschheit sich in einem Zeitraum von etwa 8 Jahren verdoppelt.

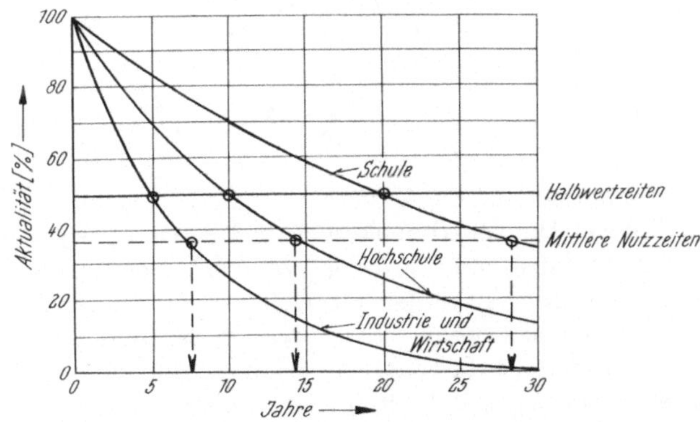

Abb. 10. Der Aktualitätswert von Lehrstoffen nimmt schnell ab

Nach 1948 sind in der Nachrichtentechnik einerseits ihre ursprünglichen Gebiete wesentlich ausgebaut worden, andererseits sind völlig neue Gebiete entstanden. Eine sehr wichtige Rolle spielte die Entwicklung neuer Bauelemente – von der Elektronenröhre über die diskreten Halbleiterbauelemente (z. B. Transistoren) bis zu den integrierten Halbleiterschaltungen. Diese Entwicklungstendenz ist z. B. in Abb. 12 dargestellt. Diese Darstellung nach J. A. Morton [19]

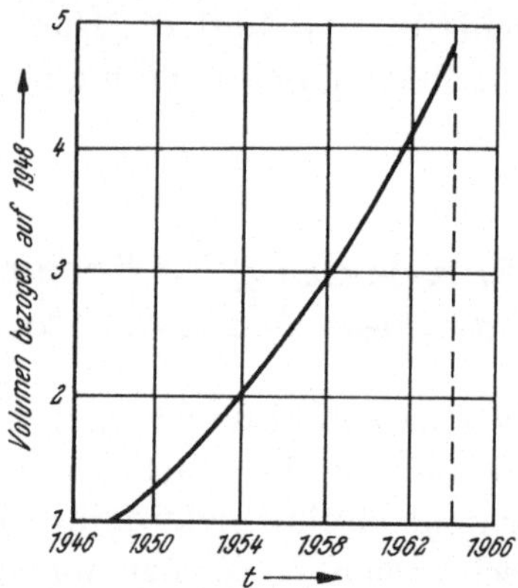

Abb. 11. Beispiel der Informationsexplosion: Das Anwachsen des Umfanges der Nachrichtentechnik

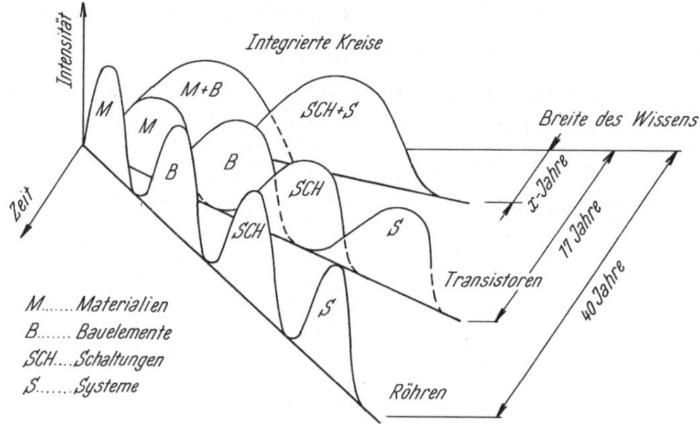

Abb. 12. Entwicklungstendenz der elektronischen Bauelemente: Von den Elektronenröhren über die diskreten Halbleiterbauelemente (z.B. Transistoren) zu den integrierten Halbleiterschaltungen (Chips). Die Entwicklung verläuft immer schneller. Als man 1980 den integrierten 64-kbit Speicherbaustein produzierte, wurde ein Ende der Entwicklung bei etwa l-Mbit Speicherchips prognostiziert. Anfang der 90er Jahre ging schon der 4-Mbit Speicher in Produktion. Spezialisten schätzen, daß die Grenze der dynamischen Speicher etwa bei den 256-Mbit Speichern noch vor dem Jahr 2000 erreicht sein wird. Die Speicherkapazität eines solchen Chips würde dem Inhalt von ca. 16.000 Din A4-Seiten entsprechen

zeigt u.a., daß die Entwicklung auf dem Sektor der Elektronenröhren etwa 40 Jahre in Anspruch genommen hat und schwerpunktmäßig sich von den Materialien, über die eigentlichen Röhren, deren Schaltungen, bis zu ganzen Systemen bewegt hat. Die Entwicklung der Transistoren dauerte demgegenüber nicht einmal zwanzig Jahre und die Entwicklungsetappen fanden mit Überlappungen statt. Bei den integrierten Halbleiterschaltungen scheint sich die ganze Entwicklung auf einige wenige Jahre zusammenzudrängen – auf eine etwa der Ausbildungszeit von Diplomingenieuren entsprechende Zeitspanne.

Mit der Analyse der Marktziffern für elektronische Bauelemente hat sich der Autor dieses Buches schon vor längerer Zeit befaßt, in den letzten Jahren hat sich dieser Problematik ausführlich A. Haug [8] gewidmet. Abbildung 13 wurde der genannten Arbeit von Haug entnommen und zeigt den Verlauf der Produktionsziffern elektronischer Bauelemente in den USA von 1945 bis 1972. Man sieht, wie die Produktionsziffern der ursprünglich dominierenden Elektronenröhren mit dem Auftauchen der Transistoren zurückgegangen sind und mit dem folgenden Anstieg der Produktion von integrierten Schaltungen ein Produktionsabfall bei den Transistoren sichtbar wird.

Einzelbauelemente werden in der Elektronik immer mehr durch ganze Bausteine, durch integrierte Schaltungen, verdrängt. Anfangs überwog noch der Einsatz von Bausteinen geringer und mittlerer Integration, bei denen auf einem Siliziumplättchen einige zehn bis etwa 100 Transistoren vereinigt waren. Die Technik ist aber schon so weit fortgeschritten, daß die Großintegration mit 100.000 und mehr Transistoren je Baustein in zahlreiche technische Anwendungen eindringt. Die Entwicklung solcher Bausteine verlangt eine

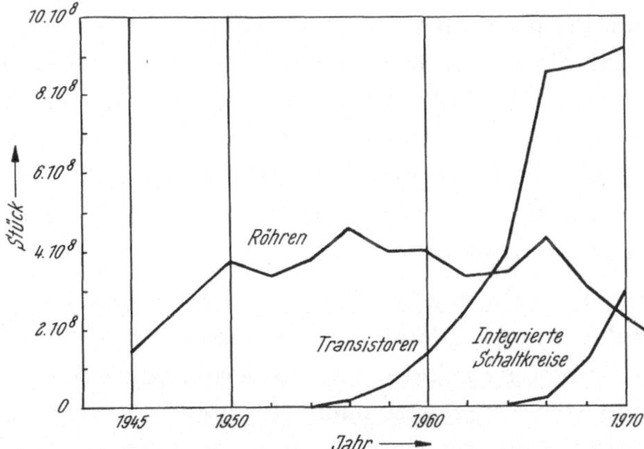

Abb. 13. Entwicklung der Produktionsziffern elektronischer Bauelemente: Mit der Entwicklung der Transistoren sind die Produktionsziffern der Elektronenröhren zurückgegangen. Mit dem Anstieg der Produktion von integrierten Schaltungen wurde ein Produktionsabfall bei den Transistoren sichtbar

neue Orientierung der beteiligten Mitarbeiter. Die Trennlinie zwischen Produktenwicklung und Fertigung ist verwischt. Die Konstruktion und der Werkzeugbau im bisherigen Prozeß werden abgelöst durch Design und Layout im Dialog Entwickler–Rechner.

Die angedeutete Entwicklung fordert eine große Flexibilität bei den Technikern, ein ausgeprägtes Abstraktionsvermögen und das Denken in immer komplexeren Systemen.

Unsere kurze Analyse zeigt deutlich, daß die technische Entwicklung sich nicht nur im Entstehen neuer Quantitäten, sondern auch neuer Qualitäten ausdrückt. Verfahren heuristischen Charakters werden durch Verfahren formaler Art ergänzt und teilweise abgelöst, von einzelnen Elementen ausgehende Betrachtungen werden durch Ganzheitsbetrachtungen ersetzt, mathematische Lösungsverfahren werden bestimmender etc. etc.

Die technische Entwicklung, insbesondere typisch durch die anwachsende Informations- und damit Lehrstoff-Fülle sowie den vermutlichen Umschlag im technischen Denken vom Detail zum System, muß im technischen Bildungswesen berücksichtigt werden. Ansätze zur Lösung des Lehrstoff-Zeit-Problems werden in einer Übersicht z. B. in [17, 18] angedeute. Ich werde mich aus diesem Bereich im folgenden Kapitel mit den Möglichkeiten der Akzentuierung des Systemdenkens im technischen Unterricht befassen.

3.2 Begriff und Skizze der Strukturtheorie

Immer mehr Bildungswissenschaftler konzentrieren sich auf Probleme der Struktur des Lehrstoffes – als richtungweisend kann hier insbesondere Jerome Seymour Bruner [2] genannt werden. Der strukturtheoretische Ansatz baut auf der These, daß die alte Auffassung der Wissenschaft als Gesamtheit genau beschriebener Fakten überholt ist, daß die moderne Wissenschaft mehr ist als eine Sammlung von Fakten. Heute bemüht man sich neben dem Suchen nach neuen Fakten und Phänomenen um das Aufdecken der Zusammenhänge zwischen den einzelnen Fakten, um das Aufdecken einer inneren Ordnung, um das Enthüllen von Strukturen.

Für die Wissensvermittlung und für die Lehre im Speziellen ist es wichtig, die grundlegenden Fakten, Phänomene, Prinzipien und Gesetze des zu vermittelnden Stoffgebietes zu finden und diese den Adressaten im Rahmen des stoffimmanenten Strukturgefüges nahezubringen. Zu versuchen, alle spezifischen Erkenntnisse ohne die Klarstellung ihrer Position in der Struktur des gegebenen Wissensgebietes zu lehren, ist aus verschiedenen Gründen wenig zielführend. Die Gründe, die für eine Akzentuierung der wichtigsten Prinzipien und ihrer Zusammenhänge sprechen, sind eigentlich trivial – wir wollen die wichtigsten zusammenfassen.

3.2.1 Grundlegende Fakten und Phänomene

Es ist schon lange bekannt, daß ein Erfassen, ein Begreifen der grundlegenden Fakten, Phänomene, Prinzipien und Gesetze den ganzen Gegenstand faßlicher, verständlicher macht.

Wenn wir z. B. erreichen, daß der Student wirklich gut die Gesetzmäßigkeiten der Elektronenemission begreift, wird er leicht nicht nur die Wirkungsweise der einfachen Elektronenröhren begreifen, sondern sich ebenfalls bei den Mehrelektrodenröhren zurechtfinden, die Wirkungsweise von Bildröhren erkennen, typische Eigenschaften spezieller Aufnahmeröhren wie z. B. Vidikon, Plumbikon etc. leichter identifizieren können usw.

3.2.2 Isolierte Fakten

Als ein wichtiges Ergebnis der jahrzehntelangen Forschungen über das Gedächtnis wird die Erkenntnis betrachtet, daß jeder Fakt, der nicht im strukturellen Zusammenhang auftritt, schnell vergessen wird. **Isolierte, nicht miteinander verbundene Fakten werden leicht und rasch vergessen.**

Es war – und ist teilweise auch noch heute üblich – z. B. in der Lehre den Stoff über Rundfunksender und -empfänger, über Fernsehsender und -empfänger und eventuell weitere Sender und Empfänger zur drahtlosen Übertragung spezieller Daten getrennt, einzeln, darzubieten. Nachdem diese Lehrstoffe zusätzlich manchmal in beachtlichem zeitlichen Abstand (in verschiedenen Semestern), also weitgehend voneinander unabhängig präsentiert werden, ist es etwa für Schüler von Berufsschulen recht problematisch, diese für sie neuen, isoliert dargebotenen Lehrstoffabschnitte in echte Zusammenhänge zu bringen.

Es ist aber gleichfalls möglich, die den genannten Stoffgebieten gemeinsame innere Struktur schon beim Unterricht hervorzuheben – z. B. sie durch ein ziemlich allgemeingültiges Modell der hochfrequenten Informationsübertragung zu verbinden.

Es ist weiterhin häufig üblich, im Bereich der Energetik die einzelnen elektrischen Maschinen sukzessiv, nacheinanderfolgend zu lehren. Bei diesem üblichen Vorgehen stehen die einzelnen Maschinentypen im Vordergrund, die gemeinsame Struktur der elektrischen Maschinen ist für viele Studenten nicht, oder nur schwer erkennbar. Es sind aber auch schon für diese Stoffgebiete Unterrichtsmethoden bekannt geworden, bei denen von allgemeinen, für elektrische Maschinen geltenden, Prinzipien und Gleichungen ausgegangen wird, z. B. [26, 27] berichten darüber schon im Jahr 1956.

Durch die bewußte Einfügung einzelner Fakten und Phänomene in das stoffimmanente Strukturgefüge wird erreicht, daß die Studenten auch nach

längerer Zeit mit Hilfe des im Gedächtnis verbliebenen Gesamteindruckes sich leichter auch die einzelnen, untergeordneten Fakten erneuern.

3.2.3 Transfer

Ein weiterer Vorteil der Betonung der Stoffstruktur besteht in der **Unterstützung des sogenannten nichtspezifschen Transfers, das ist der Übertragung von Prinzipien und Haltungen.**

Das Lernen soll den Studenten nicht nur zu neuen Erkenntnissen bringen, es soll ihm auch das weitere Lernen erleichtern. Dazu ist es notwendig, allgemeine Gesetze und Begriffe womöglich so tief zu begreifen, daß die Fähigkeit, weitere Gesetze und Begriffe als spezielle Fälle der allgemeinen Gesetzmäßigkeiten zu sehen, entsteht. Etwas als einen spezifischen Fall eines allgemeineren Ereignisses zu enthüllen – und um dies handelt es sich eigentlich, wenn wir vom Begreifen allgemeiner Prinzipien und Strukturen sprechen – besteht nicht nur im Aneignen des spezifischen, sondern auch im Aneignen eines **Denkmodelles** für ähnliche Ereignisse, denen wir erst später begegnen werden. Die Betonung der Stoffstruktur unterstützt also die Entwicklung der Fähigkeit der Studenten zum Lernen überhaupt, die Fähigkeit, neue Probleme zu erfassen und Strategien zu deren Lösung zu entwickeln.

So zum Beispiel zeigt es sich als vorteilhaft, den Zusammenhang zwischen Halbleiterdioden und Vakuumdioden mit Hilfe eines Vergleichs ihrer Strom-Spannungskennlinien mit der Kennlinie einer idealen Diode (Ventil) zu präsentieren (Abb. 14) und in diesem Sinn den ganzen Unterricht dieses Stoffes zu verwirklichen. Es werden dadurch neben den Fakten an sich auch deren Zusammenhänge gezeigt, die kongruenten, d.i. die übereinstimmenden, sowie die unterschiedlichen Eigenschaften und Verhaltensweisen. Auch die Zwei- bzw. Vierpoltheorie stellt ein gutes die Verallgemeinerung unterstützendes Hilfsmittel dar; **die Lernenden werden mit Denkmodellen vertraut,** welche sie auch

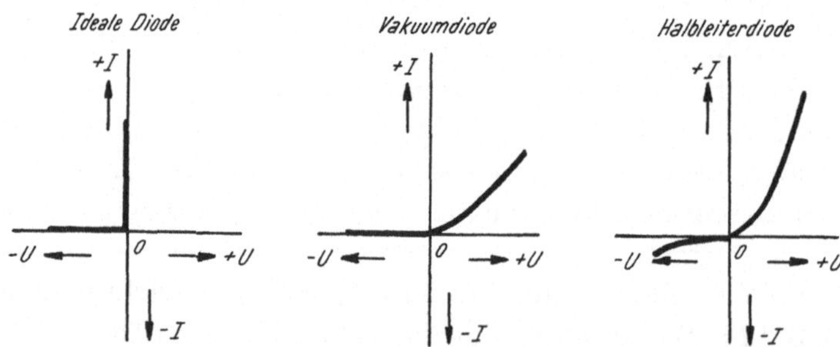

Abb. 14. Darstellung von Zusammenhängen: Vergleich der Kennlinien elektronischer Ventil-Bauelemente: Ideale Diode, Vakuumdiode, Halbleiterdiode

schon als Absolventen der Schule sinnvoll zur Lösung neuer Probleme verwenden können.

3.2.4 Emotionelle Befriedigung

Bei den meisten Menschen besteht ein emotionelles Bedürfnis nach Übersicht, nach Information über Zusammenhänge. Ein Beispiel dazu: Sie kommen in ein hohes Gebäude, wollen in das vierte Stockwerk fahren – drücken die Taste, um die Kabine des Aufzugs herbeizurufen. Nun warten Sie – drei, vier, fünf Sekunden. Sie werden unruhig – was ist mit dem Aufzug? Kommt die Kabine oder ist der Aufzug irgendwie beschädigt? Hat vielleicht jemand in irgendeinem Stockwerk die Aufzugstür offen gelassen? Sollen Sie noch eine Weile auf die Kabine warten oder lieber zu Fuß gehen?

Wahrscheinlich haben Sie sich schon in einer solchen oder ähnlichen Situation befunden; in Gebäuden mit älteren Aufzügen. Sicher haben Sie aber moderne Aufzugsanlagen erlebt, bei denen ein optisches Tableau Auskunft über die Position der Kabine gibt. Nachdem Sie die Kabine herbeirufen, leuchten Lämpchen auf und Sie erfahren z. B., daß die Kabine bisher im sechsten Stockwerk stand, sich nun aber über das fünfte, vierte und dritte Geschoß zu Ihnen bewegt. Sie werden auf diese Art informiert, erhalten eine Übersicht über die Situation, sind nicht beunruhigt – wissen, wie Sie sich verhalten sollen.

Nicht nur im eben geschilderten Beispiel, sondern auch in vielen anderen Situationen – z. B. wenn Sie im PKW hinter einem großen LKW, der Ihnen die Sicht versperrt, herfahren müssen und nicht sehen, ob die kurvenreiche Landstraße Ihnen ein Überholmanöver ermöglicht – empfinden Sie emotionell ein Bedürfnis nach Übersicht.

Ich bin überzeugt, daß ein emotionelles Bedürfnis nach Übersicht, nach Zusammenhängen, auch bei Lernprozessen besteht. Durch die Akzentuierung des stoffimmanenten Strukturgefüges beim Unterricht wird dieses Bedürfnis nach Übersicht befriedigt, ein Beitrag zum positiven Lernklima geleistet.

Es hat sich bewährt, gleich zu Beginn des Schuljahres eine Übersicht des Lehrstoffes zu geben und auch im Laufe des Schuljahres häufig auf Gesamtzusammenhänge hinzuweisen. Gleichfalls hat es sich bewährt, **am Anfang jeder Unterrichtseinheit, jedes Vortrages, eine Stoffübersicht zu geben und die Zusammenhänge im Lauf der Stunde sowie bei der abschließenden Zusammenfassung hervorzuheben**.

3.3 Wissensstrukturen

Das rasche Anwachsen des Stoffes, die insbesondere im naturwissenschaftlich-technischen Bereich bestehende „Informationsexplosion“ haben wir auf den vorhergehenden Seiten beschrieben. Für jeden Vortragenden, für jeden Lehrenden, stellt sich die Frage nach wirkungsvollen Methoden zur Vermittlung der vielen wichtigen Informationen, des umfangreichen Stoffes. Um zur richtigen Systematik und wirkungsvollen Methoden zu gelangen, sind grundlegende Untersuchungen des Stoffes notwendig.

Um Aussagen über optimale Wege der Wissensvermittlung machen zu können, muß in erster Reihe untersucht werden, wie die Erkenntnisse selbst zusammenhängen. Der Stoff muß analysiert werden. **Die „natürliche" Stoffstruktur, die natürlichen Zusammenhänge und Abhängigkeiten sollen bei der Wissensvermittlung ausgenützt werden.** Mit dem Beispiel einer stoffstrukturellen Analyse werden wir diesen Abschnitt beginnen.

Anschließend werden wir uns Wissensstrukturen zuwenden. Der „Lehrende", ob schon Vortragender oder Textautor, hat sich über einen Realitätsbereich, über ein gewisses Stoffgebiet, Kenntnisse angeeignet. Er hat eine „Wissensstruktur" im Kopf. Er verfügt über einen zusammenhängenden Komplex von Fakten, Begriffen, Phänomenen etc. Dieses Wissenssystem, dieses Netzwerk, will er seinen Adressaten vermitteln. Beim Vortrag oder auch beim geschriebenen Text muß das Wissen in einer bestimmten Abfolge dargeboten werden. Die Sprache präsentiert ja Informationen nur zeitlich nacheinander. Die Art der Abfolge der einzelnen Informationen bestimmt welche Erkenntnisse gemeinsam und welche getrennt dargeboten werden. Die Aufeinanderfolge der Informationen, die Textstruktur, beeinflußt die Wahrscheinlichkeit einer bestimmten Verknüpfung der einzelnen Informationen.

Anknüpfend an das Beispiel zur Stoffanalyse (siehe 3.3.1) werden wir uns daher mit der Bildung von Wissensstrukturen befassen, insbesondere werden wir einige bewährte Strukturbeispiele kennenlernen.

Um den Stoff auf einen lehrbaren und lernbaren Umfang zu beschränken, muß seine sinnvolle Reduzierung vorgenommen werden. Hier liegt der Weg weniger im einfachen Beschneiden des Lehrstoffes, sondern vielmehr in der Umstrukturierung und Konzentration auf die Grundlagen. **Es kommt nicht nur darauf an, Überholtes und Entbehrliches auszusondern und Neues aufzunehmen, sondern es müssen die Beziehungen und Verflechtungen, die zwischen Altem und Neuem bestehen, für die Reduzierung des Stoffumfanges ausgenützt werden.** Es müssen neue technische Grundlagen geschaffen werden, Grundlagen, die den einzelnen Bereichen gemeinsame Probleme umfassen und diese aus neuer Sicht, in breiteren Zusammenhängen, darstellen.

3.3.1 Strukturbeispiel: Familie der Maschinensysteme „Spannzeuge"

Das hier angeführte Beispiel – die Fallstudie „Spannzeuge" – basiert auszugsweise auf einer Konstruktionsmethodik von V. Hubka [12], welcher versucht,

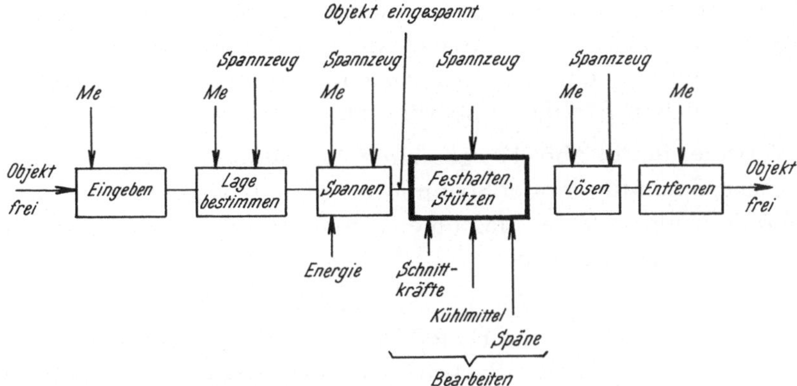

Abb. 15. Modellhafte Darstellung des kompletten Prozesses beim Spannen von Werkstücken

den komplexen Konstruktionsprozeß in klare, übersehbare Arbeitsschritte zu gliedern, um so einen bewußten, transparenten Prozeß zu ermöglichen.

Als Spannzeug wird ein Mitglied der Familie der Maschinensysteme bezeichnet, das die Funktion des Haltens von Objekten in einer bestimmten Lage ausübt. Das Objekt wird durch eine Kraft gegen ein festes System gedrückt, so daß eine Verbindung entsteht; die kraftausübende Einheit wird direkt oder indirekt mit dem festen System verbunden.

Hubka veranschaulicht den kompletten technischen Prozeß beim Spannen von Objekten (Werkstücken) in der in Abb. 15 dargestellten Weise. Einige der dargestellten Operationen werden unmittelbar vom Menschen (Me) bewältigt, so daß die eigentliche Aufgabe der Spannzeuge auf die Einwirkungen beschränkt ist, die in Abb. 16 als „Black-box-Prozeß“ angedeutet sind.

Man kann drei grundlegende Anordnungsvarianten unterscheiden: In Abb. 17a die Variante, bei der eine Wirkfläche das feste System und eine das Spannzeug bildet, in Abb. 17b die Variante, bei welcher das feste System durch ein zusätzliches Element in die geeignete Wirkfläche gestaltet wird, gegen

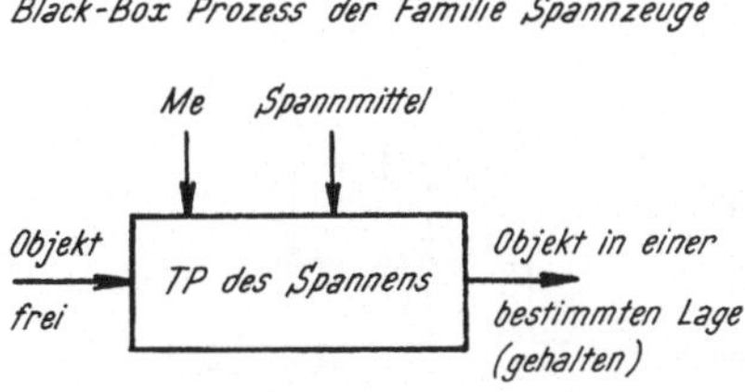

Abb. 16. Black-Box Prozeß der Familie „Spannzeuge"

welche das Spannzeug seine Spannwirkung ausübt, und in Abb. 17c die Variante, bei welcher das feste System mit dem wirkflächegestaltenden Element fest verbunden ist, wobei dieses dazu noch eine bewegliche Verbindung mit der beweglichen Wirkfläche übernimmt.

Als Vertreter der in Abb. 17c gezeigten Anordnungsvariante können z.B. Spannstöcke, Spannfutter oder Spanndorne genannt werden. Um eine weitere Konkretisierungsstufe der Maschinensysteme zu zeigen, wollen wir uns auf die Spannstöcke beschränken.

Die Arbeitsweise der in Abb. 17 prinzipiell angedeuteten Spannstöcke ist etwa folgende: Die bewegliche Haltefläche wird mit einer bestimmten Kraft gegen eine feste Haltefläche (Backen) gedrückt, wodurch die Haltewirkung erfolgt. Diese Arbeitsweise, mit den durch die entsprechende Funktionsstruktur definierten Teilfunktionen, erlaubt noch eine große Vielfalt von Lösungen. Für den nächsten Konkretisierungsschritt müssen weitere Eigenschaften bzw. weitere Funktionsträger festgelegt werden. Wir können z.B. für Spannen kleiner Werkstücke auf der Werkzeugmaschine die Untergruppe der muskelbestätigten Spannstöcke mit Schraube als Kraftverstärkerelement, Linearbewegung und geraden Halteflächen wählen.

Diese an und für sich schon relativ konkrete Beschreibung erlaubt noch immer eine Reihe von Gestaltungsmöglichkeiten, z.B. mit Rücksicht darauf, von welcher Seite die Kraft auf die Schraube ausgeübt wird, und ob die Schraube auf Zug oder Druck ausgenützt wird. In Abb. 18 sind einige Anordnungsmöglichkeiten skizziert. Nach der Entscheidung über die Anordnung

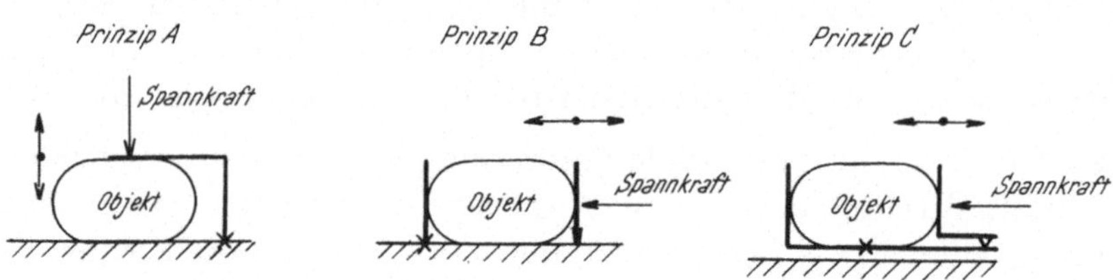

Abb. 17. Spannwirkung: Drei grundlegende Anordnungen

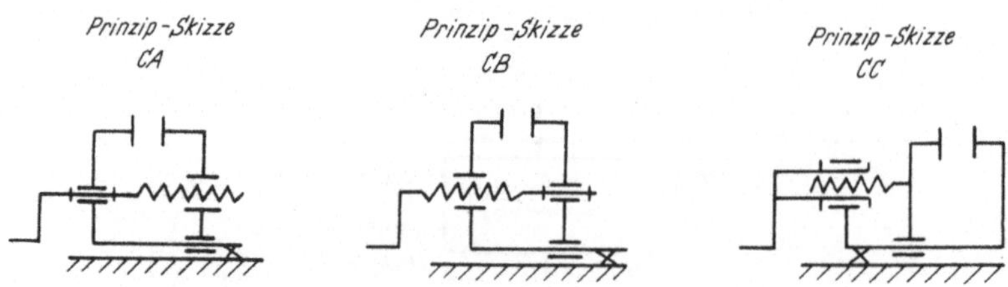

Abb. 18. Anordnungsmöglichkeiten von Spannstöcken

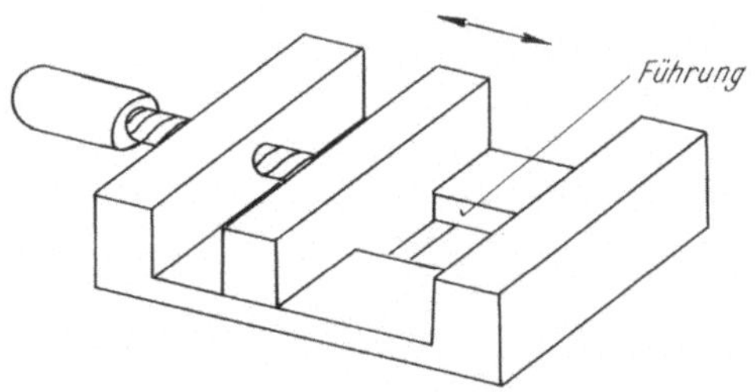

Abb. 19. Konzeptskizze eines Spannstockes

wird eine weitere Konkretheitsstufe erreicht und dadurch bereits der Typ und die Typengröße (Art des Maschinensystems) festgelegt.

In der Konzeptskizze (Abb. 19) wird weiter eine erste Gestaltungssynthese realisiert, in welcher allerdings nicht alle Fertigungsmöglichkeiten überlegt werden müssen. Das weitere Vorgehen wollen wir hier nicht mehr erörtern.

Das eben knapp angedeutete Beispiel zeigt die Möglichkeiten einer stoffstrukturellen Analyse, eines Findens von strukturellen Bestandteilen sowie deren Zusammenhänge. Die strukturellen Elemente des Konstruktionsprozesses bilden einen Katalog des Könnens eines Konstrukteurs und sind folglich die Elemente eines Berufsbildes. Das benötigte Wissen und Können in diesen Tätigkeiten ist zugleich eine Zielsetzung für die Ausbildung.

Im folgenden wollen wir einige Möglichkeiten einer sinnvollen Auswertung stoffimmanenter Strukturen bei der Lehre – bei der Bildung von Wissenssystemen skizzieren.

3.3.2 Bildung von Wissensstrukturen: Grundstruktur

Den meisten Vorträgen, Referaten und auch Gebrauchstexten, liegt ein grundlegender Gedankengang, eine basale Präsentationsabfolge, zugrunde. Sie besteht aus folgenden Schritten:

Einleitung – Hauptteil – Schluß.

Die „Einleitung" stellt einen gliedernden und womöglich motivierenden Vorspann dar. Im „Hauptteil" werden die eigentlichen Informationen, der Stoff, präsentiert. Der „Schluß" bietet meistens eine Zusammenfassung. Etwas verfeinert ist diese bewährte Grundstruktur in der Abb. 20 angedeutet.

Die eigentlichen neuen Informationen bietet der Hauptteil, gegliedert in einzelne Leitgedanken, Abschnitte etc. Beispiele möglicher weiterer struktureller Anordnungen sehen Sie anschließend.

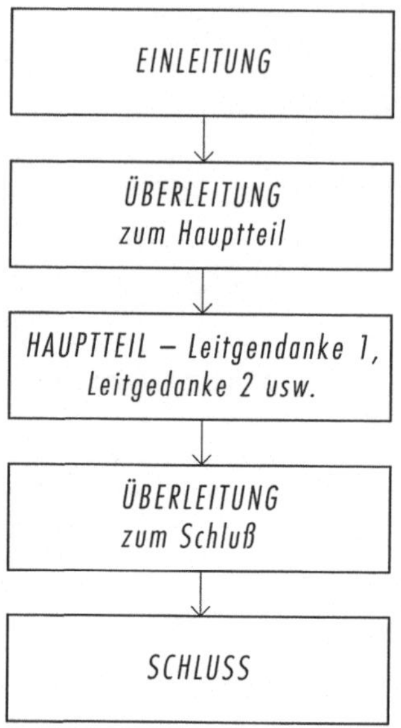

Abb. 20. Grundstruktur: Häufig werden Referate, Vorträge sowie Gebrauchstexte mit der Struktur „Einleitung – Hauptteil –Schluß" gestaltet.

3.3.3 Bildung von Wissensstrukturen: Gegenstands- und aspektorientierte Struktur

Die graphische Darstellung dieser beiden Strukturen zeigt Abb. 21. Bei der gegenstandsorientierten Struktur (Abb. 21a) wird ein „Gegenstand", z. B. eine bestimmte Methode, eine bestimmte Schaltung o. ä. als Ganzes, d. h. mit allen aufeinanderfolgenden Schritten oder Aspekten dargestellt. So wird z. B. eine Meßmethode in einzelnen nacheinander folgenden Schritten (M1, M2, M3, M4) in der Form einer vertikalen Kette komplett, als Ganzes, präsentiert. Anschließend wird eine andere Meßmethode, wieder in einzelnen Schritten (N1, N2, N3, N4) als weitere vertikale Kette dargestellt, usw.

Bei der aspektorientierten Struktur (Abb. 21b) werden die einzelnen Aspekte der jeweiligen Gegenstände verglichen. So wird z. B. vorerst die Schaltung für die eine Methode (M1) beschrieben und mit der Schaltung (N1) der anderen Methode verglichen. Es wird also eine „horizontale Kette" M1–N1 hergestellt. Danach geht's zum zweiten Aspekt, es werden also z. B. die erforderlichen Meßgeräte der ersten Methode dargestellt (M2) und anschließend die für die zweite Methode verwendeten Meßgeräte (N2). Es entsteht eine zweite „horizontale Kette", danach die dritte usw.

Schnotz [24] hat in einer Untersuchung gegenstands- und aspektorientierte Strukturen untersucht. Er hat vier Varianten eines gegenstands- bzw. aspekt-

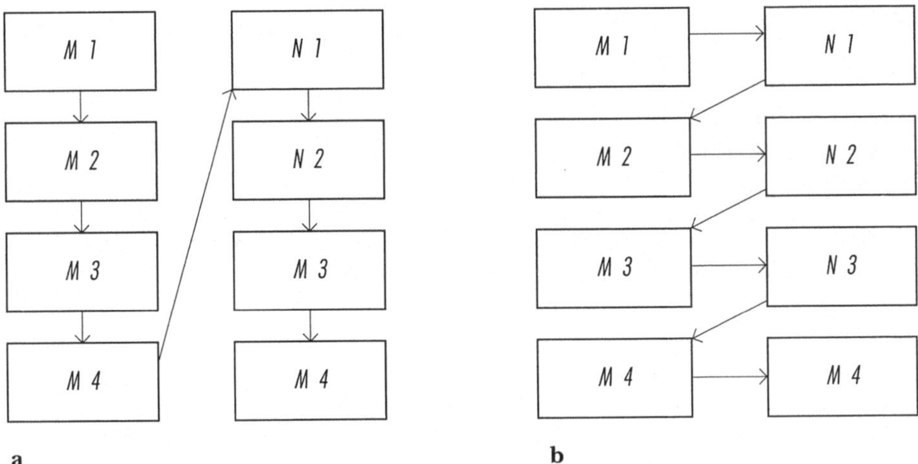

Abb. 21. **(a)** Gegenstandsorientierte Struktur, **(b)** Aspektorientierte Struktur

orientiert gestalteten Textes von Studentengruppen lernen lassen und danach den Lernerfolg ermittelt. Aufgrund der Untersuchungsergebnisse gibt Schnotz folgende Empfehlungen:

... Besitzen die Adressaten durchwegs nur geringe Vorkenntnisse, so ist die gegenstandsorientierte Textorganisation insofern angemessener, als hier – zumindest, was die bloße Beschreibung der Gegenstände betrifft – in der gleichen Zeit mehr verarbeitet wird und das Lernen somit effektiver ist, als bei der aspektorientierten Textorganisation ...

... Für Adressaten mit hohem Vorwissen empfiehlt Schnotz eher die aspektorientierte Vorgangsweise, nachdem hier sowohl die auf eine reine Beschreibung der Gegenstände gerichtete Verarbeitung als auch die vergleichende Verarbeitung relativ effektiv ablaufen kann ...

3.3.4 Bildung von Wissensstrukturen: Kombinierte Struktur

Hier möchte ich eine in der Praxis sehr gut bewährte Struktur anhand eines Beispieles darstellen.

Viele Unterrichtende bringen in ihren Lehrveranstaltungen den Stoff überwiegend „spontan“ – es werden häufig isolierte Erkenntnisse erarbeitet, nicht ein System.

Ich werde nun anhand eines Beispiels – der gängigsten Bauelemente der Elektrotechnik, d. i. der Widerstände, Kondensatoren und Spulen – ein kombiniertes Modell zur Bildung von Wissenssystemen andeuten.

Die Vorgangsweise können wir in vier Schritte unterteilen:

1) Bildung vertikaler Verknüpfungen
2) Flexibilisierung der vertikalen Verknüpfungen
3) Bildung horizontaler Verknüpfungen
4) Vertiefung und Festigung des Wissenssystems.

Lassen Sie uns die einzelnen Schritte anhand des gewählten Beispieles „Widerstände, Kondensatoren, Spulen" veranschaulichen.

3.3.4.1 Bildung vertikaler Verknüpfungen

Wir beginnen mit dem Lehrstoff über elektrische Widerstände. Üblicherweise werden zuerst die physikalischen Grundlagen des Phänomens „elektrischer Widerstand" gebracht, z. B. also die Abhängigkeit des Widerstandes von der Länge, vom Querschnitt und vom Material des Leiters, von der Temperatur etc. Wir wollen dieses erste Informationssegment in Abb. 22 als Block R 1 veranschaulichen.

Im weiteren werden die verschiedenen Realisierungsmöglichkeiten von elektrischen Widerständen besprochen, d. h. z. B. Drahtwiderstände, Kohleschichtwiderstände, Metalloxydwiderstände etc. Dieses in der Folge zweite Informationssegment wollen wir in unserer Abbildung als Block R 2 darstellen.

In der Folge könnte man die allgemeinen Kennwerte von Widerständen besprechen, d. i. etwa den Nennwert, die Auslieferungstoleranz, die Belastbarkeit, den Temperaturbeiwert, usw. Unser drittes Informationssegment wollen wir durch den Block R 3 in Abb. 22 darstellen.

Auf diese Art könnten wir fortsetzen – z. B. die Anwendungsmöglichkeiten von elektrischen Widerständen (Vorschaltwiderstand, Spannungsteiler etc.)

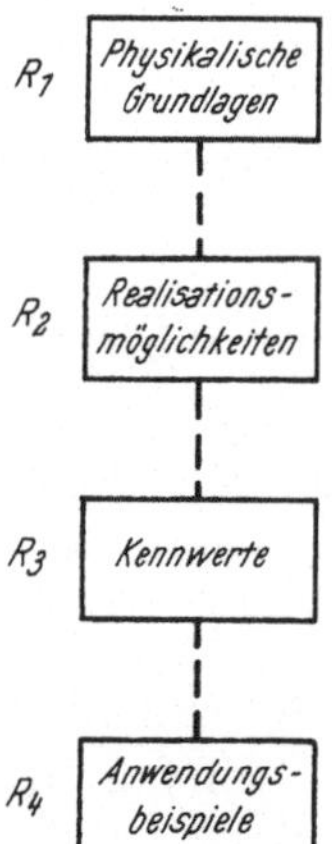

Abb. 22. Kombinierte Struktur: Bildung der ersten vertikalen Verknüpfung

beschreiben usw. Dieses Informationssegment haben wir in Abb. 18 als Block R 4 dargestellt.

Die Darbietung des Lehrstoffes erfolgt häufig primär durch den Vortrag des Lehrenden – er erzählt z. B. über die elektrischen Widerstände, zeichnet entsprechende Skizzen auf die Schultafel, zeigt vielleicht als Realisierungsbeispiel einige konkrete Bauelemente, u. ä. Die Lernenden sind bei einem solchen Vortrag überwiegend passiv – die Aktivität der ganzen Studentengruppe ist im Durchschnitt gering.

Als Möglichkeit zur **Aktivierung der Lernenden kann u. a. der sogenannte problemorientierte Unterricht genannt** werden. Bei einer solchen Unterrichtsgestaltung besteht die Aufgabe des Lehrenden neben der Darbietung erforderlicher basaler Informationen insbesondere im Organisieren von Problemsituationen. Bei unserem Beispiel könnte der Lehrende vielleicht vorerst gemeinsam mit den Studenten die physikalischen Grundlagen des Phänomens „elektrischer Widerstand" aufgrund des Lehrstoffes aus dem Fach Physik wiederholen (Block R 1) und dann das zweite Informationssegment (Block R 2) mit einer Problemstellung eröffnen. Etwa: In der elektrotechnischen Praxis brauchen wir häufig Bauelemente, welche dem elektrischen Strom einen bestimmten Widerstand leisten. Wie sollten solche Bauelemente etwa gestaltet sein, damit sie einfach in die verschiedenen elektrotechnischen Geräte montiert werden können, damit sie leicht ausgewechselt werden können und ihre Produktion womöglich einfach und kostensparend in großen Serien durchführbar ist? Die Lösung dieses Problems sollte in einer vom Lehrenden geleiteten Diskussion womöglich aller Studenten erarbeitet werden. Die wichtigsten Ergebnisse zu diesem Lehrstoffteil sollte der Lehrende zusammenfassen und zum weiteren Informationssegment übergehen.

Aus praktischen Unterrichtserfahrungen ist bekannt, daß Lernende nicht gut imstande sind, neue Sachverhalte, neue Lehrstoffe, im vollen Umfang gleich das erstemal voll zu durchdringen. Die Vorstellungen des Lernenden sind vorerst mehr oder weniger oberflächlich und ungenau. Nach der ersten Darbietung des Lehrstoffes sollte dieser verfestigt und vertieft werden – am besten gleich zum Abschluß der Unterrichtseinheit durch eine zusammenfassende Wiederholung. Bei dieser ersten Wiederholung sollen sich die Lernenden einerseits den eigentlichen Stoff inhaltlich erneut zum Bewußtsein führen, andererseits aber sich auch noch die Stellung der einzelnen Informationssegmente im Gesamtgefüge vergegenwärtigen.

Die Wiederholung wird vorerst in der gleichen logischen Reihenfolge wie bei der ersten Erarbeitung des Stoffes durchgeführt – nach unserer schematischen Darstellung in Abb. 22 also in der Folge R 1 – R 2 – R 3 – R 4. Im Bewußtsein, bzw. im Gedächtnis, der Lernenden wird eine Lehrstoff-Kette (einstweilen über elektrische Widerstände), eine vertikale Verknüpfung gebildet.

3.3.4.2 Flexibilisierung der vertikalen Verknüpfungen

Durch die „Flexibilisierung“ soll bei den Lernenden die Fähigkeit entstehen, die erarbeitete „vertikale Verknüpfungskette“ von irgendeinem ihrer Glieder aufzurollen. Dies kann man z. B. durch solche Fragestellungen erreichen, bei denen es erforderlich ist, daß der Student sich vorerst die ursprüngliche Reihenfolge der vertikalen Verknüpfung (R 1 – R 2 – R 3 – R 4) ins Bewußtsein ruft, dann aus der Verknüpfung die Glieder eliminiert, welche zur Beantwortung der gestellten Frage erforderlich sind, und zuletzt die einzelnen Glieder in eine neue – der Fragenstellung entsprechende – Reihenfolge umgruppiert.

Eine Fragestellung im genannten Sinne könnte etwa lauten: Eine der Realisierungsformen elektrischer Widerstände bilden die sogenannten Kohleschichtwiderstände. Wodurch wird der Widerstandswert solcher Bauelemente bestimmt?

Bei der Beantwortung dieser Frage muß der Student von der ursprünglichen vertikalen Verknüpfung ausgehen – muß sich an das zweite Glied dieser Kette (R 2 – Realisierungsmöglichkeiten) erinnern und dieses Glied mit dem vorhergehenden (R 1 – Physikalische Grundlagen) in Verbindung setzen. So kommt er zur Antwort, daß der Widerstandswert eines Kohleschichtwiderstandes durch das Material der Schicht, durch ihre Abmessungen usw. gegeben ist.

Die Fähigkeiten der Studenten werden erweitert; sie lernen mehr als das einfache Reproduzieren des Lehrstoffes – ihre Kenntnisse werden vertieft, Zusammenhänge werden sichtbar – die ursprüngliche Verknüpfung wird flexibilisiert.

Im weiteren Ablauf des Unterrichts wird ein ganzes System vertikaler Verknüpfungen erarbeitet (Abb. 23). Zur ersten vertikalen Kette über elektrische Widerstände kommt in unserem Beispiel eine zweite Kette über Kondensatoren (C 1 – C 2 – C 3 – C 4) und eine dritte über Spulen (L 1 – L 2 – L 3 – L 4).

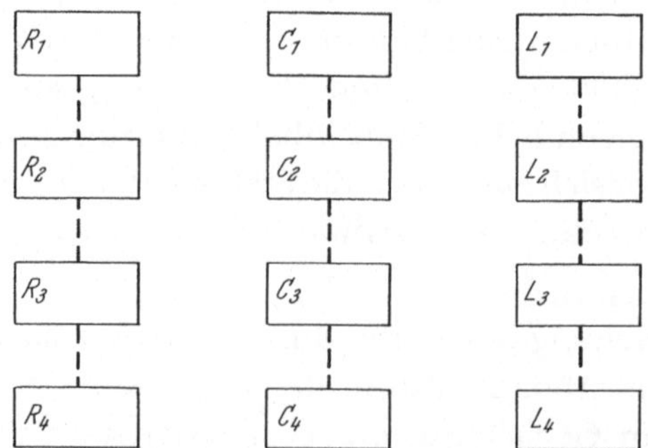

Abb. 23. Kombinierte Struktur: Bildung weiterer vertikaler Verknüpfungen

Die einzelnen vertikalen Verknüpfungen wurden bisher zwar gebildet sowie flexibilisiert, stellen aber bisher noch einzelne parallele, untereinander zum großen Teil noch isolierte Ketten dar. Eine breitere Struktur des ganzen Themas wurde noch nicht geschaffen.

3.3.4.3 Bildung horizontaler Verknüpfungen

Um den Studenten eine Gesamtschau über das Thema zu eröffnen, die Zusammenhänge, die Gesamtstruktur, zu erschließen, müssen zusätzlich zu den vertikalen Verknüpfungen noch horizontale Verbindungen erarbeitet werden.

Horizontale Verknüpfungen können durch Fragestellungen initiiert werden, zu deren Beantwortung Erkenntnisse aus den einzelnen bisher gebildeten vertikalen Verknüpfungen erforderlich sind, welche im weiteren in Zusammenhänge gebracht werden müssen.

Zu unserem Themenkreis könnte eine solche Fragestellung beispielsweise lauten: Zu den Kennwerten bei Spulen gehört u. a. die sogenannte Spulengüte Q. Welchen analogen Kennwert gibt es bei Kondensatoren? Der Student muß zur Beantwortung dieser Frage vorerst sich an den Inhalt des Informationssegmentes L 3 (Kennwerte von Spulen) erinneren und dort insbesondere die Definition der Spulengüte. Im weiteren muß er aus der vertikalen Verknüpfung „Kondensatoren“ sich an das Segment C 3 (Kennwerte von Kondensatoren) erinnern und die Verbindung zwischen dem hier benützten Kennwert „Verlustfaktor tan δ“ und der Spulengüte herstellen. Damit ist eine Verbindung zwischen zwei bisher isolierten vertikalen Ketten, eine horizontale Verknüpfung, erarbeitet.

Eine andere Aufgabenstellung könnte in etwa lauten: Nennen Sie mindestens drei Möglichkeiten zur Reduzierung von Wechselspannungen! Zur Beantwortung dieser Frage sind Erkenntnisse aus allen bisher erarbeiteten vertikalen Verknüpfungen erforderlich. Aus dem Segment R 4 (z. B. Vorschaltwiderstände, Spannungsteiler), aus dem Segment C 4 (z. B. Kapazitive Spannungsteiler) sowie aus dem Segment L 4 bzw. L 1 (z. B. Magnetische Induktion – Gegeninduktion – Transformatoren).

Mit den angeführten und vielen ähnlichen Problemstellungen können sinnvolle und praxisnahe horizontale und vertikale Verknüpfungen – Querverbindungen – geschaffen werden. Schematisch ist ein solches Wissenssystem zu unserem Beispiel mit vertikalen und horizontalen Verknüpfungen in Abb. 24 skizziert.

Selbstverständlich wird die Vorgangsweise bei der Bildung von Wissenssystemen bei den einzelnen Lehrstoffthemen, je nach dem Umfang der Themen etc. von Fall zu Fall unterschiedlich sein. Ein interessantes Beispiel aus dem Bereich der ersten Semester an Technischen Universitäten bringt z.B.

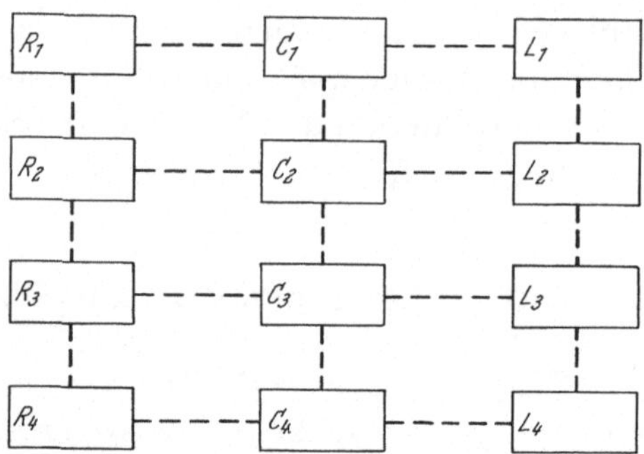

Abb. 24. Kombinierte Struktur: Ergänzung der vertikalen durch horizontale Verknüpfungen. Ein komplexes Wissenssystem ist aufgebaut

K. Siemsen [25]. Die hier angedeuteten Beispiele sollen als Anregung für eine schöpferische Verwendung durch die einzelnen Kollegen verstanden werden.

3.3.4.4 Vertiefung und Festigung des Wissenssystems

Die in den bisher erwähnten drei Schritten einer zielbewußten Vorgangsweise zur Bildung von Wissenssystemen erreichten Ergebnisse sollten durchgehend, im Zusammenhang mit den in der Folge zu erarbeitenden Lehrstoffen vertieft und in breiteren Zusammenhängen wiederholt werden. Hierzu können z. B. sehr gut Konstruktionsarbeiten, Projektarbeiten in höheren Semestern u. a. genützt werden. Vorteilhaft können hier – insbesondere unter Berücksichtigung des Theorie–Praxis-Bezuges – Laborübungen, Arbeiten in den schuleigenen Werkstätten sowie Exkursionen in Betriebe zur Geltung kommen.

Der Erfolg solcher übergreifender, synthetisierender Bemühungen kann nur in guter Zusammenarbeit mehrerer Fächer zustande kommen. Makrostrukturelle Überlegungen und Maßnahmen sind hierzu erforderlich.

3.3.5 Bildung von Wissensstrukturen: Deskriptive Struktur

Diese Struktur wird häufig für sachliche und wertfreie Darstellungen von Zuständen, Vorgängen etc. verwendet. Sie ist denkmethodisch typisch für Naturwissenschaftler und Techniker, für „deskriptive", d. h. beschreibende, darstellende Vorgangsweisen. Abbildung 25 zeigt die vereinfachte Darstellung einer deskriptiven Textstruktur.

Als typisch für deskriptive Strukturen können Patentanmeldungen gelten. Hiezu stark verkürzt Auszüge aus einer Patentschrift „Streuscheibe für Signallaternen":

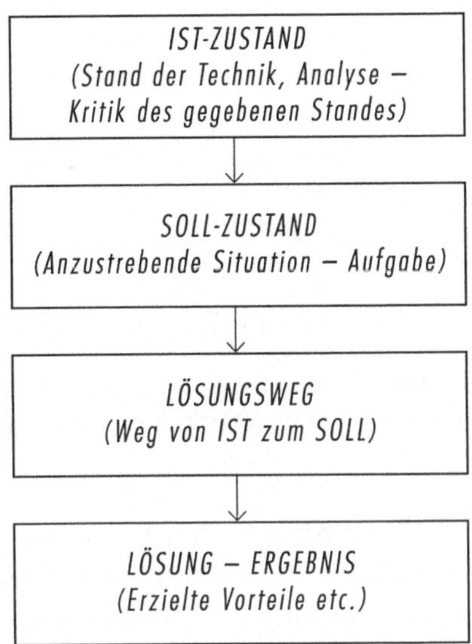

Abb. 25. Deskriptive Struktur: Basiert auf einem Aufbau vom gegebenen Ist-Zustand zum erwünschten Soll-Zustand und Beschreibung des erforderlichen Lösungsweges und der eigentlichen Lösung

Ist-Zustand. Die Erfindung betrifft eine Streuscheibe für eine Signallaterne mit vorgegebener Lichtstärkeverteilung in der Umgebung der optischen Achse, insbesondere für Eisenbahn- und/oder Straßenverkehrs-Lichtsignale. Bei derartigen Signallaternen ist eine Lichtstärkeverteilung erforderlich, die einerseits einem noch weit entfernten Fahrzeugführer auch bei hellem Tageslicht das Erkennen der Signalanzeige bei geraden und gekrümmten Strecken ermöglicht, und die andererseits genügend Seitenstreuung aufweist, damit der Führer eines unmittelbar seitlich vor dem Signal haltenden Fahrzeugs ebenfalls das Signal erkennen kann ... Es ist bekannt zur Erfüllung dieser Erfordernisse Streuscheiben vor der Signallaternen-Optik anzuordnen, die ... Dabei ist es allerdings nötig, eine Vielzahl von Streuscheibenarten bereitzustellen, die ...

Soll-Zustand. Der Erfindung liegt die Aufgabe zugrunde, die Vielzahl von Streuscheibenarten zu vermindern und die Lagerhaltung der Streuscheiben zu vereinfachen ...

Lösungsweg. Diese Aufgabe wird erfindungsgemäß dadurch gelöst, daß die Streuscheibe aus einem Halterahmen und mehreren Scheibenabschnitten, die je für sich hergestellt sind und jeweils einen bestimmten Teil der Lichtstreuung hervorrufen, zusammengesetzt ist ... Um eine solche Streuscheibe auf einfache Weise durch Hilfskräfte zusammenbauen zu können, sind ... Ein Ausführungsbeispiel der Erfindung ist in ...

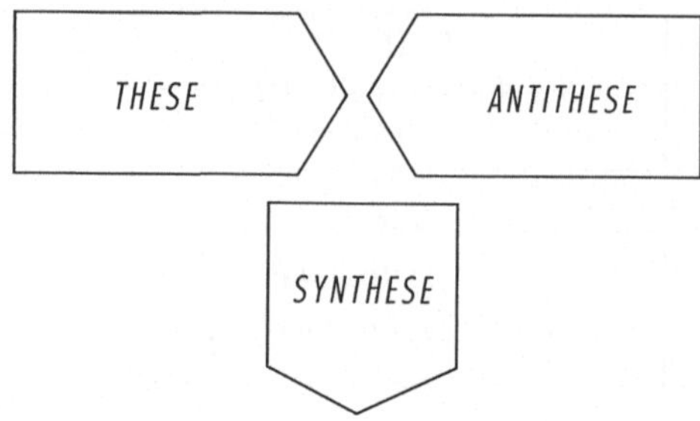

Abb. 26. Dialektische Struktur: Einer These wird eine Antithese gegenübergestellt, aus beiden ergibt sich die Synthese – eine Verbindung der Gegensätze zu einer Einheit

Lösung. Die mit der Erfindung erzielten Vorteile bestehen insbesondere darin, daß statt einer Vielzahl von unterschiedlichen kompletten Streuscheiben für die verschiedenen Anwendungen nur ein Halterahmen und einige wenige unterschiedliche Scheibenausschnitte ... am Ort der Anwendung mit wenigen Handgriffen ...

3.3.6 Bildung von Wissensstrukturen: Dialektische Struktur

Diese Struktur basiert auf dem bekannten dialektischen Dreischritt: These – Antithese – Synthese. Die „These" besteht in einer Behauptung welcher in der „Antithese" eine Gegenbehauptung entgegengestellt wird. Danach wird in der „Synthese" eine Verbindung der Gegensätze zu einer Einheit, in der die Widersprüche aufgehoben werden, hergestellt. Abbildung 26 veranschaulicht die dialektische Struktur.

Die dialektische Struktur geht von zwei Gesichtspunkten aus und verleiht dadurch der Präsentation mehr Lebendigkeit und Farbe. Das Abwägen zwischen „Pro" und „Kontra" steigert die Überzeugungskraft der Argumentation. Die Darstellung gewinnt an Objektivität (oder erweckt den Eindruck von Objektivität).

3.4 Begriffsbildung und Wissenserwerb

Unter „Begriff" können wir vereinfacht einen Denkinhalt verstehen in dem bestimmte Gegebenheiten, die durch gemeinsame Wesensmerkmale geeinigt sind, zusammengefaßt werden.

Objekte unserer Umwelt stellen sich im Bewußtsein entweder als Einzelfälle, oder als Gruppe – als Klasse, ähnlicher Erscheinungen dar. Im zweiten Fall sprechen wir von Begriffsbildung.

Begriffe sind Bausteine des Wissens. Wissen besteht aus der Kombination von Begriffen. Wenn im Bereich der Naturwissenschaften und Technik Probleme gelöst werden sollen, müssen zuvor die wissenschaftlichen Regeln, die auf die Probleme anzuwenden sind, gelernt sein. Wenn diese Regeln ihrerseits gelernt werden sollen, muß man sicherstellen, daß zuvor die relevanten Begriffe erworben wurden, usw.

In diesem Abschnitt wollen wir einige Erkenntnisse zur Begriffsbildung zusammenfassen. Welchen Nutzen hat dies für Vortragende, Referenten, Lehrer? **Nur wer selbst über klare Begriffe verfügt, ist in der Lage, diese seinen Adressaten zu vermitteln.**

3.4.1 Typen von Begriffen

Üblicherweise werden unterschieden: Eigenschaftsbegriffe, Erklärungsbegriffe und Wertbegriffe.

Eigenschaftsbegriffe meinen die sprachliche Bezeichnung für das Ergebnis eines Kategorisierungsvorganges. Kategorisierung besteht darin, daß von unwesentlichen Besonderheiten eines Einzelfalles abgesehen wird, und daß gemeinsame Eigenschaften hervorgehoben werden. Die gemeinsamen Eigenschaften welche die „Klassenzugehörigkeit" ausmachen, nennt man kritische Attribute. „Kritisch" meint dabei, daß nur diese Merkmale bedeutsam sind.

Beispiel: Aus der breiten Palette von Möbeln läßt sich eine Gruppe zusammenfassen, die zum Sitzen benutzt wird – etwa Sessel, Hocker, Sofa usw. Diese Möbelstücke können aufgrund des gemeinsamen Merkmals, daß man auf ihnen sitzen kann, unter den Begriff „Sitzmöbel" kategorisiert werden. Das kritische Attribut bildet dabei die mehr oder weniger waagrechte Sitzfläche, nicht aber z. B. die Polsterung, die Rückenlehne o.a.

Oft wird nur ein Merkmal als Grundlage der Kategorisierung festgelegt (beim Beispiel „Sitzmöbel" ist das die waagrechte Sitzfläche). Es können aber auch mehrere Eigenschaften zur Kategorisierung herangezogen werden. Zur Begriffsbildung ist dann die Kenntnis dieser als kritische Attribute gewählten Eigenschaften, aber auch die Kenntnis darüber, wie diese Attribute kombiniert sind, erforderlich (etwa: genügt wenn ein **oder** das andere Attribut erfüllt ist, oder muß das eine **und** das andere Attribut erfüllt sein etc.).

Die Erfassung der Kombination der kritischen Attribute, d. h. die Erfassung der Struktur des Begriffs, bildet einen wesentlichen Punkt der Begriffsbildung. Edelmann [4] formuliert: „Eine Sache hat man dann begriffen, wenn man die Struktur der gemeinsamen Merkmale der Kategorie erkannt hat."

Wie kann man überprüfen ob jemand über einen Begriff verfügt? Man läßt ihn eine Reihe von Gegenständen aufzählen, die zur Kategorie gehören, oder man läßt ihn die kritischen Attribute und ihre Beziehungen nennen. Edelmann illustriert dies am anschaulichen Beispiel des Begriffs „Quadrat". Der Adressat kann entweder verschiedene Quadrate zeigen (ohne daß er dabei fälschlicher Weise ein Rechteck oder Parallelogramm einschließt), oder er kann das Quadrat als Viereck mit den Merkmalen „vier gleiche Seiten" **und** „vier gleiche Winkel" kennzeichnen.

Erklärungsbegriffe basieren, analog wie Eigenschaftsbegriffe, auf einer Kategorisierung, beinhalten aber zusätzlich noch eine Erklärung der erfaßten Erscheinungen. Bei Erklärungsbegriffen ist einerseits also die „Ordnungsleistung" typisch, andererseits aber auch die Erklärung durch bestimmte theoretische Annahmen.

Edelmann illustriert dies an folgendem Beispiel: „Wir unterscheiden eine partielle und eine totale Mondfinsternis. Betrachtet man nur das kritische Attribut, daß der Mond teilweise oder vollständig im Schatten liegt, dann haben wir es mit einem Eigenschaftsbegriff zu tun. Ziehen wir jedoch die naturwissenschaftliche Erklärung heran, daß diese Erscheinung dadurch hervorgerufen wird, daß der Erdschatten auf den Himmelskörper fällt, dann haben wir es mit einem Erklärungsbegriff zu tun." Abbildung 27 illustriert diese Situation.

Wertbegriffe sind dadurch gekennzeichnet, daß bei ihnen der sachliche Bedeutungsinhalt zugunsten der gefühlsmäßigen Komponente etwas in den Hintergrund tritt. Wertbegriffe haben eine starke Ich-Beteiligung. Sie sind durch Aspekte aus der jeweils persönlichen Erfahrung geprägt. Anders als bei wertneutralen Begriffen erfolgt die Klassifizierung der Objekte nach der Bedeutung, die sie für das Individuum besitzen.

Die sachlichen Eigenschafts- und Erklärungsbegriffe und die Wertbegriffe stellen keine völlig getrennten Strukturen dar. Begriffe können sowohl unter

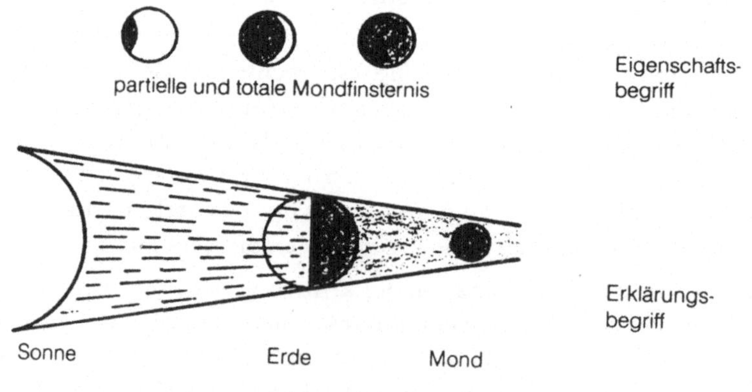

Abb. 27. „Mondfinsternis" – dargestellt als Eigenschaftsbegriff und Erklärungsbegriff (Quelle: Edelmann [4])

sachlichen (kognitiven), als auch unter gefühlsmäßigen (emotionalen) Aspekten betrachtet werden. Auch wenn sich zwei Personen über die sachliche Bedeutung eines Begriffes einig sind, können sie aus gefühlsmäßiger Sicht den Begriff unterschiedlich interpretieren. So kann z. B. der Begriff „Asylant" mit unterschiedlichem Bedeutungsinhalt belegt werden

3.4.2 Prozeß der Begriffsbildung

Im wesentlichen gilt für jede Begriffsbildung, daß sie im Zusammenhang des gesamten komplexen kommunikativen Wirkungssystems zu sehen ist. Im Einzelfall sind immer die konkreten Einflußgrößen zu berücksichtigen (siehe Abschnitt 1.2.2). Darum hier nur einige allgemeine Anregungen. Für die Erarbeitung von Begriffen im Unterricht bieten sich folgende Schritte an:

- **Identifizierung**, d. h. Bekanntmachung mit den Sachverhalten oder Gegenständen und Identifizierung des Sachverhaltes oder Gegenstandes aus dem Erfahrungsbereich der Adressaten.
- **Präzisierung**, d. h. Ausgliederung der wesentlichen Merkmale (Attribute) aus dem Bereich aller Merkmale.
- **Synthese**, d. h. Zusammenfassung der wesentlichen Merkmale und deren Zusammenhänge
- **Konkretisierung**, d. h. Rückführung von der allgemeinen auf die konkrete Ausgangssituation und damit Überprüfung der Kenntnisse der Lernenden.

Soweit es die jeweilige konkrete Situation zuläßt ist jedenfalls einem **erarbeitenden** Verfahren der Vorrang vor einem rein **darbietenden** Verfahren zu geben. Beim erarbeitenden Verfahren werden die Adressaten angeleitet, selbst die kritischen Attribute zu „entdecken". Es wird von den Adressaten Aktivität gefordert. Das darbietende Verfahren – bei einem solchen haben die Adressaten überwiegend zuzuhören und zu versuchen zu verstehen – führt häufig zu bloßem Auswendiglernen und nicht zur Bildung wandlungsfähiger Begriffsstrukturen.

3.5 Zu den Ergebnissen eines die stoffimmanente Struktur akzentuierenden Unterrichts

Im Rahmen eines großangelegten Versuches an zwei Höheren technischen Lehranstalten untersuchte ich unter anderem auch den Einfluß eines die stoffimmanenten Strukturen akzentuierenden Unterrichtes auf die Wissensbildung der Schüler [15]. Der erwähnte Versuch wurde über ein ganzes Schuljahr mit insgesamt 238 Versuchspersonen, den Schülern von neun zweiten Jahrgängen, im Gegenstand Grundlagen der Elektrotechnik durchgeführt.

Der Unterricht in allen Jahrgängen erfolgte nach den gleichen geltenden Lehrplänen. In einem dieser Jahrgänge wurde aber beim Unterricht dauernd darauf geachtet, daß die Unterrichtsgestaltung konsequent die Grundgedanken der Strukturtheorie respektiert. Der in diesem Jahrgang unterrichtende Professor gab sich nicht mit einem alleinigen Faktenwissen der Schüler zufrieden, sondern suchte im Rahmen eines überwiegend problemorientierten Unterrichtes immer auch die Zusammenhänge zwischen den wichtigsten Phänomenen und Fakten, unterstützte die selbständige Arbeit der Schüler, forderte deren persönliche Stellungnahme und versuchte dauernd, bei den Schülern die Fähigkeit, Stoffstrukturen zu finden, zu bilden.

Zu Beginn des Versuches wurden die Kenntnisse aller beteiligten Schüler durch einen Prätest ermittelt. Die Schüler der Klasse, in der dann im Laufe des ganzen Schuljahres der Unterricht nach den Thesen der Strukturtheorie geführt wurde, zeigten bei diesem Test unterdurchschnittliche oder durchschnittliche Kenntnisse.

Am Schuljahrsende wurde das Wissen der am Versuch beteiligten Schüler durch einen Posttest ermittelt. In diesem Test waren auch Fragen speziell mit der Aufgabe, die Fähigkeit der Schüler zum Finden von fachlichen Zusammenhängen zu zeigen. Es war dies z. B. die Frage: Es ist eine Wechselspannungsquelle mit einer bestimmten Quellenspannung vorhanden. An diese Spannungsquelle soll ein Verbraucher, der aber nur für kleinere Wechselspannung bestimmt ist, angeschlossen werden. Nennen Sie fünf Möglichkeiten zur Reduzierung (Verkleinerung) von Wechselspannungen!

Neben dieser und ähnlichen Fragen wurde auch die Kenntnis des gleichen Stoffes, aber in der Form von einzelnen Fakten (z. B. „Spannungsteiler", „Ermittlung des Vorschaltwiderstandes für ein Elektrogerät", Transformator" u. ä.) geprüft.

Die durchschnittlichen Ergebnisse des Posttests betreffend die Fähigkeit zum Finden von logischen Zusammenhängen zwischen den einzelnen Fakten des Lehrstoffes sind in der folgenden Tabelle zusammengestellt.

Jahrgang	2A	2B	2C	2D	2E	2F	2G	2H	2I
Ergebnis (%)	91,4	24,2	18,5	21,4	33,8	9,5	54,1	42,5	29,6

Die Klasse, in der der Unterricht konsequent nach den Gedanken der Strukturtheorie gestaltet wurde, ist als erste angeführt (2A); weiter folgen in der Tabelle die als Vergleichsgruppen verwendeten Klassen (2B, 2C, 2D ...), also Klassen, in denen bei der Unterrichtsgestaltung die stoffimmanenten Strukturen nicht speziell akzentuiert wurden, in denen der Unterricht in dieser Hinsicht also „traditionell“ geführt wurde.

Die richtige Beantwortung aller Fragen wurde mit 100% bezeichnet. Es ist offensichtlich, daß die Fähigkeit der Schüler der Vergleichsgruppen, logische Zusammenhänge im Stoff zu finden, viel geringer war als bei den Schülern der Versuchsklasse. Bei den Schülern der Versuchsklasse war das durchschnittliche Ergebnis 91,4%, das durchschnittliche Ergebnis der Schüler aller Vergleichsgruppen insgesamt war 29,2%. Auch wenn alle im Posttest geprüften Fakten im Unterricht gebracht wurden und den Schülern am Ende des Schuljahres überwiegend bekannt waren, wurde im „traditionell“ geführten Unterricht die Fähigkeit der Schüler, die logischen fachlichen Zusammenhänge dieser Fakten zu finden und sie praktisch auszunützen, nur wenig ausgebildet. Diese Schüler erwarben im Unterricht überwiegend ein Faktenwissen, ihre Fähigkeit zum kausalen technischen Denken wurde weniger ausgebildet als bei den Schülern der Versuchsklasse, welche neben dem notwendigen Faktenwissen auch eine bestimmte bessere Fähigkeit, mit diesen Fakten selbständig in Zusammenhängen zu arbeiten, erwarben.

Ergebnisse eines retentions-Tests, zwei Monate nach dem eigentlichen Unterricht, ergaben, daß die Schüler der Klasse mit dem strukturakzentuierenden Unterricht die besten Behaltenswerte hatten.

Auch wenn die hier kurz erwähnten Ergebnisse im Rahmen der gesamten untersuchten Problematik nicht als vollends signifikant bezeichnet werden können, bin ich doch der Meinung, daß sie die Wichtigkeit der Thesen der Strukturtheorie für die Lehre technischer Unterrichtsfächer in einer ersten Annäherung gut unterstützen.

Wir wollen hiermit unsere Überlegungen zur pädagogischen Variablen „Lehrstoff“ einstweilen abschließen. Wie wir erneut erkennen konnten, ist eine scharfe Trennung der einzelnen Unterrichtsprozeß-Einflußgrößen sinnvoll nicht durchführbar – zuletzt haben wir z.B. im Zusammenhang mit dem Lehrstoff stark die Problematik der Lehrmethoden gestreift. Im nächsten Kapitel werden wir uns, wieder im Zusammenhang mit allen pädagogischen Variablen, überwiegend der Einflußgröße „Psychostruktur“ und „Soziostruktur“ zuwenden.

3.6 Zusammenfassung; Praxis-Tips

Wie am Ende eines jeden Kapitels wollen wir auch hier einige besonders für die Praxis wichtigen Erkenntnisse zusammenfassen. In Anbetracht der Einflußgröße „Lehrstoff" sollten Sie bei der Planung und Durchführung Ihrer Veranstaltungen insbesondere folgendes berücksichtigen:

✎ ***Wählen Sie den Lehrstoff streng im Hinblick auf die erstrebten Ziele.***

Beschränken Sie sich auf die wesentlichen Informationen. Haben Sie den „Mut zur Lücke" – durchdachte Streichungen in der Informationsflut können pädagogisch sehr wertvoll sein, weil dadurch Wesentliches deutlicher hervortritt.

✎ ***Heben Sie die wichtigsten, d. h. die zentralen Phänomene, Begriffe und Gesetze besonders hervor.***

✎ ***Strukturieren Sie den ausgewählten Lehrstoff.***

Sie erleichtern dadurch Ihren Adressaten das Verständnis. Statt einer Aufzählung von isolierten Fakten bieten Sie in übersichtlicher, zusammenhängender Weise Kernbegriffe (s. Abschn. 3.2.1–4). Bilden Sie „Wissenssysteme" (Abschn. 3.3 und 3.4).

Beispiel: Eine Veranschaulichung unstrukturierter und strukturierter Information zeigt die Abb. 28. Es ist leichter, sich Ort und Zahl bestimmter Sterne zu merken, wenn man sich diese zu Sternbildem zusammenfügt.

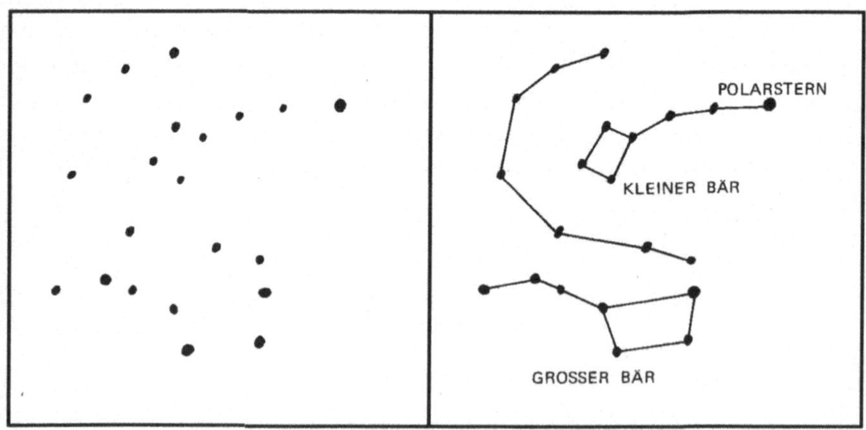

Abb. 28. Unstrukturierte und strukturierte Information: einzelne Sterne – Sternbilder (Quelle: Nölker und Schoenfeldt [22])

✎ ***Geben Sie am Anfang Ihres Vortrages oder zu Beginn Ihrer Unterrichtseinheit eine kurze Stoffübersicht.***

Vorteilhaft ist es, diese Übersicht stichwortartig auf die Tafel zu schreiben. Dann haben die Adressaten die Struktur, den „roten Faden" dauernd vor Augen.

✎ ***Geben Sie am Ende Ihrer Lehrveranstaltung eine Stoffübersicht.***

Übersichtliche, strukturierte Zusammenfassungen fördern gleichfalls Verständnis und Behalten.

✎ ***Seien Sie Ihrer Sache sicher – dann kann Ihnen nichts passieren.***

Abschließend eine Empfehlung, die Ihnen wahrscheinlich selbstverständlich erscheint, meiner Erfahrung nach aber in der Praxis nicht immer vollständig gegeben ist. *Der Vortragende muß seinen Stoff ausgezeichnet beherrschen*, andernfalls kann er gar nicht das Wesentliche und die Zusammenhänge richtig herausstellen. Außerdem: Intensive Vorbereitung hinsichtlich des Stoffes gibt Ihnen Sicherheit und nimmt Ihnen eventuelle „Redeangst".

Literatur

1. Böger, H., Kähler, F., und Weight, C.: Bauelemente der Elektronik und ihre Grundschaltungen. Verlag H. Stam, Köln, 1971.
2. Bruner, J. S.: The Process of Education. Vintage Books, New York, 1963.
3. Decker, F., und Maier, R.: Betriebliche Mitarbeiterbildung. Verlag Dr. Th. Gabler, Wiesbaden, 1976.
4. Edelmann, W.: Lernpsychologie, 2. Aufl. Psychologie Verlagsunion Urban und Schwarzenberg, München, Weinheim, 1986.
5. Frank, H., und Meder, B.: Einführung in die kybernetische Pädagogik. Deutscher Taschenbuch-Verlag, München, 1971.
6. Geiger, K.: Studie über die Entwicklung der elektrischen Nachrichtentechnik und ihre Auswirkung auf die Ingenieurausbildung und -weiterbildung. In: Wissenschaftliche Zeitschrift der TU Dresden, 1/1964.
7. Hartel, W.: Großintegration und Miniaturisierung in der Halbleitertechnik. In: Siemens-Zeitschrift 12/1974.
8. Haug, A.: Zur Integration des Systemdenkens moderner Elektronik in die Curricula. Dissertation an der Lehrkanzel für Unterrichtstechnologie der Universität Klagenfurt, Juli 1975.
9. Hittmair, O.: Die Physik und ihre Beziehung zu den Ingenieurwissenschaften an Technischen Hochschulen. In: Melezinek (Hrsg.), „Ergebnisse und Perspektiven der Ingenieurpädagogik". Verlag J. Heyn, Klagenfurt, 1972.

10. Hittmair, O.: Die Konfrontation des Lernenden mit den unanschaulichen Sachverhalten der Physik. In: Melezinek (Hrsg.), „Ingenieurpädagogik und Computereinsatz". Verlag J. Heyn, Klagenfurt, 1975.
11. Huber, H., und Zoll, R.: Verrnessungswesen, ein Curriculum. Westdeutscher Verlag, Opladen, 1976.
12. Hubka, V.: Theorie der Konstruktionsprozesse. Springer-Verlag, Berlin, Heidelberg, New York, 1976.
13. Kopecky, J.: Vytváření pojmů a moderní logika. KPU, Prag, 1966.
14. Landa, L.: Unterhaltung mit der Maschine. In: „Wir werden es erleben". Urania-Verlag, Leipzig, 1971.
15. Melezinek, A.: Begriff und Skizze der Strukturtheorie in der Lehre technischer Unterrichtsfächer. In: „Pädagogische Mitteilungen" 6/1970, Bundesministerium für Unterricht, Wien.
16. Melezinek, A.: Kapitoly z teorie vyučování elektrotechnickým předmětům (Grundlagen der Theorie der Lehre elektrotechnischer Unterrichtsgegenstände). Hochschullehrbuch, TH Prag, 2. Auflage 1969.
17. Melezinek, A.: Ansätze zur Lösung des Lehrstoff-Zeitproblemes in technischen Unterrichtfächern. In: Melezinek (Hrsg.), „Ingenieurpädagogik und Computereinsatz". Verlag J. Heyn, Klagenfurt, 1975.
18. Melezinek, A.: Informationsexplosion in den technischen Wissenschaften und Curriculum-Design. In: Melezinek (Hrsg.), „Ingenieurcurricula am Übergang von Planwirtschaft zur Marktwirtschaft". Leuchtturm Verlag, Alsbach/Bergstr., 1991.
19. Morton, J. A.: The Microelectronic Dilemma. In: International Science and Technology, July 1966.
20. Müller, W.: Großintegration elektronischer Bauelemente – Revolution in Wirtschaft und Technik? In: Siemens-Zeitschrift 12/1974.
21. Müller, K. J.: Grundzüge für eine Reform der Studien technischer Richtungen. In: Melezinek (Hrsg.), „Ergebnisse und Perspektiven der Ingenieurpädagogik". Verlag J. Heyn, Klagenfurt, 1972.
22. Nölker, H, Schoenfeldt, E.: Berufsbildung. Expert Verlag, Grafenau, 1980.
23. Paschke, F.: Versuch zur Neugestaltung des elektrotechnischen Unterrichts. In: Melezinek (Hrsg.), „Ergebnisse und Perspektiven der Ingenieurpädagogik". Verlag J. Heyn, Klagenfurt, 1972.
24. Schnotz, W.: Über den Einfluß der Textorganisation auf Lernprozeß und Lernergebnisse. Deutsches Institut für Fernstudien, Tübingen, 1982.
25. Siemsen, K. H.: Über die „Einführung in die Elektrotechnik" als Vorlesung für Studenten des ersten Semesters. In: Melezinek (Hrsg.), „Ergebnisse und Perspektiven der Ingenieurpädagogik". Verlag J. Heyn, Klagenfurt, 1972.
26. White und Kusko: A Unified Approach to the Teaching of Electromechanical Energy Conversion. In: Electrical Engineering, 1956 (S. 1028–1033).
27. White, Brown und Kusko: A New Education Program in Energy Conversion. In: Electrical Engineering, 1956 (S. 180–185).

4
Psychologische und soziologische Aspekte im technischen Unterricht

Menschen tun bevorzugt, was ihre Bedürfnisse befriedigt und ihnen damit Erfolgserlebnisse bringt. Auch erfolgreiches Lehren erfordert daher ein Eingehen auf die Bedürfnisse und Interessen der Adressaten. Je mehr Informationen Sie über Ihre Kursteilnehmer haben, desto besser können Sie den Kurs vorbereiten. Wir beginnen daher dieses Kapitel mit einigen Überlegungen zur Adressatenanalyse. Anschließend widmen wir uns dem Phänomen „Lernen" und skizzieren insb. ein Modell der Informationsverarbeitungprozesse im Menschen.

Interessen tragen zur Motivation, d.h. zum „Lernenwollen", bei. Als Lehrer, Trainer oder Vortragender müssen Sie – um Erfolg zu haben – einige lernpsychologische Grundlagen kennen und aus diesen Konsequenzen für Ihre Lehr- und Trainingsmaßnahmen ziehen. In diesem Kapitel werden wir darum auch einige Probleme des Lernens, der Motivation etc. erörtern.

Kein Lernvorgang findet im luftleeren Raum, unabhängig von der jeweiligen Umgebung, statt. Der einzelne wird bei seiner Lerntätigkeit durch Gruppeneinflüsse modifiziert, jeder ist in soziale Bewährungssituationen eingebunden. Es kommt zu einem Wechselspiel zwischen Gruppe und Gruppenmitglied, dessen Berücksichtigung oft über den Lehrerfolg entscheidet. Lehren und Lernen vollzieht sich als Wechselwirkung im sozialen Feld. Darum werden wir uns in diesem Kapitel kurz auch diesen Problemen, der „soziologischen Seite" des Unterrichts, zuwenden.

4.1 Zur Adressatenanalyse

Sehr wichtig für die Gestaltung von Lehrveranstaltungen sowie von Gebrauchstexten ist die Kenntnis der Adressaten (Zielgruppe) Ihrer Veranstaltung bzw. der Leser, an welche sich Ihr Text vorrangig wendet.

Bei der „Zielgruppen-Analyse" hat es sich bewährt, einerseits die wichtigsten „psychologischen", andererseits die wichtigsten „sozialen" Merkmale Ihrer Kursteilnehmer bzw. potentiellen Leser abzuschätzen. Die Grenzen dieser beiden Merkmals-Gruppen sind eher fließend als trennscharf, darum werden wir sie in diesem Abschnitt gemeinsam anhand einiger Beispiele darstellen.

Vorkenntnisse und Lernerfahrungen bilden wichtige Adressatenmerkmale. Jeder Adressat bringt einerseis sein „Alltagswissen", andererseits meist auch ein gewisses „themenbezogenes" Wissen mit.

Als Vortragender oder Textautor müssen Sie bei der Vermittlung des neuen Lehrstoffes an das Vorwissen der Adressaten anknüpfen, das neuzulernende Material in Beziehung zu dem bringen, was der Lernende bereits weiß.

Neben Informationen über die eigentlichen Vorkenntnisse der Adressaten sollten Sie sich auch ein Bild über deren Lernerfahrungen und Lerngewohnheiten verschaffen. Über welche Vorbildungs- bzw. Weiterbildungserfahrungen verfügen die Teilnehmer? Handelt es sich um lerngewohnte oder eher um lernungewohnte Teilnehmer?

Gefühlsmäßige Einstellungen und Interessen zum Kurs- oder Textthema spielen gleichfalls eine wichtige Rolle.

Aufgrund ihrer persönlichen Erlebnisse und Erfahrungen bilden sich Menschen über einzelne Dinge eine Meinung, ein Urteil, eine **Einstellung**. Einstellungen haben eine gewisse „Filterfunktion". Sie beeinflussen, ob ein bestimmtes Ding beachtet wird oder nicht – und wenn ja, dann in welcher Weise und in welchem Ausmaß. **Motive** sind Beweggründe zu einem bestimmten Verhalten.

Als Vortragender oder Textautor sollten Sie unbedingt Einstellungen und Motive Ihrer Adressaten berücksichtigen. Wahrscheinlich werden Sie sogar bestrebt sein, auf die Einstellungen/Motive Ihrer Adressaten einzuwirken. Sie werden sich vielleicht bemühen, gewisse vorhandene Einstellungen zu festigen oder andere Einstellungen zu ändern.

Soziodemografische Merkmale der Adressaten sind gleichfalls wichtig. Gemeint sind hier Merkmale wie Alter der Adressaten, Geschlecht, Tätigkeit. Zu berücksichtigen sind auch **geografische** Merkmale, **wirtschaftliche** Merkmale etc.

Als **Beispiel für eine Adressatenanalyse** möchte ich hier einschlägige Überlegungen für einen öffentlichen Kurs (z.B. Volkshochschule, Wirtschaftsförderungsinstitut o.ä.) zum Thema „Elektronische Textverarbeitungssysteme" andeuten. Der Kurs wendet sich an Schreibkräfte, Sekretärinnen, Sachbearbeiter in kleinen und mittleren Bertrieben, Freiberufler u. a., welche bisher mit üblichen, d. h. mechanischen oder elektrischen Schreibmaschinen gearbeitet haben.

- Vorkenntnisse zum Kursthema: Minimal, nur ein kleiner Teil der Adressaten hat schon an elektronischen Textverarbeitungsgeräten mit Bildschirm gearbeitet.
- Lernerfahrungen: Gemischt. Vorbildung von Pflichtschulabschluß bis Reifeprüfung an berufsbildenden Schulen.
- Gefühlsmäßige Einstellung zum Kursthema: Überwiegend positiv, aber bei einigen Adressaten eventuell Abneigung gegen „diese neue Technik“.
- Alter und Geschlecht: Überwiegend unter 40. Männer und Frauen.
- Geografische Merkmale: Überwiegend Personen aus kleinen bis mittelgroßen Städten, zunächst aus dem Bundesland Kärnten.
- Wirtschaftliche Merkmale: Hauptsächlich Angestellte in Wirtschaft und Verwaltung; mit mittleren Einkommen. Die meisten Teilnehmer besitzen privat einstweilen kein elektronisches Textverarbeitungsgerät (PC).

Schon ein flüchtiger Blick auf diese Adressatenanalyse gibt Ihnen wichtige Hinweise für die Kursplanung. Sie würden den Stoff wahrscheinlich nicht sehr abstrakt präsentieren, sondern eher an Beispielen erläutern und das Lernen mit praktischen Übungen fördern usw. usw. Mit den Lehrmethoden werden wir uns aber näher erst im weiteren, insb. in Kap. 6 befassen. Vorerst wollen wir uns noch mit dem Phänomen, der wunderbaren Erscheinung „Lernen“ befassen.

4.2 Zum Phänomen „Lernen“

4.2.1 Abriß einiger Lerntheorien

Was ist eigentlich Lernen? Diese Frage ist nicht leicht zu beantworten. Das Lernen ist eine bewundernswerte Eigenschaft lebender Organismen; durch seine Vielschichtigkeit und Komplexität ist es für uns schwer durchschaubar.

Die Antwort auf die Frage nach dem Lernen kann z. B. in der Form einer objektiven Beschreibung der Bedingungen, unter denen Lernen stattfindet, gesucht werden. Ausgehend von schulischen Lernsituationen sowie von den Lernsituationen des Alltagslebens kann festgestellt werden, daß ein Lernvorgang dann stattfindet, wenn eine Reizsituation auf den Lernenden in einer solchen Weise einwirkt, daß sich seine Leistung von einem Zeitpunkt vor dieser Situation zu einem Zeitpunkt nach dieser Situation ändert. Zum Schluß, daß Lernen stattgefunden hat, kommen wir aufgrund der Feststel-

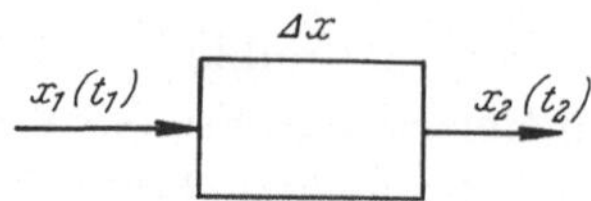

Abb. 29. Black-Box-Darstellung „Lernen". x_1 (t_1) = Zustand des Lernenden vor dem Lernvorgang. x_2 (t_2) = Zustand des Lernenden nach dem Lernvorgang; er unterscheidet sich vom ursprünglichen Zustand – es hat eine Veränderung Δx = Lernen stattgefunden

lung, daß eine Änderung der Leistung, eine Verhaltensänderung stattgefunden hat. **Die Art des Wandels, die man Lernen nennt, zeigt sich also als Verhaltensänderung.**

Eine stark vereinfachte schematisierte Veranschaulichung der Situation zeigt Abb. 29. Der Zustand des Lernobjektes im Augenblick t_1 – d. i. vor dem Lernvorgang – ist in unserer Veranschaulichung mit x_1 (t_1) bezeichnet. Der Zustand des Lernobjektes in einem späteren Augenblick t_2 – d. i. nach dem Lernvorgang – ist mit x_2 (t_2) bezeichnet und unterscheidet sich vom ursprünglichen Zustand – es hat eine Veränderung Δx (Lernen) stattgefunden. Im Sinne unseres Ansatzes können wir mit Gagné [12] „Lernen" folgendermaßen definieren: **Lernen ist eine Änderung in menschlichen Dispositionen oder Fähigkeiten, die erhalten bleibt und nicht einfach dem Reifungsprozeß zuzuschreiben ist.**

Lernen zeigt sich also als Verhaltensänderung. Diese Veränderung muß über eine gewisse Zeitspanne erhalten bleiben können und muß von Veränderungen, die der Reife zuzuschreiben sind (wie z. B. das Größenwachstum und andere genetisch bedingte Faktoren) unterscheidbar sein.

Es gibt noch verschiedene weitere Lerndefinitionen, Definitionen, welche Aussagen darüber machen, wie Lernen zustande kommt, welche Prozesse sich dabei abspielen etc. Leider haben wir noch keine Lerntheorie, die vollständig genug wäre, um alle empirischen Fakten aufzunehmen und zu erklären, vielmehr gibt es verschiedene Schulen, die sich zwar in manchen Teilbereichen unterstützen, auf vielen Gebieten aber bekämpfen. Die Literatur über das Lernen ist groß und kaum überblickbar.

Es ist mir nicht möglich, hier alle Lerntheorien, bzw. einschlägige Untersuchungen, zu erwähnen. Wir werden uns auf eine knappe Darstellung der wichtigsten Strömungen beschränken und nur auf einen – den informationspsychologischen – Ansatz etwas näher eingehen.

4.2.1.1 Der assoziationspsychologische Ansatz

Hier sei vorerst der russische Forscher **Iwan P. Pawlow** erwähnt, welcher zur Überzeugung kam, daß dem Lernen die Bildung einer Assoziation, d. i. einer

Verbindung zwischen einem Stimulus (*S*) und einem Reflex (*R*) als Folge ihrer Gleichzeitigkeit oder zeitlichen Nähe zugrunde liegt.

Ein Organismus ist mit vielen natürlichen *S–R*-Verbindungen ausgestattet (z. B. Hervorschnellen des Beines auf einen Schlag gegen das Knie, Speichelabsonderung bei Nahrungsaufnahme etc.). Pawlow beobachtete, daß sich durch regelmäßige Koppelung eines Stimulus mit einem neutralen Zusatzreiz ein bedingter Reflex bildet, d. h. die Reaktion auch auf den verwendeten neutralen Reiz allein erfolgt. Berühmt wurde Pawlows Versuch, bei welchem er unmittelbar vor der Fütterung eines Hundes einen Glockenton ertönen ließ. Gleichzeitig wurde die Speichelabsonderung des Hundes gemessen. Nach einiger Zeit erfolgte die Speichelsekretion, die anfänglich nur der Nahrungsdarbietung folgte, auch auf den alleinigen Glockenton, Pawlow sprach vom Entstehen eines konditionierten oder bedingten Reflexes; man glaubte damit das Grundelement allen Lernens gefunden zu haben. Typisch für diese Konditionierung ist die Passivität des Lernenden; dieser paßt sich lediglich den Gegebenheiten an. Bestimmte Stimuli enthalten bei der Konditionierung eine Signalfunktion; in diesem Zusammenhang spricht man auch von „Signallernen".

Ein ausgebildeter konditionierter Reflex erfolgt nicht nur auf den ursprünglichen Stimulus, sondern auch auf ähnliche Stimuli (z. B. Speichelabsonderung auf Glocken in einer anderen Tonhöhe). Dieser Effekt der sogenannten „Generalisation" kann z. B. gezielt genützt werden, um zu erreichen, daß Schüler im Unterricht erworbene Kenntnisse auch in anderen Situationen anwenden können.

Der Amerikaner **Edward L. Thorndike** brachte aufgrund vieler Lernexperimente mit Tieren eine „Versuch-und-Irrtum"-Lerntheorie. Seine Vorstellungen gehen davon aus, daß ein Lernender, wenn er mit einer neuen Situation konfrontiert wird, verschiedene Versuche unternimmt, um Befriedigung zu erlangen. Weitgehend durch Zufall verfällt er nach mehreren „Versuch-und-Irrtum"-Zyklen auf die Reaktionen, die zur Befriedigung seines Antriebes führen. Wichtig für diesen Lernprozeß ist die Befriedigung des jeweiligen Antriebes, die Belohnung. Wenn eine Verhaltensweise gelernt werden soll, muß sie belohnt werden – ohne Belohnung wird die *S–R*-Verbindung geschwächt. Die Belohnung (Verstärkung) muß sofort erfolgen.

Burrhus F. Skinner unternahm viele Versuche mit kleinen Tieren. Diese mußten, um Futter zu erhalten, bestimmte Reaktionen lernen – z. B. mußten Tauben auf einen bestimmten Knopf im Käfig picken. Zum Unterschied zur klassischen Konditionierung Pawlows bei der primär die Umwelt auf den lernenden Organismus einwirkt, nannte Skinner den Lernvorgang bei seinen Versuchen „operante Konditionierung", nachdem hier der Organismus auf seine Umwelt einwirkt. Skinner ließ seine Versuchstiere auch kompliziertere Bewegungsfolgen lernen. Dabei belohnte (verstärkte) Skinner jede Teilbewegung, die in der gewünschten Richtung lag – dadurch erreichte er in kurzer Zeit eine Konditionierung. Skinner ist der Meinung, daß positive Verstärkung entscheidend ist; Strafen zur Förderung von Lernprozessen sind ungeeignet. Es genügt, ungewünschtes Verhalten nicht zu verstärken, um seine Löschung zu erreichen. Skinner sieht die Hauptaufgabe des Lehrens darin, die Stimuli für die richtigen Verhaltensweisen der Lernenden darzubieten und diese Verhaltensweisen dann zu verstärken. Anfangs ist jede Bewegung in der gewünschten Richtung, jede richtige Antwort, zu verstärken, später kann die Frequenz der Verstärkung verringert werden. Um diese Aufgabe zu erfüllen, empfiehlt Skinner die Verwendung von Lernmaschinen (s. unser Kap. 5).

Andere Assoziationspsychologen, z. B. **E. R. Guthrie**, sehen als notwendige und ausreichende Bedingung des Lernens die Bildung von Assoziation aufgrund der Simultanität von Reiz und Bewegung (Belohnung also weniger wichtig). Andere Forscher wiederum sind der Meinung, daß es zwei verschiedene Lernprozesse gibt, nämlich sowohl die von Belohnung abhängige als auch die von Belohnung unabhängige Konditionierung.

4.2.1.2 Der gestaltpsychologische Ansatz

Dieser Ansatz stützt sich auf ein generelles Konzept, nach dem eine Gestalt mehr als das Ganze ihrer Teile ist. Es wird die Meinung vertreten, daß eine Elementaranalyse des Lebendigen zu Teilen führt, aus denen sich das Ganze weder zusammensetzen noch erklären läßt. Die Gestaltpsychologen, als Hauptvertreter dieser Schule seien hier **Kurt Koffka**, **Wolfgang Köhler**, **Kurt Lewin** und **Max Wertheim** genannt, sehen in Opposition zu assozianistischen Psychologen die „Einsicht" in die Problemsituation als wesentlichen Faktor beim Lernen. Der Lernende reagiert nicht auf bestimmte isolierte Reize, sondern auf die Gesamtsituation. Durch Anwendung früherer Erfahrungen und Versuche gelangt der Lernende zur „Einsicht" und damit zur Lösung der Probleme. Die Lösungen treten dann plötzlich ein, sie werden „eingesehen".

Bekannt sind die Versuche von **Köhler** – z. B. wurde eine Banane an der Decke eines Schimpansenkäfigs, außerhalb der Reichweite des Tieres, aufgehängt. Im Käfig standen einige Kisten zur Verfügung, aber das Tier konnte die Banane nicht erreichen, wenn es sich auf eine einzelne Kiste stellte. Die Tiere zeigten viele Varianten von Versuch und Irrtum – gelegentlich konnte man aber beobachten, daß ein Tier plötzlich einige Kisten aufeinandersetzte und dann sofort auf dieses Gebäude kletterte und die Banane erreichte. Köhler nannte solches Lernen „Einsicht" und interpretierte diese als ein „Sehen" von Beziehungen.

4.2.1.3 Mehrstufige Lerntheorien

Die meisten Vertreter der bisher erwähnten lerntheoretischen Ansätze gingen von ihrer spezifischen Experimentalsituation aus und glaubten sodann Schlüsse auf alles Lernen schlechthin ziehen zu können. Obwohl zwar bedingte Reaktionen zweifellos häufig auftreten und „Einsicht" durchaus für verschiedene Lernprozesse typisch ist, gibt es sicher sehr viele Fälle von Lernen, welche von den erwähnten „Lern-Prototypen" nicht berücksichtigt werden. Heute mehren sich die Stimmen, welche die Meinung vertreten, daß es mehrere Lernformen gibt. So unterscheidet z. B. der Amerikaner **Robert M. Gagné** [12] acht verschiedene, aufeinander aufbauende Lerntypen, und zwar:

- Signallernen, als elementarste Form, welche etwa Pawlows bedingtem Reflex entspricht,
- Reiz-Reaktions-Lernen; dieses entspricht etwa der operanten Konditionierung Thorndikes und Skinners,
- Kettenbildung; hier werden Ketten von verschiedenen Einzelreaktionen erlernt (z. B. Starten eines Autos),
- sprachliche Assoziation, hier werden Ketten auf sprachlichem Gebiet gebildet,
- Diskriminationslernen ist im Prinzip ein Reiz-Reaktions-Lernen, bei dem gelernt wird, ähnliche Dinge auseinanderzuhalten (Differenzieren von Reiz-Reaktions-Verbindungen),
- Begriffslernen besteht, zum Unterschied von Diskriminationslernen, in der Schulung von Ordnen und Gruppieren,
- Regellernen besteht nach Gagné in der Aneignung einer Kette von Begriffen; der Lernende muß verschiedene Begriffe zueinander in Beziehung setzen können,
- Problemlösen versteht Gagné als Fähigkeit, die bereits gelernten Regeln in einer großen Vielfalt von neuen Regeln höherer Ordnung zu kombinieren.

4.2.1.4 Der informationspsychologische Ansatz

Informationspsychologie ist nach **Helmar G. Frank** [9, 11] die mit den Maßen, Methoden und Modellbausteinen der Kybernetik arbeitende Richtung innerhalb der Psychologie. Die Informationspsychologie behandelt gestaltpsychologische Erscheinungen aus der Sicht der Informationsverarbeitung und beschreibt ReizReaktionsprozesse durch Vorgänge der Kodierung und Entkodierung. Die Informationspsychologie bemüht sich um gedankliche Modelle der bewußten Nachrichtenverarbeitung im Menschen und bedient sich dabei vor allem informationstheoretischer Begriffe. Frank zieht folgenden Vergleich: „Wie die theoretische Physik die physikalische Umwelt durch eine Folge immer komplexerer Modelle approximieren will, so die Informationspsychologie die bewußte Nachrichtenverarbeitung im Menschen." Durch eine Folge stets zu verbessernder Modelle soll die menschliche Informationsverarbeitung beschrieben werden.

Nachdem die Informationspsychologie versucht, verbale Modelle durch vereindeutigte zu ersetzen, psychologische Konzepte in technische Modelle zu transformieren, ist sie von der Methode her Technikern recht nahe. Wir wollen in der Folge das Frank'sche Modell für den lernpsychologisch interessierenden Informationsumsatz im Menschen, das sogenannte Organogramm der Informationsverarbeitung, vorstellen und einige Konsequenzen für die praktische Unterrichtsgestaltung andeuten.

4.2.2 Das Organogramm für den Informationsumsatz im Menschen

4.2.2.1 Phänomenologischer Modellentwurf

Schon durch eine einfache, unmittelbare Selbstbeobachtung kann man folgende für Lernprozesse wichtige Funktionen erkennen:

- das Wahrnehmen
- das Bewußtwerden
- das Erinnern
- das Tun.

Diesen Funktionen ordnet Frank bestimmte Träger zu, so z. B. dem „Wahrnehmen" die Sinnesorgane und dem „Tun" die Muskulatur. Sinnesorgane und Muskulatur können anatomisch lokalisiert werden – wenn nun Frank als „Ort" der Bewußtseinsprozesse einen „Kurzspeicher"einführt, so soll das keine hirnphysiologische Aussage sein, sondern modellhaft eine bequemere Sprechweise ermöglichen. Im gleichen Sinn soll die Zuordnung der Funktion „Erinnern" dem Träger „vorbewußtes Gedächtnis" verstanden werden.

Das sich aus der angedeuteten Überlegung ergebende phänomenologische Modell (Abb. 30) ermöglicht eine stark vereinfachte Veranschaulichung der Informationsverarbeitungsprozesse im Menschen. Die Information aus der Umwelt wird über die Sinnesorgane aufgenommen. Was uns bewußt wird (d. h. was in den Kurzspeicher, das Bewußtsein, gelangt) ist entweder soeben aus der Außenwelt durch Vermittlung der Sinnesorgane wahrgenommen worden, oder es war uns schon zu einem wesentlich früheren Zeitpunkt bewußt und wir erinnern uns nunmehr an diesen Inhalt unseres vorbewußten Gedächtnisses.

Bewußtseinsinhalte können eine bestimmte kurze Zeit (sogenannte Gegenwartsdauer) bewußtseinsgegenwärtig bleiben. Dieser Umstand wird auch als

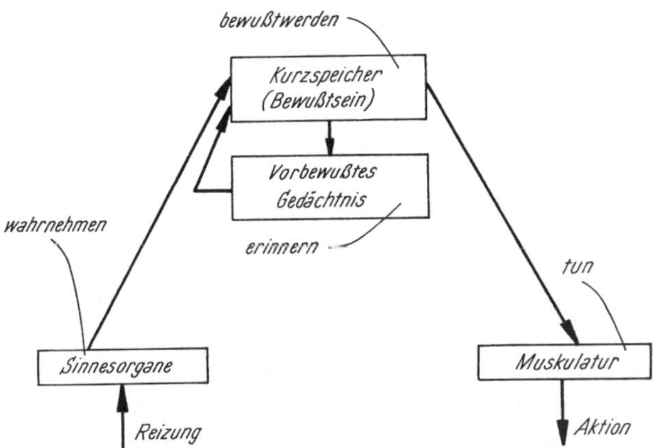

Abb. 30. Stark vereinfachte Veranschaulichung der Informationsverarbeitung im Menschen

„Merkfähigkeit" bezeichnet und ermöglicht es, einzelne Bewußtseinsinhalte zu verknüpfen. Die im Bewußtsein (Kurzspeicher) enthaltene Information kann entweder in das vorbewußte Gedächtnis gelangen – d. h. gelernt werden – oder (bzw. oder und) an die Außenwelt übertragen werden – in diesem Fall sprechen wir von Tun. Die Information aus dem Bewußtsein kann aber auch einfach nur getilgt werden. Die Inhalte des vorbewußten Gedächtnisses sind im Gegensatz zu denen des Bewußtseins nicht bewußtseinesgegenwärtig. Sie können aber z. B. im Falle der Assoziation aufgrund bestimmter Schlüsselinformationen ins Bewußtsein gelangen, oder sich auch spontan „aufdrängen" (Perseveration).

4.2.2.2 Zur Quantifizierung des phänomenologischen Modellentwurfs

H. Frank und seine Mitarbeiter haben in der Folge den phänomenologischen Modellentwurf der Informationsverarbeitung im Menschen quantitativ präzisiert. In Abb. 31 ist das dadurch entstandene „Organogramm" stark vereinfacht dargestellt. Die Überlegungen zur Quantifizierung können insbesondere in der Arbeit von Frank, z. B. [9], und bei Riedel [28] nachgelesen werden; wir werden diese Überlegungen nur kurz und vereinfacht andeuten. H. Frank selbst bezeichnet die im Organogramm eingetragenen Werte nur als größenordnungsmäßig gesichert. Gleichfalls Riedel bekundet, daß die Ergebnisdaten des Modells das tatsächliche Lernverhalten des Menschen lediglich relativ ungenau approximieren und weitere Untersuchungen das Modell präzisieren sollten.

Grundvoraussetzung für den Lernvorgang ist die Aufnahme von Informationen aus der Umwelt. Die Information trifft auf die Sinnesorgane in Form von optischen, akustischen, taktilen (Berührungen), thermischen, olfaktorischen (Geruchssinn) und gustativen (Geschmackssinn) Reizen. Als Kapazität eines Sinnesorgans kann die Maximalinformation, welche das Sinnesorgan pro Zeiteinheit an die sensorischen Projektionszentren im Gehirn abzuführen vermag, verstanden werden. Frank gibt für den optischen Kanal eine Kapazität von bis zu 10^7 bit/sec, für den akustischen Kanal etwa $1{,}5 \cdot 10^6$ bit/sec, für den taktilen Kanal (beschränkt auf die Hände) etwa $0{,}2 \cdot 10^6$ bit/sec an. Die Kapazität der weiteren Kanäle ist viel geringer und liegt in der Größenordnung von 10 bis 100 bit/sec.

Der linke im Organogramm (Abb. 31) angedeutete Trichter steht insgesamt für die Wahrnehmung. Der Wahrnehmungsprozeß wird in zwei Teile, den Prozeß der **Perzeption** und den anschließenden Prozeß der **Apperzeption**, unterteilt.

Als Perzeption wird in der Informationspsychologie die Innervation der Sinnesorgane, d. h. die eigentliche Aufnahme und Übertragung von Reizen durch die Sinnesorgane bezeichnet. Das Zu-Bewußtsein-Bringen der Sinnesreize (das Eindringen in den Kurzspeicher) wird mit Apperzeption bezeichnet. Apperzipiert, d. h. bewußt wahrgenommen, wird nur ein Bruchteil des Perzipierten, d. h. des Aufgenommenen.

Bei der Apperzeption wird also eine Auswahl aus der gesamten aufgenommenen Information getroffen. Dieser Prozeß wird in der informationspsychologischen Terminologie als **„informelle Akkomodation"** bezeichnet – er kann u. a. durch folgendes Beispiel veranschaulicht werden. Bei einer Gesellschaft spricht alles durcheinander. Ein Herr wendet sich höflicherweise seiner rechts

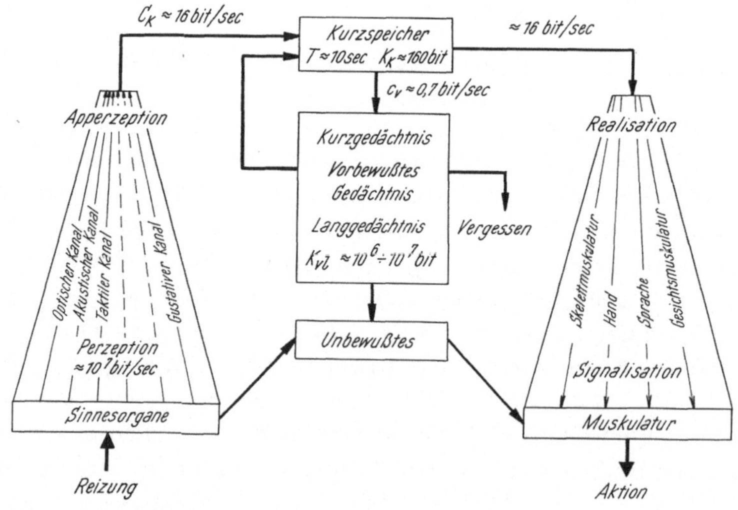

Abb. 31. Organogramm der Informationsverarbeitung im Menschen

von ihm sitzenden Tischdame B zu, obgleich ihn mehr interessiert, was die Dame C zu seiner Linken erzählt. Es gelingt dem Herrn, ohne den Kopf zu drehen, die Worte der links sitzenden Dame C zu apperzipieren und gleichzeitig auch das von seiner Tischdame B behandelte Problem zu erkennen. Perzipiert werden also beide Gespräche, apperzipiert nur eines. Bei der informellen Akkomodation (man könnte diese Funktion einem „Akkomodator" zuordnen) werden alle feineren Merkmale vom Apperzipiertwerden ferngehalten, um nur das Wesentliche bewußt werden zu lassen. Der beschriebene Vorgang kann als optimale Kodierung der zufließenden Information interpretiert werden, wobei sich das Repertoire je nach dem Interesse, aus welchem sich die Kriterien für das „Wesentliche" ergeben, ändert.

Die **„Apperzeptionsgeschwindigkeit"** C_k oder anders ausgedrückt, die „Zuflußgeschwindigkeit in den Kurzspeicher", gibt Frank etwa mit 16 bit/sec an. Zu diesem Wert kommt er aufgrund der Auswertung verschiedener Untersuchungen und Überlegungen (insbesondere von **D. Howes** und **R. Solomon**, **A. Mager**, **R. Pauli**, **K. Port**). Aus den einfach und anschaulich einsichtigen Überlegungen zur quantitativen Angabe für die Apperzeptionsgeschwindigkeit kann z. B. erwähnt werden, daß die elektroencephalographisch bei Funktionsruhe der Hirnrinde feststellbaren Alpha-Wellen (8–12 Hz) bei Einwirkung stärkerer Sinnesreize und sogar schon bei Vergegenwärtigung von Gedächtnisinhalten den Aktions- oder Beta-Wellen (14–18 Hz) weichen.

Ab etwa 16 Bildwechseln pro Sekunde verschmelzen Teilbilder zu einer fortlaufenden Bewegung, von den meisten Menschen wird als tiefster Ton ein solcher mit etwa 16 Hz gehört, etwa 15 bis 1600 Schwingungen pro Sekunde werden für den „Vibrationssinn" als Vibration empfunden, langsamere, d. i. etwa unter 15 Hz liegende, Schwingungen werden schon als Einzelstöße empfunden etc.

H. Riedel hat nachgewiesen [28], daß die Apperzeptionsgeschwindigkeit C_k altersabhängig ist – der von Frank angegebene Wert von $C_k = 16$ bit/sec ist ein, bei etwa 18 bis 21jährigen zu beobachtender Maximalwert. Die Riedelsche Altersabhängigkeitskurve ist in Abb. 32 idealisiert, d. h. ohne Streuung, dargestellt.

Was bewußt wird (d. h. was modellmäßig formuliert, in den Kurzspeicher eindringt) bleibt für eine bestimmte Zeit, die sogenannte **Gegenwartsdauer** T, bewußtseinsgegenwärtig. Bei der weiteren Quantifizierung des phänomenologischen Modellentwurfes nach Abb. 30 ergibt sich die Frage nach der Länge der Gegenwartsdauer. Untersuchungen haben gezeigt, daß Apperzipiertes von sich aus (falls man sich nicht absichtlich darauf konzentriert) bis zu 10 sec bewußt bleibt.

Auf der Gegenwartsdauer beruht z. B. die Erscheinung, daß soeben erklungene Glockenschläge nachträglich noch gezählt werden können. Künstlerische Einheiten der Musik (Motiv, Phrase) oder der Lyrik (Vers), können nur deshalb als Einheiten empfunden werden, weil sie in ihrer Gesamtheit gegenwärtig sein können; die durch die Gegenwartsdauer gegebene „Merkfähigkeit" spielt z. B. in der Arithmetik für das Kopfrechnen eine wichtige Rolle etc.

Frank gibt als maximale Gegenwartsdauer $T \doteq 10$ sec an; Riedel hat eine durchschnittliche Gegenwartsdauer $T_R \doteq 6$ sec ermittelt und auch eine deutliche Altersabhängigkeit der Gegenwartsdauer festgestellt – die idealisierten Kurven sind in Abb. 33 dargestellt.

Die beiden, den Kurzspeicher quantitativ beschreibenden Parameter C_k und T, ermöglichen es, das Fassungsvermögen des Kurzspeichers – seine **Speicherkapazität** K_k abzuschätzen. Wenn höchstens 16 bit/sec in den Kurzspeicher gelangen und dort höchstens 10 sec bleiben, ist dessen Fassungsvermögen höchstens $K_k \doteq 160$ bit.

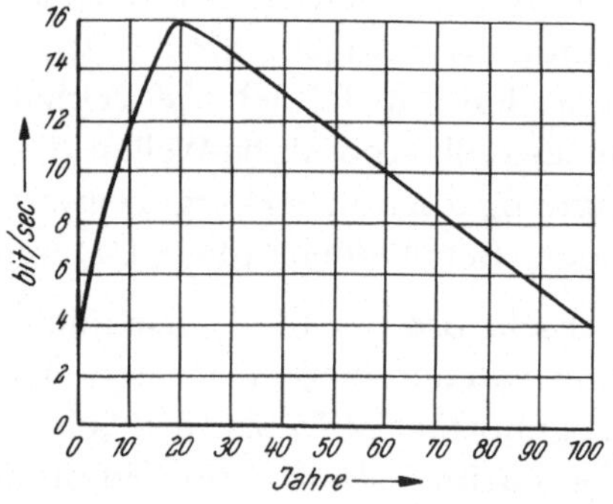

Abb. 32. Altersabhängigkeit der Apperzeptionsgeschwindigkeit

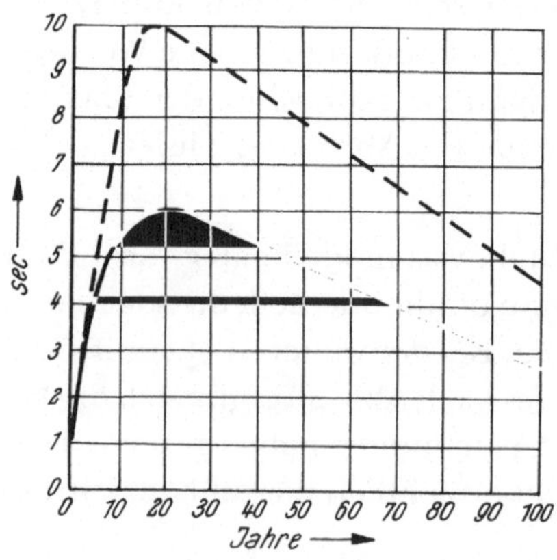

Abb. 33. Altersabhängigkeit der Gegenwartsdauer. Strichlierte Kurve nach Frank; volle Kurve nach Riedel

Die **Zuflußgeschwindigkeit** C_v in das vorbewußte Gedächtnis hat Frank z. B. aus Versuchen von Aborn und Rubenstein, sowie F. v. Cube aus Versuchen von Miller abgeleitet. Sowohl Frank wie auch F. v. Cube kommen zu einem Wert von etwa $C_v \doteq 0{,}7$ bit/sec.

Wie aus dem Organogramm (Abb. 31) ersichtlich ist, unterteilt Frank das vorbewußte Gedächtnis in ein Kurzgedächtnis mit einer mittleren Speicherzeit von wenigen Stunden und ein Langgedächtnis mit einer mittleren Speicherzeit von mehreren Monaten. Die angegebene Zuflußgeschwindigkeit C_v betrifft nur das Kurzgedächtnis, für das Langgedächtnis wird sie als etwa ein Zehntel von C_v geschätzt. Das Fassungsvermögen des Kurzgedächtnisses K_{vk} wird in der Größenordnung von 10^3 bis $2 \cdot 10^4$ bit geschätzt. Für das Fassungsvermögen des Langgedächtnisses K_{vl} werden Werte von 10^6 bis $2 \cdot 10^7$ bit angegeben.

Im Organogramm wird das Vergessen von Gedächtnisinhalten als „Verdrängtwerden“ alter, durch neu gespeicherte Gedächtnisinhalte verstanden und durch einen aus dem Gedächtnis abgehenden Pfeil dargestellt.

Die vom Kurzspeicher zur Realisation (Erregung der Muskelfasern) abgegebenen Informationen werden im Modell mit höchstens etwa 16 bit/sec angegeben. Ein Teil der Informationen wirkt sich in Form unbewußter Reflexe aus.

4.2.2.3 Einige Konsequenzen für die Unterrichtsgestaltung

Wir wollen hier kurz einige mögliche Anwendungen der im Organogramm zusammengefaßten Ergebnisse der Informationspsychologie als Anregung für die Informationsvermittlung und die praktische Unterrichtsgestaltung darlegen:

Wenn im Unterricht dem Schüler mehr als Ck an subjektiver Information geboten wird, dann wird der Schüler verwirrt – überlastet. Bei dieser allgemeinen Konsequenz ist zusätzlich die Altersabhängigkeit von C_k zu berücksichtigen (Abb. 32), z. B. ein Lehrer, der das dreißigste Lebensjahr noch nicht erreicht hat, müßte beim Unterricht im ersten Jahrgang einer mittleren oder höheren technischen Lehranstalt erwägen, daß seine Apperzeptionsgeschwindigkeit größer ist als bei vielen seiner Schüler, und beim Unterricht entsprechend langsamer sprechen.

Wenn die Sätze länger sind als die Gegenwartsdauer T, wird ihr Verständnis erschwert. (Erinnern Sie sich z. B. an das schwierige Studium von Patentschriften – die eigentlichen Patentansprüche bestehen aus einem, oft erstaunlich langem Satz.) Da dem Bewußtsein nur der Informationsbetrag K_k gleichzeitig gegenwärtig sein kann, erschweren auch zu lange Fragen des Lehrers die Beantwortung.

Die Zuflußgeschwindigkeit in das vorbewußte Gedächtnis ist kleiner (C_v = 0,7 bit/sec) als die Zuflußgeschwindigkeit in das Bewußtsein (C_k =16 bit/sec). Eine bessere Anpassung an die langsamere Lerngeschwindigkeit kann durch wiederholte Darbietung des Lehrstoffes gesucht werden. Derselbe Stoff – insbesondere seine wichtigsten Teile – sollte also variiert, d. h. mit wechselnden Betonungen, Worten, Beispielen, Medien – in immer anderen Zusammenhängen u. ä. vom Unterrichtenden dargeboten werden. Auch Diskussionen, Gruppenunterricht etc. können zu einer „Anpassung" zwischen C_v und C_k im Unterricht beitragen.

Durch Schreiben während des Lernens (Anfertigung von Exzerpten) kann die Aufnahme des zu Lernenden ins Bewußtsein verlangsamt und daher an die Zuflußgeschwindigkeit zum Gedächtnis angenähert werden. Aus diesem Sachverhalt könnte man eventuell den Schülern empfehlen, sich beim Unterricht nur Bemerkungen in ein Arbeitsheft zu machen und bei der heimischen Vorbereitung aus diesen Bemerkungen und dem entsprechenden Lehrbuch, sowie eventuell weiterer Literatur erst ihre eigenen schriftliche Formulierung des Lehrstoffes festzuhalten.

Die Darbietungen von „unnützen" Informationen, etwa durch auffälliges äußeres Verhalten des Lehrers, durch sein „lautes Denken" an der Tafel an unwichtigen Stellen etc., hat wegen der begrenzten Aufnahmekapazität der Schüler die Wirkung, daß weniger „gewünschte" Information apperzipiert werden kann. Wenn die Schüler aber ihre Aufmerksamkeit anderen, aus der Sicht des Unterrichts unerwünschten Informationsquellen zugewandt haben, so kann durch passende „unnütze" Information eine Rückwendung der Aufmerksamkeit zum Unterrichtsgegenstand erreicht werden.

Die Wirksamkeit von Problemlösungs-Aufgaben, der Verwendung von Beispielen im Unterricht etc., beruht u. a. wahrscheinlich darauf, daß sie reflektorische Bewußtseinsprozesse erfordern, bei welchen die entsprechenden Sachverhalte länger gegenwärtig gehalten werden müssen und dadurch die Wahrscheinlichkeit ihrer Aufnahme ins vorbewußte Gedächtnis steigt.

4.3 Zum Vergessen und Behalten

4.3.1 Zum Phänomen des Vergessens

Das Phänomen des Vergessens ist allgemein bekannt – jedermann hat feststellen müssen, daß Erinnerungen verblassen und Gelerntes aus dem Gedächtnis verschwindet. Ähnlich wie über das Phänomen des Lernens existieren auch über das Vergessen viele Theorien; wir werden hier nur kurz einige überwiegend empirisch zusammengetragene Erkenntnisse darstellen.

Mit systematischen Untersuchungen des Gedächtnisses begann **H. Ebbinghaus**, welcher im Selbstversuch über Jahre hinweg sinnlose Silben auswendig lernte und dann nach verschiedenen Zeitabschnitten überprüfte, wieviel er davon noch wußte. Ebbinghaus stellte fest, daß er eine Stunde nach dem Lernen etwa 56%, nach 9 Stunden etwa 64%, nach zwei Tagen 72%, nach 31 Tagen 79% des gelernten sinnlosen Textes vergessen hatte. Der größte Teil des Gelernten wurde also schnell vergessen, im weiteren verlaufen die sogenannten Vergessenskurven relativ flach.

Systematische Untersuchungen über das Speichern von Informationen zeigen, daß das Behalten von verschiedenen Faktoren beeinflußt wird. Einer dieser Faktoren ist durch die **Art der zu lernenden Information** gegeben – ob es sich um sinnloses oder sinnvolles, gegliedertes oder ungegliedertes Material handelt. R. Naef [26] gibt Vergessenskurven für verschiedenes Material an, in Abb. 34 ist mit A die Vergessenskurve für Prinzipien und Gesetzmäßigkeiten, mit B für Gedichte, mit C für Prosatexte und mit D für sinnlose Silben bezeichnet. Die Kurven zeigen, daß von Gesetzmäßigkeiten, d.i. von sehr sinnvollem Material weniger vergessen wird, während bei ganz sinnlosem Lernstoff sehr viel – insbesondere gleich in der ersten Zeit nach dem Lernen – ins Vergessen gerät.

Als weiteren Faktor, der das Behalten beeinflußt, gibt R. Naef die **Lernmethode** an. Das gleiche Material wird besser behalten, wenn mit Verständnis gelernt wird, als wenn man mechanisch auswendig lernt. Das wurde u. a. durch ein Experiment nachgewiesen, bei welchem zwei Studentengruppen Zahlen-

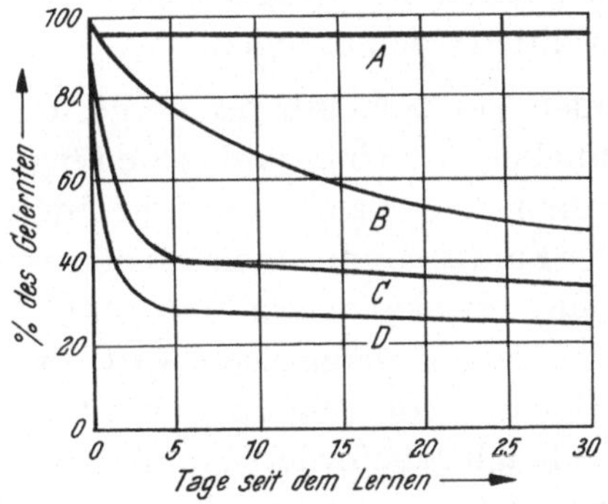

Abb. 34. Vergessen bedeutet, daß gelernte Inhalte später nur unvollständig wiedergegeben werden können. Dies wird durch *Vergessenskurven* dargestellt. Die *Kurve D* veranschaulicht, daß auswendig gelernte sinnlose Silben sehr schnell und zu einem großen Teil vergessen werden. Bei Prosatexten ist das Behalten etwas besser (*Kurve C*). Bei Gedichten (*Kurve B*) noch besser. Die Vergessenskurve für Gesetzmäßigkeiten, für sehr sinnvolles Material, veranschaulicht *Kurve A*. Solches Material wird am wenigsten vergessen

reihen lernen sollten. Die eine Gruppe hatte die Zahlen auswendig zu lernen, während die andere versuchen sollte, die Gesetzmäßigkeiten in den Zahlenreihen zu finden. Von dieser zweiten Gruppe konnten nach drei Wochen noch 23% die Zahlenreihe wiedergeben, während aus der ersten Gruppe niemand mehr dazu imstande war.

Als dritten Faktor nennt Naef die **Motivation** des Lernenden. Je mehr der Lernende engagiert ist, je persönlicher ihn der Stoff berührt, desto stärker bleiben die Spuren, die das Gelernte hinterläßt.

Weitere Untersuchungen haben gezeigt, daß Vergessen auch durch die aktive Einwirkung von **Störfaktoren** beeinflußt wird; für das Vergessen ist nicht nur die Zeit, die seit dem Lernen verflossen ist, verantwortlich, sondern z. B. auch die störende Wirkung anderer nach dem Lernen ausgeführter Tätigkeiten. Man spricht hier von sogenannten **retroaktiven (rückwirkenden)** Hemmungen.

Die retroaktiven Hemmungen wurden mit vielen Untersuchungen erforscht, wobei im Prinzip immer zwei Gruppen gebildet wurden, die sich zunächst beide den gleichen Stoff aneignen sollten. Während eine Gruppe sich nach dem Lernen frei erholen durfte, mußte die zweite Gruppe eine weitere, ähnliche Lernaufgabe lösen. Bei der Überprüfung der Kenntnisse zeigte sich jeweils, daß die zweite Gruppe erheblich weniger vom ursprünglichen Stoff behalten hatte als die erste Gruppe, welche nach dem ersten Lernen sich mit einer neutralen Tätigkeit beschäftigt hat.

Ähnlich wie der zweite Lernprozeß das Behalten des Lerninhaltes aus dem ersten Lernvorgang stört, kann auch der erste Lernprozeß das Behalten des Lerninhaltes aus dem zweiten Lernvorgang stören. Man spricht hier von proaktiven (vorauswirkenden) Hemmungen.

Manchmal kann auch ein „scheinbares Vergessen“ festgestellt werden: Wenn Schüler gelernt haben, auf eine spezifische Frage eine ganz bestimmte Antwort zu geben, können sie versagen, wenn die Frage anders gestellt wird. Für den Prüfer kann der Eindruck entstehen, als ob gar nichts gelernt worden wäre. Dieser Effekt kann vermieden werden, wenn der Stoff in breiteren strukturellen Zusammenhängen dargeboten wird – wenn der Student sein Wissen unter verschiedenen Bedingungen anwenden soll (dies wird in der technischen Praxis fast alltäglich gefordert), muß er es auch unter verschiedenen Bedingungen erwerben.

4.3.2 Pädagogische Maßnahmen gegen Vergessen

Aus den angeführten Tatsachen zum Phänomen „Vergessen“ können folgende, das Behalten des Unterrichtsstoffes fördernde Maßnahmen empfohlen werden:

Nachdem Informationen umso besser behalten werden, je sinnvoller sie dem Adressaten erscheinen und je besser sie strukturiert sind, sollten bei der Unterrichtsgestaltung die stoffimmanenten Strukturen hervorgehoben werden. Isolierte Fakten werden schnell vergessen, darum erscheint es wichtig, die basalen Phänomene, Begriffe und Fakten des Lehrstoffes in möglichst logischen und sinnfälligen Zusammenhängen den Adressaten näherzubringen.

Da „Einsicht" bessere Resultate hinsichtlich des Behaltens zeigt als Auswendiglernen, sollten Unterrichtssituationen angestrebt werden, bei welchen die Adressaten durch Problemlösungen womöglich selbständig die für sie neuen Sachverhalte „entdecken" oder wenigstens die einzelnen Schritte nachvollziehen können. Die in der technischen Praxis manchmal verwendeten „Lösungsanleitungen" für häufg auftretende Aufgaben sollten im Unterricht nicht einfach „angegeben" werden. Auch wenn der zukünftige Techniker in der Praxis Routineaufgaben zu lösen haben wird, sollte er im Unterricht womöglich nicht auf die sture Anwendung von Schemata gedrillt werden.

Aus den Vergessenskurven ist zu entnehmen, daß eine Wiederholung des Stoffes kurz nach dem Lernen erfolgen sollte, um dem Vergessen entgegenzuwirken. Auf eine zusammenfassende Wiederholung am Ende jeder Unterrichtseinheit sowie auf weitere systematische Wiederholungen (A, B, C, D, E) sollte geachtet werden (Abb. 35).

Bei gewissen Fertigkeiten, insbesondere im motorischen Bereich, aber auch bei Informationen, die nicht durch Einsicht aufgenommen werden können, sondern durch Auswendiglernen angeeignet werden müssen (Benennung von Einheiten, Materialkonstanten etc.), spielt auch Übung eine große Rolle.

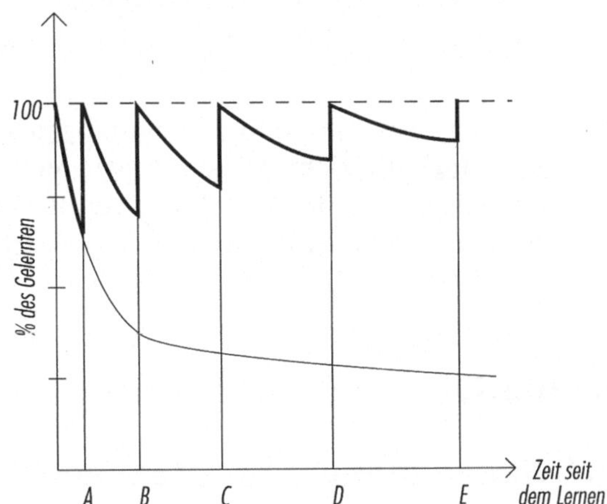

Abb. 35. Wiedergabeleistung nach Wiederholungen. Durch systematisches Wiederholen wird der Lernstoff im Gedächtnis verankert. *A* Einige Minuten, *B* ein Tag, *C* eine Woche, *D* ein Monat, *E* mehrere Monate

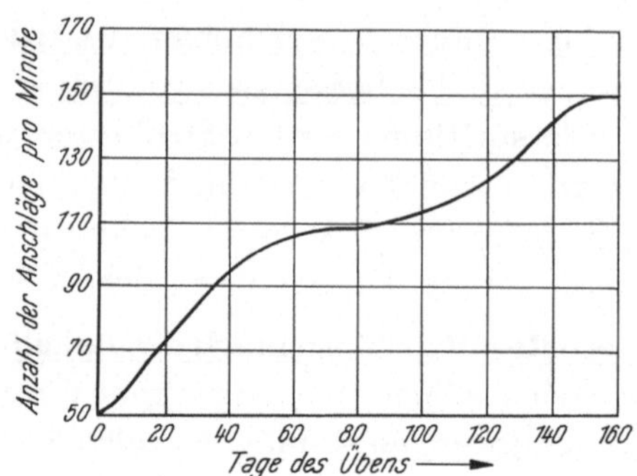

Abb. 36. Lernfortschritt beim Üben: Am Anfang des Übens werden nur kleine Fortschritte gemacht, danach wird relativ schnell gelernt bis zu einem Plateau, welches überwunden werden muß, bevor weitere Fortschritte erreicht werden

„Übungen" sollten nicht in Mammutlektionen, sondern in kürzeren, von Pausen unterbrochenen Schritten stattfinden. Der Lernfortschritt beim Üben verläuft in der Regel nach einer bestimmten Gesetzmäßigkeit – als Beispiel kann die von H. Maddox [20] ermittelte Übungskurve für Maschineschreiben dienen. Diese in Abb. 36 angedeutete Kurve zeigt, wie viele Anschläge pro Minute ein Anfänger an jedem der 180 Übungstage erzielte. Es fällt auf, daß am Anfang des Übens relativ wenig Fortschritt gemacht wird, dann eine Periode folgt, in der sehr schnell gelernt wird, und nach einem Lernplateau ein weiterer Anstieg stattfindet. Das Lernplateau kann z.B. durch Absinken des Interesses, Ermüdung etc. verursacht werden – jedenfalls bedeutet es nicht, daß der Lernende die Grenze seiner Leistungsfähigkeit erreicht hat. Hier besteht die Aufgabe des Lehrenden darin, die Ursache im Einzelfall zu analysieren und bei der Überwindung der Stagnation behilflich zu sein.

Nachdem sich retroaktive, bzw. proaktive Hemmungen negativ auf das Behalten auswirken, sollten im Unterricht ähnliche Stoffe nicht zu kurz aufeinander folgen. Dies sollte sowohl bei der Erstellung von Stundenplänen wie auch im Verlauf der einzelnen Unterrichtseinheiten berücksichtigt werden (s. auch Abschn. 4.5).

4.4 Zur Lernmotivierung und Leistungsmotivation

4.4.1 Motiv, Motivation, Motivierung

Ob Ihr Adressat, der Lernende, seine Sinne – seine Aufmerksamkeit – auf den Lerngegenstand richtet oder nicht, hängt u.a. von seinem Interesse, von seinen Motiven ab.

Was versteht man eigentlich unter dem Begriff „Motiv“, bzw. unter den Begriffen „Motivation“ oder „Motivierung“? Lassen Sie uns diese Fragen einleitend kurz und praxisnah vereinfacht beantworten.

Motiv ist ein Sammelbegriff für viele umgangssprachliche Bezeichnungen wie etwa „Trieb“, „Antrieb“, „Bedürfnis“, „Beweggrund“, „Anlaß“ u.ä.

Motive kann man als dauerhafte Dispositionen verstehen, die bewußt, oder auch unbewußt, im Innern von Personen ruhen.

Adler und **Freud** gehen davon aus, daß man alle menschlichen Antriebe durch ein Grundmotiv erklären kann (Geltungsstreben bzw. Sexualtrieb). Andere Autoren haben ganze Listen von grundlegenden Motiven aufgestellt. So ordnet z.B. **Maslow** Motive hierarchisch in der Reihenfolge: Physiologische Bedürfnisse, Bedürfnis nach Sicherheit, nach Zugehörigkeit, nach Achtung (Wertschätzung) und Bedürfnis nach Selbstverwirklichung.

Motive an sich führen nicht unmittelbar zu Handlungen. Motive müssen aktiviert werden. Wenn das geschieht, sprechen wir von Motivation.

Motivation ist also der Prozeß, bei dem Motive „geweckt“ werden. Jemanden **motivieren** heißt ihn zum Handeln anregen. Versteht es der Lehrende seine Adressaten zu motivieren, lernen diese leichter und besser.

Lernbereitschaft wecken können Sie dadurch, daß Sie auf Motive ihrer Adressaten zurückgreifen und diese Motive aktivieren, in einen „ Spannungszustand“ versetzen.

Die Informationspsychologie versucht „Motivierung“ auch anhand des Organogrammes (Abb. 31) zu zeigen. **Frank** verwendet zur anschaulichen Erklärung ein Beispiel aus der Alltagserfahrung: Erweckt eine Einzelheit im Vortrag unser Interesse, dann „geht sie uns noch im Kopf herum“, während der Referent längst von etwas anderem spricht, das wir dann natürlich nur noch bruchstückweise apperzipieren.

Eine solche interessierende Einzelheit wird dadurch bevorzugt gelernt, weil sie lange genug gegenwärtig gehalten wird.

4.4.2 Leistungsmotivation und Unterrichtsgestaltung

Für das Lernen ist insbesondere die Leistungsmotivation wichtig, denn sie ist für jedes Lernen relevant – jeder Lernprozeß ist zugleich ein Leistungsprozeß.

McClelland [21] definiert Leistungsmotivation als „Auseinandersetzung mit einem Gütemaß“; man kann sie also als Erwartung verstehen, mittels eigener Tüchtigkeit einem Gütemaßstab zu genügen. Jeder Gütemaßstab birgt allgemein zwei Bereiche – Erfolg und Mißerfolg. Diese Bereiche zerlegen die Leistungsmotivation in eine hinstrebende (Hoffnung auf Erfolg) und in eine meidende Komponente (Furcht vor Mißerfolg).

Den Schüler am Unterricht zu interessieren, ist eine Aufgabe, die großes Geschick erfordert. Wir wollen aus diesem komplexen Aufgabengebiet folgende Problematik erörtern: Wie kann das Leistungsmotiv durch die Unterrichtsgestaltung angeregt werden?

Unter den situativen Anregungsfaktoren sind die Erfolgswahrscheinlichkeit und der Anreizwert einer Aufgabe besonders wichtig. J. W. Aktinson [1] hat folgende empirisch bestätigte Hypothese aufgestellt: Je größer die Erfolgswahrscheinlichkeit, desto geringer der Anreiz. Diese Komplementaritätsbeziehung bedeutet, an einem Beispiel veranschaulicht, daß, wenn bei einer Prüfung die Bestehenschance 10% beträgt, ihr Anreiz 90% ist. Eine solche Prüfung ist sicher außerordentlich schwierig – aber dies verstärkt gerade den Anreiz, sie zu bestehen. Wenn demgegenüber bei einer anderen Prüfung die Bestehenschance 80% beträgt, wird diese Prüfung als sehr leicht angesehen, nachdem sie fast von jedermann auf Anhieb bestanden wird. Weil diese Prüfung so leicht ist, übt sie fast keinen Anreiz mehr aus.

Nach dem Aktinson'schen Modell wird die **Leistungsmotivierung durch einen mittleren Schwierigkeitsgrad, d.h. durch eine Erfolgswahrscheinlichkeit von 50% am stärksten angeregt**.

Zu leichte Aufgaben werden bald langweilig, zu schwere Aufgaben überfordern viele Schüler. Bei Aufgaben und Problemstellungen, deren Lösung ebenso wahrscheinlich ist wie die Nichtlösung, wird die Leistungsmotivierung angeregt; Aufgaben mit mittlerem Schwierigkeitsgrad sollten also im Unterricht bevorzugt werden.

Welche sind aber Aufgaben von mittlerem Schwierigkeitsgrad? In der Regel differieren die optimalen Schwierigkeitsgrade von Schüler zu Schüler beträchtlich – welche Konsequenzen ergeben sich hieraus für die praktische Unterrichtsgestaltung? Man sollte die Aufteilung der Gesamtgruppe in Leistungsgruppen anstreben. Es ergibt sich dadurch eine fairere Wettbewerbssituation – in den üblichen nichtdifferenzierten Gesamtgruppen kennen die Tüchtigen meistens ohnehin ihren Rang und die weniger Tüchtigen erfahren im Vergleich nur wiederholt eine Bestätigung ihrer Untüchtigkeit und werden in ihrer Lernmotivierung geschwächt. In Leistungsgruppen mit ähnlichen Erfolgschancen sind bessere Bedingungen für die Anregung von Leistungsmotivierung gegeben.

Für die Unterrichtsgestaltung ist auch die Tatsache wichtig, daß leistungsmotivierte Studenten lieber „blockweise“ arbeiten, das heißt in Perioden, die „von der Sache aus“ erforderlich sind. Studenten mit niedriger Motivation scheinen eher einen geregelten Tages- bzw. Wochen- bzw. Stundenplan zu bevorzugen.

Lehrende sollten sich auch des Umstandes bewußt sein, daß ihr Unterrichtsverhalten u. a. von ihrem persönlichen dominanten Motiv durchdrungen ist. Die vom einzelnen Lehrer gesetzten Anforderungsgehalte sowie der Anreiz, welchen er als weitere Folge an Ergebnisse des Schülerverhaltens setzt, entsprechen seiner Lehrerpersönlichkeit und unterscheiden sich in der Akzentuierung hinsichtlich der Motive Leistung, Macht, Anschluß etc. Jene Schüler, deren Motive dem dominanten Motiv der Anreizstruktur des Lehrers entsprechen, werden stärker motiviert als jene Schüler, bei denen dies nicht der Fall ist. Das beeinflußt die Lernmotivierung und damit auch die Lernerfolge.

Zur Motivierung bei der Vortrags- bzw. Unterrichtsgestaltung können abschließend folgende praktische Maßnahmen empfohlen werden:

- **das Anspruchsniveau auf die Adressaten abstimmen (mittlerer Schwierigkeitsgrad ist am stärksten motivierend),**
- **unwillkürliche Aufmerksamkeit anregen – z. B. durch anschauliche Sprache, Einsatz und Wechsel von Medien (s. Kap. 5),**
- **Erfolgserlebnisse schaffen usw.,**
- **Neugier und Interesse wecken usw.**

Besonders wichtig für jeden Vortrag ist ein **motivierender Einstieg**. Was meinen Sie zu einer Vortragseinleitung folgender Art?

> Meine Damen und Herren, ich freue mich heute zu Ihnen über moderne Methoden der Warmwasseraufbereitung sprechen zu dürfen. Leider ermöglicht mir die kurze zur Verfügung stehende Zeit nicht, dieses Thema im vollen Umfang zu behandeln, ich werde aber trotzdem versuchen, Ihnen einen Überblick über die wichtigsten Vorgangsweisen zu geben ...

Bei einer solchen Einleitung bleiben Spannung und Interesse aus, die Adressaten werden nicht motiviert.

Motivierend wirkt demgegenüber zum Beispiel **„Personenbezug“**. Anregend, interessant, für den Adressaten ist primär das, was **ihn** interessiert, was **ihn** betrifft, was in **seine** Erfahrungswelt hineinpaßt, was für **ihn** wichtig und aktuell ist.

Motivierend wirkt auch **„Situationsbezug“**. Wenn die Teilnehmer ein gemeinsames Ereignis erlebt haben, wenn sie sich gleich angesprochen fühlen, bildet die Schilderung eines solchen aktuellen Ereignisses durchaus eine Möglichkeit in das Kursthema einzusteigen.

Motivierend wirkt auch ein Einstieg unter dem Motto **„anders als erwartet“**. „Überraschung“ als Einstieg weckt sicher die Aufmerksamkeit der Teilnehmer. Erstaunliches, Verwunderliches erzeugt Neugier, weckt Aufmerksamkeit.

Motivierend ist der Einstieg mit einem **„Problem“**. Durch Aufgaben- und Problemstellungen wird Aktivität angeregt.

Ein Einstieg mit einem **„Zitat"** eignet sich auch gut – insbesondere wenn man ein passendes Zitat findet.

Grundsätzlich sollten Sie auf die sinnvolle Verbindung des Einstieges mit dem Vortragsthema achten. Ein künstlich aufgesetzter Einstieg, ein „Paukenschlag" ohne inhaltlichen Bezug zum Kursthema, bildet sicher keine ideale Lösung. **Ein Einstieg soll zwar motivieren, er soll jedenfalls auch informieren – insbesondere über die Ziele Ihres Vortrages.**

4.5 Zur Aufmerksamkeit und Ermüdung

4.5.1 Ermüdung und ihre Ursachen

Nicht nur körperliche Tätigkeit, sondern auch geistige Beanspruchung führt zu Ermüdung. Für Lehrende ist es wichtig, zu wissen, wie sich Ermüdung auf die Leistungsfähigkeit der Adressaten auswirkt und wie stark Aufmerksamkeit und Gedächtnis belastbar sind. Insbesondere wichtig ist es, zu wissen, was getan werden kann, um Ermüdung wenigstens teilweise zu vermeiden – es muß wohl nicht daran erinnert werden, wieviel Geschick ein Lehrender zeigen muß, wenn er z. B. in einem Abendlehrgang für Berufstätige die müden und abgespannten Teilnehmer mitreißen und zu aktiver Teilnahme anspornen soll.

Aus eigener Erfahrung wissen wir, daß unsere Aufmerksamkeit nach längerer psychischer Belastung nachläßt – daß es vorerst zu Schwankungen und schließlich zu Ermüdung der Aufmerksamkeit kommt. Das Absinken der Aufmerksamkeit tritt dann ein, wenn in unseren Gehirnzellen, die durch die Produktion von Erregung verbrauchten Substanzen – vor allem Sauerstoff – ersetzt werden müssen.

Nachdem der Organismus Energieträger aufbereiten muß, wechseln in der biologischen Leistungsfähigkeit des Menschen Phasen der Leistungshergabe mit Phasen, in denen die für die Leistungsfunktion notwendigen Aufbauprozesse stattfinden. Die Ermüdbarkeit ist teilweise tageszeitlichen Schwankungen unterworfen. H. Schmidtke [31] gibt für die prozentualen Schwankungen der physiologischen Leistungsbereitschaft über 24 Stunden den in Abb. 37 dargestellten Ablauf an. Es gilt, daß in Zeiten hoher physiologischer Leistungsbereitschaft die Ermüdbarkeit geringer ist.

Nachdem die Leistungsbereitschaft neben rein physiologischen Faktoren auch stark von subjektiven psychischen Variablen abhängig ist, kann sich die Kurve der tatsächlichen subjektiven Leistungsbereitschaft individuell gegenüber der in der Abbildung angedeuteten verschieben.

Der Mensch ist offensichtlich rein physiologisch auf die Dauer nicht gleich belastbar – ähnlich wie man sich nur bestimmte Zeit mit voller Aufmerksam-

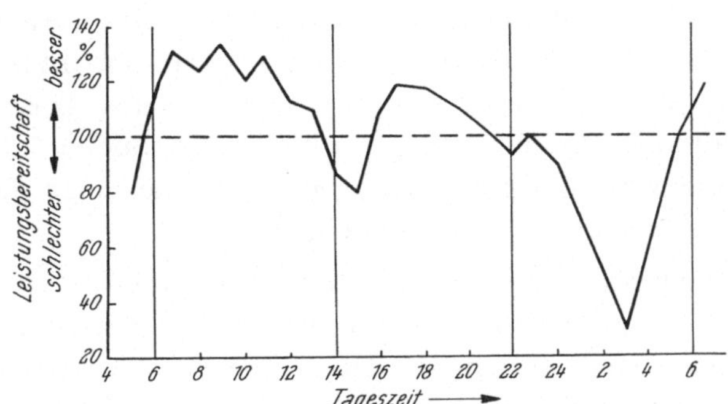

Abb. 37. Allgemeiner Verlauf der physiologischen Leistungsbereitschaft des Menschen

keit einer geistigen Beschäftigung widmen kann, kann man auch nicht ununterbrochen Lerninhalte aufnehmen und speichern. Auch das Gedächtnis ist nur zeitweilig intensiv belastbar, für den Vorgang der Informationsspeicherung ist Zeit notwendig. Es ist bekannt, daß bei unmittelbar aufeinanderfolgenden Lernprozessen der nachfolgende Lernprozeß das Behalten der Information aus dem ersten Lernprozeß stört (sogenannte retroaktive – rückwirkende – Gedächtnishemmung). Gleichfalls ist bekannt, daß auch der erste Lernprozeß das Behalten der Information aus dem zweiten Lernprozeß stören kann (sogenannte proaktive – vorauswirkende – Gedächtnishemmung). Eine pausenlose Belastung führt zu Gedächtnishemmungen.

4.5.2 Pädagogische Maßnahmen gegen Ermüdung

Aus dem bisher gesagten folgt, daß einerseits volle Aufmerksamkeit nur für begrenzte Zeit aufrechterhalten werden kann und andererseits auch das Gedächtnis nur bestimmte Zeit intensiv belastbar ist. **Als Konsequenz für die Unterrichtsgestaltung ergibt sich die Notwendigkeit sinnvoll angeordneter Ruhepausen.**

Eine Untersuchung über den Einfluß von Pausen auf die Arbeitsleistung hat z. B. O. Graf [14] durchgeführt. Er ließ seine Versuchspersonen während 30 Tagen jeweils drei Stunden hintereinander Additionsaufgaben durchführen, wobei eine Gruppe durchgehend ohne Pause arbeitete, eine zweite Gruppe nach je dreiviertel Stunden und eine dritte Gruppe nach je einer Viertelstunde kurze Pausen machen durfte. Die erste Gruppe hatte also keine Pause, die zweite Gruppe drei und die dritte Gruppe insgesamt elf Pausen innerhalb der jeweils drei Arbeitsstunden; die gesamte Pausenzeit bei der zweiten und dritten Gruppe war gleich.

Das Ergebnis der Untersuchung (vereinfacht): Die Leistungskurve der ersten Gruppe sank innerhalb der drei Arbeitsstunden infolge Ermüdung ständig ab, die beiden anderen Gruppen konnten ihre Leistung ungefähr gleichmäßig halten. Die Mehrleistung der beiden Gruppen mit Pausen gegenüber der Gruppe, welche ohne Pause arbeiten mußte, zeigt, daß die Pausen durchaus keine „verlorene" Zeit darstellen.

Durch die genannte sowie weitere Untersuchungen wird also die an Schulen übliche Praxis von durch Pausen getrennten Unterrichtsstunden als sinnvoll bestätigt. Diese etwa 10 Minuten dauernden Pausen sollen den Schülern die Möglichkeit geben, sich auch körperlich zu entspannen, also sich jedenfalls vom Platz zu bewegen. **Neben diesen längeren Pausen sollten mehrere ganz kurze Pausen auch innerhalb der einzelnen Unterrichtsstunden vorgesehen werden.** Diese kurzen Pausen können in Form eines deutlichen Absenkens des Unterrichtsniveaus zwischen einzelnen Themen (Lernschritten) realisiert werden. Als „Pause" in diesem Sinn kann z. B. der Dozent eine kleine Episode aus seiner technischen Praxis einflechten, ein interessantes neues Forschungsergebnis erwähnen, ein einfaches Bild zeigen etc. Beim Gruppenunterricht wie z. B. im Labor oder in Werkstätten ergeben sich solche „Pausen" häufig sachbedingt gewissermaßen von selbst.

Der Unterricht soll womöglich so gestaltet werden, daß Zeitspannen konzentrierter Aufmerksamkeit nicht überdehnt werden – die geistige Beanspruchung der Adressaten sollte in einer wellenförmigen Bewegung zwischen Spannung und Entspannung ablaufen.

4.6 Zur sozialen Interaktion im technischen Unterricht

Das Zusammensein und -handeln von Menschen ist eng verknüpft mit der zwischenmenschlichen Kommunikation. Lehr- und Lernprozesse sind zum großen Teil auch Kommunikationsprozesse. Will man die Interaktion und Kommunikation im Unterrichtssystem untersuchen, so kann man nicht nur von der „Lehrer–Schüler"-Beziehung ausgehen, sondern muß auch die sich zwischen den Schülern abspielenden Kommunikationsprozesse mit berücksichtigen, also z. B. die Schulklasse als eine soziale Gruppe betrachten, der Lehrer und Schüler gemeinsam angehören.

Geht man von einem solchen Verständnis aus, kann man die in der Gruppe ablaufenden Prozesse u. a. einerseits aus der Sicht der Organisationsstruktur, andererseits aus der Sicht des Führungsstiles des Lehrenden untersuchen.

4.6.1 Zur Organisationsstruktur

4.6.1.1 Allgemeine Gesichtspunkte

Aus allgemeiner Sicht werden meistens fünf grundlegende Strukturformen unterschieden, wir wollen diese mit P. Heinemann [17], ausgehend von einem idealisierten aus fünf Mitgliedern bestehenden Kommunikationssystem, skizzieren.

Abbildung 38 zeigt die sogenannte **„Vollstruktur"** – hier hat jedes Mitglied die gleichen Kommunkationschancen und es gibt kein Mitglied mit zentraler Position. Für die Lösung von Aufgaben sind solcherart strukturierte Systeme weniger geeignet, da sie mehr Zeit dafür benötigen als andere – allerdings sind die Mitglieder solcher Systeme subjektiv gewöhnlich am zufriedensten. Systeme mit „Vollstruktur" sind in der Regel nicht sehr stabil und neigen dazu, Strukturen anzunehmen, in der bestimmte Mitglieder zentralere Positionen erlangen.

In Abb. 39 ist die sogenannte **„Kreisstruktur"** skizziert. Auch hier haben alle Mitglieder gleiche Kommunikationschancen; jeder kann aber direkt nur mit zwei Mitgliedern kommunizieren, zu den übrigen hat er nur indirekt Verbindung. Gleichfalls gibt es hier keine eindeutigen Führer. Das System ist, ähnlich wie bei der „Vollstruktur", wenig stabil. Bei der Lösung von Aufgaben werden am meisten Fehler gemacht, aber auch am häufigsten korrigiert.

Die in Abb. 40 skizzierte **„Kettenstruktur"** ähnelt einem aufgeschnittenen Kreis, wobei ein Mitglied eine zentrale Position erwirbt.

Die sogenannte **„Y-Struktur"** ist in Abb. 41 veranschaulicht und stellt ein System dar, bei welchem die zentrale Position eines Mitgliedes noch weiter verstärkt zum Ausdruck kommt.

In Abb. 42 ist die sogenannte **„Sternstruktur"** skizziert – hier ist die Führungsposition eines Mitglieds eindeutig ausgeprägt. Solcherart strukturierte Systeme sind üblicherweise den bisher angedeuteten Strukturen in bezug auf Genauigkeit und Schnelligkeit bei Aufgabenlösungen überlegen. Die Arbeitsfreude, Zufriedenheit und Aktivität der Mitglieder ist, entsprechend den ungleichmäßig verteilten Kommunikationschancen, unterschiedlich. Die bei einer solchen Struktur deutliche Zentralisierung bewirkt eine relativ große Systemstabilität.

Zusammenfassend kann man zu den skizzierten Organisationsstrukturen sagen, daß mit steigender Zentralität einer Gruppe die Effizienz der Gruppe steigt, die Zahl der gemachten Fehler sowie die Zahl der für eine Aufgabenlösung notwendigen Kommunikationen sinkt und weniger Zeit für die Lösung von Aufgaben erforderlich ist. Gleichzeitig steigt aber der Unterschied in der Zufriedenheit der einzelnen Mitglieder; die Inhaber zentraler Positionen sind zufriedener als die Mitglieder in Randpositionen.

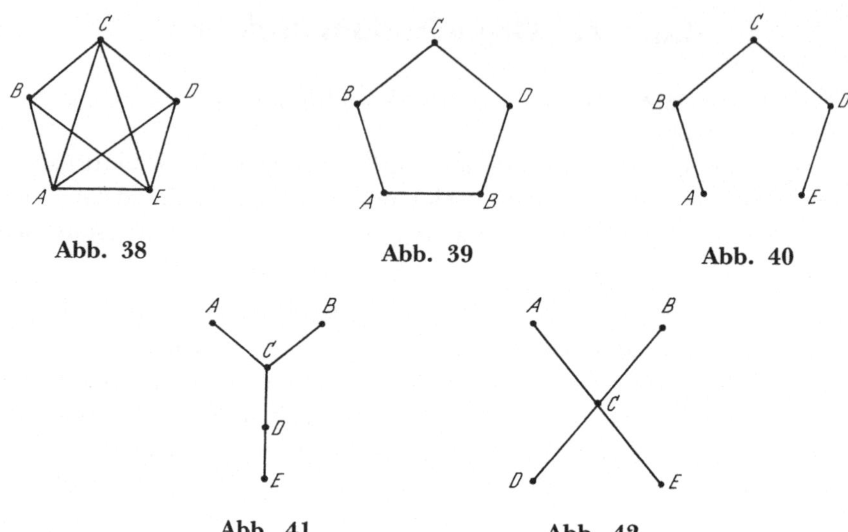

Abb. 38. Organisation „Vollstruktur: Jedes Mitglied hat die gleichen Kommunikationschancen, jeder kann mit jedem direkt kommunizieren

Abb. 39. Organisation „Kreisstruktur": Jedes Mitglied kann direkt nur mit zwei Mitgliedern kommunizieren

Abb. 40. Organisation „Kettenstruktur": Hier kommt ein Mitglied in eine zentralere Position

Abb. 41. Organisation „Y-Struktur": Die zentrale Position eines Mitglieds kommt verstärkt zum Tragen

Abb. 42. Organisation „Sternstruktur": Eindeutige Führungsposition eines Mitglieds

4.6.1.2 Unterrichtliche Gesichtspunkte

Ausgehend von den im vorhergehenden Abschnitt skizzierten Organisationsstrukturen kann man die im Unterricht üblichen Organisationsformen auf der Dimension „Lehrerzentriert – Schülerzentriert" einordnen. Die Struktur eines lehrerzentrierten Unterrichtes entspricht etwa der „Sternstruktur", die am anderen Ende der Dimension angeordnete Struktur eines schülerzentrierten Unterrichtes entspricht in etwa der „Vollstruktur".

Es ergibt sich die pragmatische Fragenstellung, welche der zwischen den beiden Extremen möglichen Zwischenformen die geeignetste für einen effektiven technischen Unterricht darstellt. Es ist anzunehmen, daß der Techniker im Sinne der ihn prägenden Optimalisierungsbestrebungen einer Struktur, die sowohl ein größtmögliches Maß an Zufriedenheit für alle Mitglieder der Gruppe mit sich bringt, aber jedenfalls die Möglichkeit effektiver Arbeit bietet, positiv gegenüberstehen wird.

Viele praktische Versuche im technischen Bildungssystem bestätigen die erwähnte Optimalisierungs-Tendenz, insbesondere mit Bemühungen, den lehrer-zentrierten Unterricht (Frontalunterricht) durch gruppenzentrierten Unterricht zu ergänzen. Im Gegensatz zur monodirektionalen Kommunikation der Frontalvorlesung wird beim gruppenzentrierten Unterricht die Kommunikation zwischen den Teilnehmern und mit dem Gruppenleiter (Dozenten) gefördert. B. Eckstein [3] vertritt die Meinung, daß nicht einmal die häufig als Gegenargument zum Gruppenunterricht vorgebrachte hohe Teilnehmerzahl bei manchen Lehrveranstaltungen ausschlaggebend für gruppen- und dozentenzentrierten Unterricht ist „...Frontalunterricht mit kleinsten Hörerzahlen ist nicht selten, während andererseits ein versierter Dozent ein 100-Mann-Auditorium in eine Gruppendiskussion verwickeln kann ...“

Auch wenn selbstverständlich die Realisierung einer bidirektionalen Kommunikation bei großen Hochschulvorlesungen schwierig ist, bestehen auch hier Lösungsansätze, z. B. bei sinnvoller Nutzung unterrichtstechnologischer Möglichkeiten. Über praktische Erfahrungen an der ETH Zürich berichtet z. B. G. Epprecht [4]. Prof. Epprecht verwendet schon seit Jahren mit gutem Erfolg bei seinen Vorlesungen Kontrollfragen, die im Lauf der Vorlesung über ein elektronisches Rückmeldesystem von den Studenten beantwortet werden. Die Antworten werden in einem zentralen Gerät aufsummiert, prozentual umgerechnet und dem Dozenten angezeigt. Der Dozent kann dadurch laufend kontrollieren, ob sein Stoff aufgenommen und verstanden wurde und ob sein Tempo richtig ist. Eine Anpassung an die gegebene Situation der Informationsverarbeitung durch die Studenten kann durch Änderung des Vortragstempos, durch Wiederholungen etc. flexibel stattfinden. Da die Kontrollfragen vom Dozenten relativ häufig gestellt werden, müssen die Studenten periodisch von passiver auf aktive Mitarbeit umstellen.

Ein ähnliches Rückkopplungssystem hat sich auch dem Autor dieses Buches gut bewährt und wird in Abschnitt 5.5.2.1.b (System MPG) beschrieben.

Bei Lehrveranstaltungen mit kleineren Studentenzahlen ist eine Individualisierung des Unterrichtsgeschehens selbstverständlich leichter durchzuführen als bei großen Hochschulvorlesungen. Über konkrete Erfahrungen berichten z. B. M. Goldschmied [13], D. Starke [33], H. Moser [24], C. Röhling [29], L. Fickert [5] u. a. Systemimmanent ist an technischen Schulen die Kleingruppenarbeit insbesondere bei Laborübungen und in den Werkstätten.

4.6.2 Zum Führungsstil

Die Interaktion in der Studentengruppe, bzw. in der Schulklasse, ist stark vom Führungsstil des Lehrenden abhängig. Es werden insbesondere drei Führungsstile unterschieden:

- **Autoritärer Führungsstil**; ist durch dominantes Verhalten des Lehrenden gekennzeichnet, durch dirigierende Aktivitäten und wenig Verständnis für die Schüler.
- **Sozialintegrativer Führungsstil**; ist durch weniger direktives Verhalten des Lehrenden gekennzeichnet, durch positive Zuwendung, Verständnis für die Schüler.
- **Laissez-faire-Führungsstil**; beruht darauf, daß der Lehrende nicht oder kaum in das Gruppengeschehen eingreift – sich eher distanziert und gewissermaßen als „Beobachter" verhält, jedoch nicht abweisend.

Mit der Auswirkung der genannten Führungsstile auf die Schüler haben sich verschiedene Untersuchungen befaßt, wobei in weitgehender Übereinstimmung festgestellt werden konnte, daß

- bei autoritativer Führung größere Arbeitsmengen bewältigt werden, die Arbeitsfreude der Gruppenmitglieder aber ziemlich gering ist. Autoritativ geführte Schüler sind unselbständiger und zeigen nicht sehr viel Individualität,
- in Gruppen mit Laissez-faire-Führern am wenigsten und auch am schlechtesten gearbeitet wurd,
- bei sozial-integrativer Führung die besten Ergebnisse erreicht wurden. Es entwickelte sich ein freundlicheres Gruppenklima, die Motivation war am größten, die Schüler arbeiteten auch in Abwesenheit des Lehrers selbständig.

Jeder Lehrende hat ein „Gespür" dafür, ob seine Lehrveranstaltung gelungen oder weniger gelungen ist, wann ein gutes Klima herrscht und wann nicht. Neben dieser rein subjektiven Einschätzung gibt es auch bestimmte, wenigstens teilweise objektivierte Instrumente zur Selbstkontrolle und Verhaltensmodifikation. In den letzten Jahren wurden Beobachtungskategorien für eine Interaktionsanalyse bei Lehrveranstaltungen erstellt, die eine Analyse der Unterrichtssituation ermöglichen; bekannt wurde insbesondere das System von N. A. Flanders [7, 8].

Über ein bei Aus- und Weiterbildungsseminaren der IBM verwendetes System der Interaktionsanalyse berichtet W. Thomas [34]; ein sehr ähnliches System hat sich auch bei ingenieurpädagogischen Kursen an der Universität für Bildungswissenschaften in Klagenfurt ziemlich gut bewährt.

Die Protokollierung der Interaktionen erfolgt in einer graphischen Verlaufsdarstellung nach bestimmten Kriterien (Abb. 43). Waagrecht ist die Zeitachse abgebildet, die grobe Unterteilung ist in Minuten, jede Minute ist weiter in sechs gleiche Abschnitte unterteilt. Es wird also im Durchschnitt mit sechs Notationen in einer Minute gerechnet. Die Notationen erfolgen in Form von Punkten, die zu den entsprechenden Kriterien eingetragen werden. Wei-

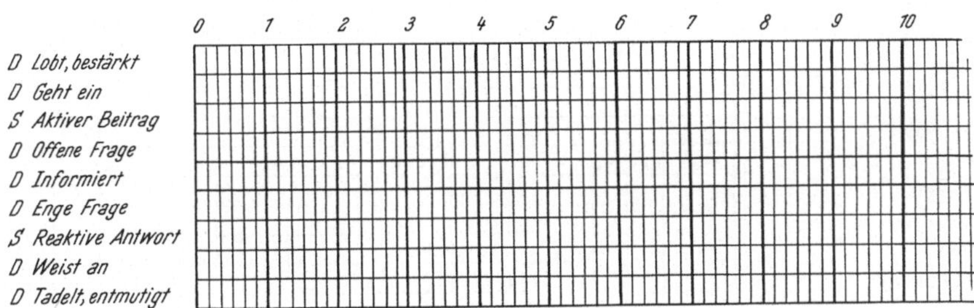

Abb. 43. Unterrichts-Beobachtungsprotokoll: waagrecht Zeitachse; senkrecht Aktivitäten; *D* Dozent; *S* Studenten

tere Bemerkungen können in kurzen Worten oder Symbolen über oder in die Zeilen geschrieben werden. Die Kurzbezeichnungen der einzelnen Kriterien bedeuten folgendes:

D Informiert: der Dozent vermittelt Kenntnisse, präsentiert Informationen

D Lobt: der Dozent lobt den Teilnehmer, bestärkt (z. B. „Richtig", „Ja")

D Geht ein: der Dozent klärt näher die geäußerten Gedanken, entwickelt sie weiter, gibt Hinweise etc. – er geht auf die Teilnehmer ein

D Offene Frage: der Dozent stellt eine Frage, deren Beantwortung den Vollzug eines echten geistigen Prozesses erfordert, z. B.: „Welche Folgen hat das Einschalten dieses Kontaktes?", „Welche Möglichkeiten ergeben sich durch die Verwendung von ...?"

D Enge Frage: der Dozent stellt eine Frage, die nur eine Antwort ermöglicht, z. B. „Ja", „Nein"

D Tadelt: der Dozent tadelt, entmutigt – z. B. dadurch, daß er einen Schüler nicht ausreden läßt, eine gestellte Frage abwürgt etc.

D Weist an: der Dozent gibt Anordnungen, Anweisungen

S Aktiver Beitrag: der Schüler beteiligt sich aktiv, bringt z. B. spontane Beiträge, stellt Fragen etc. Aktive Beiträge können z. B. durch „offene" Fragen des Dozenten, durch merkbare Pausen etc. hervorgerufen werden

S Reaktive Antwort: der Schüler antwortet kurz, überwiegend nach direkter Aufforderung durch den Dozenten. Reaktive Antworten folgen meist auf „enge" Fragen des Dozenten.

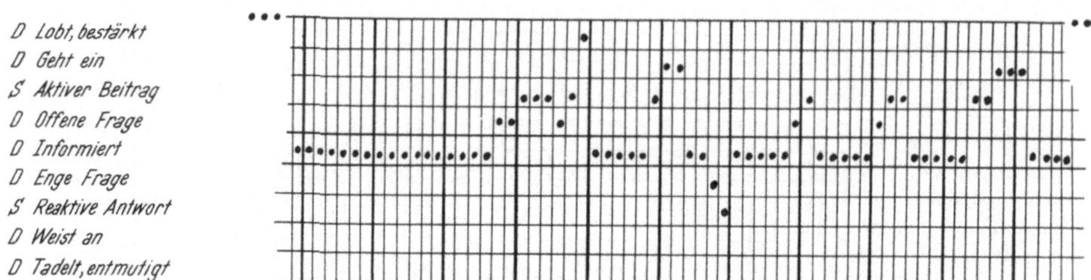

Abb. 44. Beispiel eines ausgefüllten Unterrichts-Beobachtungsprotokolls

In Abb. 44 ist als Beispiel ein ausgefülltes Protokoll gezeigt. Der Dozent hat in den ersten Minuten der Lehrveranstaltung überwiegend Informationen dargeboten und in der Folge ziemlich sozialintegrativ gewirkt, indem viele Lehrer–Schüler-Interaktionen (offensichtlich teilweise durch „offene" Fragen und Lob des Dozenten initiiert) stattgefunden haben.

Der Lehrende kann das angedeutete Beobachtungssystem verwenden, wenn er den Unterricht eines anderen oder eine Tonbandaufnahme seines eigenen analysieren will. Vorteilhaft sind Video-Aufzeichnungen; diese ermöglichen eine Analyse der sprachlichen sowie der nichtsprachlichen (Mimik, Gestik, Körperhaltung etc.) Verhaltensweisen der Kommunikationspartner.

Durch die Interaktionsanalyse bekommt der Dozent objektiviert die Art seiner Einflußnahme auf die Adressaten zurückgespiegelt – er erfährt, wie seine Schüler oder Studenten sein Verhalten wahrnehmen und wie sie darauf reagieren, er erfährt, welche Effekte sein Lehrstil hervorruft, was er in Anbetracht seiner Lehrziele bewirkt usw. Es ist ein Ansatz gegeben, auf wissenschaftlich kontrollierter Basis ein effektives Lehrerverhalten ausfindig zu machen.

4.7 Zur Persönlichkeit des Lehrers technischer Fächer

Unterrichtstätigkeit wird nie vollständig algorithmiert, formalisiert werden können; die Rolle des Lehrers wird sich sicher mit der Zeit ändern, der Lehrer wird sich aber seine Position bewahren. Ist doch jeder Unterricht nicht nur Vermittlung von Wissen, Können und Fertigkeiten, sondern auch Ausbildung der Persönlichkeit durch eine Persönlichkeit. Das „Ganzheitliche" des komplexen Unterrichtsgeschehens fließt, eingebettet in einen spezifischen persönlichen Vermittlungsbezug, in der Lehrerpersönlichkeit zusammen.

Lehrende technischer Fächer sind in der Regel Akademiker, meistens Diplomingenieure mit einer mehrjährigen Industriepraxis. Am Anfang der Lehrtätigkeit können bei diesen Personen gute, dem Stand der Technik entsprechende Kenntnisse in der jeweiligen Fachrichtung vorausgesetzt werden. Kenntnisse und Erfahrungen aus dem Bereich der Bildungswissenschaften können demgegenüber in den meisten Fällen nicht vorausgesetzt werden – diese muß sich der Techniker und zukünftige Dozent einer technischen Schule, Hochschule oder anderen Aus- bzw. Weiterbildungsinstitution erwerben.

Jeder Beruf hinterläßt eine bestimmte Prägung, hat einen Einfluß auf die Entwicklung bestimmter Eigenschaften des den Beruf ausübenden Menschen. Um die wichtigsten Adaptationsprobleme eines Ingenieurs an den Beruf eines Dozenten zu finden, lassen Sie uns versuchen, einen groben Vergleich zwischen dem Beruf eines Ingenieurs und dem Beruf eines Mittelschulprofessors allgemeinbildender Schulen durchzuführen. Diesen Vergleich wollen wir nur als allgemeines Beispiel verstehen, nur einige typische Eigenschaften betrachten, und wollen keinenfalls den Anspruch auf Vollständigkeit erheben. Wir müssen uns selbstverständlich der Gefahr einer leichtfertigen und nicht gerechtfertigten Generalisierung bewußt sein.

4.7.1 Denkmodelle

Der Diplomingenieur sowie der Mittelschulprofessor haben sich im Laufe ihrer Ausbildung sowie während der Berufspraxis eine bestimmte, mehr oder weniger typische „Sprache“, bestimmte charakteristische Denkmodelle angeeignet.

Das Denken des Ingenieurs ist konkret, er ist gewöhnt, seine Gedanken zu einem realen, meßbaren Abschluß, zur praktischen Realisierung zu führen. Er konzentriert sich bei seiner Tätigkeit ganz auf sein Ziel, auf den Gegenstand oder auf das Gerät, welches er entwickelt oder dessen Produktion er garantieren soll.

Die Aufmerksamkeit des Professors beim Unterricht ist geteilt. Er denkt einerseits an das Problem, welches er gerade unterrichtet, andererseits verfolgt er die Tätigkeit und die Reaktionen seiner Schüler. Beim Unterrichtsprozeß handelt es sich ja im Endeffekt nicht um das Lehren des Professors, sondern um das Erlernen des Stoffes durch den Schüler. Der Lehrende muß sich in den Schüler hineindenken, dessen Psyche, seinen Entwicklungsstand, seine Vorkenntnisse berücksichtigen. Gerade dieses Anpassen an das logischerweise niedrigere Wissensniveau der Schüler fällt vielen Ingenieuren bei der Ausübung des Lehramtes nicht leicht. Manche Diplomingenieure haben sogar den Eindruck, daß ihr intellektuelles Niveau an einer technischen Lehranstalt nicht genügend genützt wird.

4.7.2 Verhaltensformen, Autorität

Bei Personen in leitender Stellung entwickeln sich mit der Zeit bestimmte Formen des Umganges mit anderen Menschen. So haben auch der Ingenieur und der Professor eine bestimmte positionsabhängige soziale Rolle. Manche Ingenieure eignen sich eine nachdrückliche Form bei der Formulierung ihrer Wünsche und Anweisungen an. Dies ergibt sich oft als Notwendigkeit bei der Durchsetzung wichtiger, unaufschiebbarer, dringlicher Aufgaben. Eine solche Umgangsform mag im Arbeitsprozeß des Technikers oft erforderlich sein, wirkt aber im Erziehungsprozeß, bei der Erziehung bewußt disziplinierter Menschen, nicht immer fördernd. Einer auf „Überzeugen" basierenden Methode beim Unterricht ist der Vorrang vor der Forderung eines spontanen Gehorsams zu geben.

Der Lehrer übt seine leitende Funktion unter anderen Verhältnissen als der Ingenieur aus. Er ist seinen Schülern meist in jeder Hinsicht übergeordnet (Alter, Bildung, Entwicklung und Erfahrung), die Schüler sind von ihm stark abhängig. Beim Lehrer besteht daher leicht die Gefahr anderer unangebrachter Haltungen als beim Ingenieur (der mentorierende Lehrer mit dem warnend erhobenen Zeigefinger).

Beim Ingenieur ist die Gefahr solcher Deformationen geringer, in seiner technischen Praxis konnte er seine Autorität nur schwer ex cathedra durchsetzen. Seine Position in der Atmosphäre der Industrie ist nicht so ausschließlich wie die des Lehrers in seiner Klasse. Der Ingenieur verkehrt mit den verschiedensten Menschen, mit Menschen verschiedenen Alters (häufig älteren als er selber), mit Menschen unterschiedlicher Qualifikation und Erfahrung und stark unterschiedlicher gesellschaftlicher Position. Auch wenn der Ingenieur aus seiner Praxis nützliche Erfahrungen im Umgang mit Menschen in seinen neuen Beruf mitbringt, muß er sich noch eine Reihe neuer Erkenntnisse für die Arbeit mit Studenten bzw. Schülern aneignen.

4.7.3 Diskussions- und Sprachgewandtheit

Bei einigen Berufen bildet die Diskussion einen wichtigen Bestandteil der Weiterentwicklung der gegebenen wissenschaftlichen Disziplin. Philosophen, Philologen u. a. begreifen die Diskussion als selbstverständlichen Bestandteil ihres Arbeits- bzw. Bildungsprozesses. Für den Juristen ist der sprachliche Zweikampf häufig ein Schleifen seiner professionellen Waffen. Auch der Mittelschulprofessor allgemeinbildender Fächer glänzt manchmal gern durch seinen Witz und seine Bildung. Die humanistische Ausbildung hat dem Mittelschulprofessor allgemeinbildender Schulen eine gewisse Vorliebe am Spiel mit Worten und Gedanken gegeben, manchmal gibt er sich mit verbalen, akademischen Problemlösungen zufrieden.

Der Ingenieur arbeitet mit der Materie, er lebt mit Geräten, Experimenten, Formeln und Berechnungen. In seiner Welt ist das Wort kurz, konkret und prägnant, das Spielen mit Worten ist dem Techniker fremd und verzaubert ihn nicht. Den Techniker interessieren Fakten und deren Verwendung für die exakte und konkrete technische Praxis, er verabscheut Diskussionen, die nicht rasch zu konkreten Ergebnissen führen.

Beim Unterricht spielt das Wort, auch beim derzeitigen großen Angebot visueller und anderer Hilfsmittel, noch immer eine sehr wichtige Rolle. Der Lehrer muß die Fähigkeit haben, klar, verständlich und überzeugend zu sprechen. Er soll aber nicht nur selbst gut erklären können, sondern er soll auch fähig sein, die Schüler zu einer offenen und verständlichen Meinungsäußerung zu führen und Voraussetzungen für einen freien Dialog herbeizuführen.

Aus diesen Überlegungen ergibt sich eine weitere Forderung an den Techniker im Lehramt: das Aneignen bzw. Vertiefen bestimmter Kenntnisse und Fertigkeiten aus dem Bereich der Rhetorik.

Alle diese Kenntnisse sowie viele andere aus dem Bereich der Methodik soll und kann sich der interessierte Techniker aneignen. Seine Autorität bei den Studenten, welche auf der Anerkennung seiner hohen fachlich-technischen Qualifikation basiert, wird durch seine persönliche Initiative als Lehrender, durch sein Verständnis der Probleme der Lehre der Technik vertieft und bestätigt werden. **Hier möchte ich auf die Notwendigkeit eines ingenieurpädagogischen „Teacher Training“ hinweisen [22].** Im Zuge des Zusammenwachsens Europas hat sich ein internationales Qualifikationsprofil für Technikdozenten etabliert. Es bildet die Grundlage für das Berufsregister „European Engineering Educator – Europäischer Ingenieurpädagoge ING-PAED IGIP“ [25].

4.8 Zusammenfassung; Praxis-Tips

Sehr wichtig für die erfolgreiche Vermittlung von Informationen ist die Kenntnis der Adressatengruppe (Zielgruppe), an welche Ihr Vortrag gerichtet ist bzw. für die Ihr Unterricht bestimmt ist. Berücksichtigen Sie womöglich immer die wichtigsten psychologischen Merkmale Ihrer Adressaten sowie das soziale Umfeld Ihrer Veranstaltung. Aus dieser Sicht sollten Sie insbesondere folgendes beachten:

✎ ***Vermeiden Sie Hetze, gehen Sie nicht zu schnell vor.***

Wenn im Unterricht die angemessene „Zuflußgeschwindigkeit“ der Informationen in das Bewußtsein der Adressaten überschritten wird, werden diese überlastet und verwirrt (s. Abschn. 4.2.2).

✎ ***Verwenden Sie kurze Sätze.***

Wenn Ihre Sätze lang und verschachtelt sind, überschreiten Sie leicht die „Gegenwartsdauer" des Bewußtseins Ihrer Adressaten. Verständnis wird dadurch erschwert. Auch zu lange Fragen des Lehrers erschweren die Beantwortung (s. Abschn. 4.2.2).

✎ ***Wiederholen Sie den Lehrstoff – insbesondere seine wichtigsten Teile.***

Die Zuflußgeschwindigkeit der Informationen in das Gedächtnis Ihrer Zuhörer ist kleiner als die Zuflußgeschwindigkeit in das Bewußtsein. Durch wiederholte variierte (mit wechselnder Betonung, mit anderen Worten und Beispielen usw.) Darbietung des Lehrstoffes wird eine Anpassung an die langsamere Lerngeschwindigkeit (Zuflußgeschwindigkeit ins Gedächtnis) erreicht (s. Abschn. 4.2.2). Beginnen Sie mit den ersten Wiederholungen bald nach dem Lernen (s. Abschn. 4.3.2).

✎ ***Leiten Sie Ihre Adressaten zur Anfertigung von Exzerpten an.***

Durch Schreiben während des Lernens (Anfertigung von Exzerpten) kann die Aufnahme des zu Lernenden ins Bewußtsein verlangsamt und damit an die Zuflußkapazität zum Gedächtnis angenähert werden (s. Abschn. 4.2.2).

✎ ***Lenken Sie Ihre Adressaten nicht ab.***

Die Darbietung von „Störinformationen", etwa durch auffälliges äußeres Verhalten des Lehrers, oder durch sein „lautes Denken" an der Tafel an unwichtigen Stellen usw. hat zur Folge, daß (wegen der begrenzten Aufnahmekapazität der Teilnehmer) weniger „gewünschte" Information aufgenommen werden kann (s. Abschn. 4.2.2).

✎ ***Regen Sie zum „Problemlösen" an.***

Bei Problemlösungs-Aufgaben werden Sachverhalte länger im Bewußtsein gegenwärtig gehalten, wodurch die Wahrscheinlichkeit ihrer Aufnahme ins Gedächtnis steigt (s. Abschnitt 4.2.2).

✎ ***Übertreiben Sie Ihre Ansprüche nicht.***

Inhaltlich zu anspruchsvolle Darstellungen demotivieren – ebenso wie zu einfache. Mittlerer Schwierigkeitsgrad ist am stärksten motivierend (s. Abschn. 4.4).

✎ ***Machen Sie Pausen.***

Die Vortragsdauer darf die Adressaten nicht überstrapazieren. Zeitspannen konzentrierter Aufmerksamkeit sollen nicht überdehnt werden (s. Abschn. 4.5).

✎ ***Berücksichtigen Sie die Tageszeit.***

An den menschlichen Leistungstiefpunkten – tagüber insbesondere am frühen Nachmittag (s. Abschn. 4.5) – sollen monodirektionale Aktivitäten des Lehrenden (Monologe) möglichst nicht angeboten werden.

✎ ***Haben Sie keine Angst***

Vortragende dürfen keine Angst haben! Ängste verhindern natürliches Auftreten, erlauben Ihnen nicht den vollen Einsatz aller Fähigkeiten. Außerdem: Einer Lerngruppe bleibt nahezu nichts verborgen. Es gibt kaum eine sprachliche oder nichtsprachliche Mitteilung (auch wenn sie unbewußt ausgesendet wird), die nicht wahrgenommen wird.

✎ ***Bemühen Sie sich um eine freundliche Atmosphäre.***

Angenehme Umstände fördern den Lernprozeß. Dabei werden nicht nur rationale, sondern insbesondere auch emotionale Einflüsse wirksam. Seien Sie nicht autoritär, aber lassen Sie auch nicht die Zügel schleifen. Bemühen Sie sich um den meist wirkungsvollsten sozial-integrativen Führungsstil (s. Abschnitt 4.6.2).

Literatur

1. Atkinson, J.: Motives in Fantasy, Action and Society. Princeton, N. Y., 1958.
2. Buchberger, E.: Unterricht und Ermüdung. Siemens AG, Berlin und München, 1974.
3. Eckstein, B.: Gruppenzentrierter Unterricht in den Ingenieurwissenschaften. In: Melezinek (Hrsg.), „Die Technik und ihre Lehre". Verlag J. Heyn, Klagenfurt, 1974.
4. Epprecht, G.: Vorlesungskurs mit elektronischem Rückmeldungssystem. In: Melezinek (Hrsg.), „Die Technik und ihre Lehre". Verlag J. Heyn, Klagenfurt, 1974.
5. Fickert, L.: Gruppenarbeit im Übungsgebiet einer Großvorlesung. In: Melezinek (Hrsg.), „Die Technik und ihre Lehre". Verlag J. Heyn, Klagenfurt, 1974.
6. Fischer, H.: Die sozialen Bezüge im Unterricht. In: Fischer (Hrsg.), „Lehren und Lernen im Gymnasium". Verlag H. Huber, Bern, Stuttgart, Wien, 1971.
7. Flanders, N.: Interaction Models and Critical Teaching Behaviors. In: Amidon und Haugh (Hrsg.), „Interaction Analysis Theory, Research and Application". Reading, Mass., 1967.

8. Flanders, N.: Interaction Analysis in the Classroom: A Manual for Observes. Minnesota College of Eduaction, 1960.
9. Frank, H.: Kybernetische Grundlagen der Pädagogik, 2. Aufl. AGIS-Verlag, Baden-Baden, 1969.
10. Frank, H., und Meder, B.: Einführung in die kybernetische Pädagogik. Deutscher Taschenbuch-Verlag, München, 1971.
11. Frank, H. (Hrsg.): Kybernetik – Brücke zwischen den Wissenschaften. Umschau-Verlag, Frankfurt/Main, 1970.
12. Gagné, G.: Die Bedingungen des menschlichen Lernens, 3. Aufl. Herm. Schroedel Verlag, Hannover, Darmstadt, Dortmund, Berlin, 1973.
13. Goldschmied, M.: Studenten als Lehrer – Partner-Unterricht an der Hochschule. In: Melezinek (Hrsg.), „Fortschritte der Ingenieurpädagogik". Verlag Heyn, Klagenfurt, 1976.
14. Graf; O.: Arbeitszeit und Arbeitspause. In: „Handbuch der Psychologie", Bd. 9. Göttingen, 1961.
15. Hanke, B., Mandl, H., und Prell, S.: Soziale Interaktion im Unterricht. R. Oldenbourg Verlag, München, 1973.
16. Heckhausen, H.: Förderung der Lernmotivierung und der individuellen Tüchtigkeiten. In: Roth (Hrsg.), „Begabung und Lernen". Stuttgart, 1969.
17. Heinemann, P.: Grundriß einer Pädagogik der nonverbalen Kommunikation. A. Henn Verlag, Kastellaun, 1976.
18. Heintel, P.: Das ist Gruppendynamik. Wilhelm Heyne Verlag, München, 1974.
19. Linhart, J.: Psychologie uˇcení. Státní pedagogické nakladatelství. Praha, 1967.
20. Maddox, H.: How to Study. London, 1963.
21. McClelland, D., Atkinson, J., Clark, R., und Lowell, E.: The Achievement Motive. New York, 1953.
22. Melezinek, A.: A Model for Educational Training of Technical Teachers: In: International Journal of Applied Engineering Education, Vol. 5, No. 6, 1989.
23. Melezinek, A.: Zum ingenieurpädagogischen Versuchs-postgraduate-studium für Lehrer Höherer technischer Lehranstalten Österreichs. In: Melezinek (Hrsg.), „Die Technik und ihre Lehre". Verlag J. Heyn, Klagenfurt, 1974.
24. Moser, H.: Projektorientierte Kleingruppenarbeit am Beispiel von praktischer Mathematik für Ingenieure. In: Melezinek (Hrsg.), „Fortschritte der Ingenieurpädagogik". Verlag J. Heyn, Klagenfurt, 1976.
25. Melèzinek, A.: A Contribution to the Quality of Technology Teaching: IGIP's Qualifications Profile and Professional Register „Der Europäische Ingenieurpädagoge – The European Engineering Educator ING-PAED IGIP". In: Melezinek (Hrsg.), „25 Jahre Internationale Gesellschaft für Ingenieurpädagogik – Who is Who". Leuchtturm Verlag (LTV), D-64660 Alsbach/Bergstraße, 1997
26. Naef, R.: Lernpsychologie. In: Fischer (Hrsg.), „Lehren und Lernen im Gymnasium". Verlag H. Huber, Bern, Stuttgart, Wien, 1971.
27. Piaget, J.: La psychologie de l'intelligence. A. Colin, Paris, 1961.
28. Riedel, H.: Psychostruktur. Verlag Schnelle, Quickborn, 1967.
29. Röhling, C.: Die Bedeutung des Praktikums für die Lehre der Elektrotechnik. In: Melezinek (Hrsg.), „Fortschritte der Ingenieurpädagogik". Verlag J. Heyn, Klagenfurt, 1976.
30. Rys, S.: Základy didaktiky. Prag, 1960.
31. Schmidtke, H.: Die Ermüdung – Symptome, Theorien, Meßversuche. Bern, Stuttgart, 1965.

32. Seiser, J.: Gruppenunterricht und Bildung von Labor-Gruppen nach soziometrischen Erkenntnissen. In: Melezinek (Hrsg.), „Ingenieurpädagogik und Computereinsatz". Verlag J. Heyn, Klagenfurt, 1975.
33. Starke, D.: Organisation der Übung zur Vorlesung Physik für Ingenieure. In: Melezinek (Hrsg.), „Fortschritte der Ingenieurpädagogik". Verlag J. Heyn, Klagenfurt, 1976.
34. Thomas, W.: Die pädagogische Ausbildung der Dozenten bei der IBM Deutschland. In: Melezinek (Hrsg.), „Die Technik und ihre Lehre". Verlag J. Heyn, Klagenfurt, 1974.
35. Vontobel, J.: Lernmotivierung und Leistungsmotivation. In: Fischer (Hrsg.), „Lehren und Lernen im Gymnasium". Verlag H. Huber, Bern, Stuttgart, Wien, 1971.

5
Unterrichtstechnologie im technischen Unterricht

Lehren und Lernen bedürfen der Vermittlung verschiedenster Informationen und Anregungen. Als Vermittler oder/und Träger von Informationen im Unterrichtsprozeß – d.h. als Unterrichtsmedien – können neben Personen auch nichtpersonale Vermittler aufscheinen. Mit diesen nichtpersonalen Medien, den sogenannten unterrichtstechnologischen Geräten, Einrichtungen und Systemen, befaßt sich dieses Kapitel.

In einer Übersicht der wichtigsten Geräte und Einrichtungen werden deren Funktion und insbesondere deren Einsatzmöglichkeiten im Bildungswesen dargestellt.

5.1 Zur Struktur der unterrichtstechnologischen Geräte, Einrichtungen und Systeme

Als Gegenstand der Unterrichtstechnologie wollen wir alle technischen Geräte, Einrichtungen und Systeme verstehen, die zur Gestaltung des Unterrichts beitragen. Die unterrichtstechnologischen Geräte, Einrichtungen und Systeme bilden ein sehr breites Spektrum mit einem vielschichtigen Gefüge. Wir bewegen uns hier in einem Gebiet, welches von den einfachsten realen Objekten, Modellen, Schultafeln über Overhead-, Dia-, Film- und andere Projektoren, Tonbandgeräte, Sprachlehranlagen bis zu Videogeräten und Computern reicht.

Eine systematische, trennscharfe Klassifizierung dieser Geräte und Einrichtungen ist nicht einfach und kann wahrscheinlich ohne gewisse Überlappungen gar nicht vorgenommen werden. Eine mögliche Unterteilung zeigt Abb. 45.

„Nichtadaptive“ unterrichtstechnologische Geräte sind mit der monodirektionalen Kommunikation verbunden, d.h. sie basieren auf der Informationsübertragung überwiegend vom Lehrsystem zum Lernsystem.

„Adaptive“ unterrichtstechnologische Geräte sind in ihren Funktionsmöglichkeiten mit der bidirektionalen Kommunikation verbunden. Sie ermöglichen nicht nur die Übertragung von Informationen vom Lehr- zum Lernsystem, sondern auch die Vermittlung von Informationen vom Lernsystem zum Lehrsystem. Durch die Möglichkeit dieser Rückkoppelung (Feedback) ergibt sich die Möglichkeit der Adaptivität (Anpassung) der Lehr/Lern-Vorgänge zwischen Lehr- und Lernsystem.

Nach einer in der letzten Zeit immer häufigeren Terminologie, könnte man die große Gruppe der „nichtadaptiven“ Geräte auch als herkömmliche

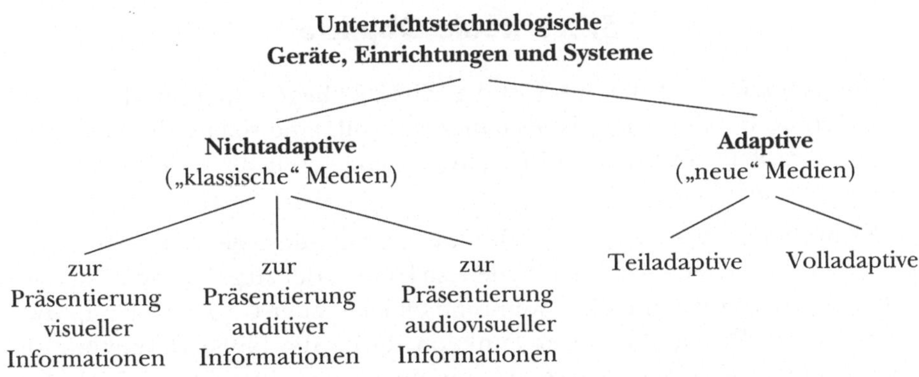

Abb. 45. Unterteilung der unterrichtstechnologischen Geräte, Einrichtungen und Systeme

oder **„klassische Medien“** bezeichnen, die Gruppe der „adaptiven“ Geräte dann als **„neue Medien“**.

Diese Termini beinhalten sowohl Kontinuität als auch Wandel. Kontinuität liegt im Begriff „Medium“. Sowohl die „klassischen“, als auch die „neuen“ Unterrichtsmedien verstehen wir als Träger und/oder Vermittler von Informationen.

Der Wandel liegt im Innovationsschub bei den technischen Möglichkeiten. **Neue Medien** sind zum Unterschied von den **klassischen Medien** überwiegend „elektronische“ Medien. Sie verfügen über höhere Speicherdichten und kürzere Informationsverarbeitungszeiten und ermöglichen häufig relativ einfach Interaktivität (Rückkoppelung, Feedback, Adaptivität).

Typisch für die neuen Medien ist insbesondere der Einfluß der modernen Informations- und Kommunikationstechnologien. Computer- und Fernsehtechnik finden wir bei den neuen unterrichtstechnologischen Geräten, Einrichtungen und Systemen häufig in einer engen Symbiose.

Wir beginnen in den nächsten Abschnitten (5.2–5.4) mit der Darstellung der „klassischen“ Medien und werden dieses Kapitel mit einer Übersicht der „neuen“ Medien (5.5) abschließen.

5.2 Die klassische „visuelle“ Gerätefamilie und ihr Einsatz im Unterricht

Diese Gerätefamilie können wir grob in zwei Gruppen unterteilen, in nichtprojizierte – bzw. nichtprojizierende – und projizierte – bzw. projizierende– Geräte. Wir wollen unsere Übersicht mit den nichtprojizierten Geräten und Einrichtungen beginnen.

5.2.1 Reale Objekte

Für die menschliche Erkenntnis ist die „direkte“ Begegnung mit der Realität sehr wichtig. Im Unterricht ist es daher sinnvoll, eine solche direkte Begegnung mit realen Objekten und Gegenständen, soweit diese den Lehrinhalt bilden, zu ermöglichen.

Nicht immer ist es aber möglich und sinnvoll, die realen Objekte in den Unterricht zu bringen – z. B. wenn diese zu kleine oder zu große Abmessungen haben, oder in solchen Fällen, wenn die Objekte oder Geräte so kompliziert sind, daß ein Verständnis ihrer Funktion durch die bloße Darbietung des Objektes nicht gut erreicht werden kann. In solchen Fällen ist es erforderlich, anstelle oder womöglich zusätzlich zu den gegebenen Objekten deren Abbildungen oder/und deren Modelle darzubieten.

5.2.2 Modelle

Bei einer modellhaften Darstellung handelt es sich im Prinzip um einen solchen Übergang von einer Situation zu einer anderen, bei der **bestimmte Erscheinungsformen der Originalsituation weggelassen werden**. Preisgegeben werden solche Erscheinungsformen der Originalsituation, die man didaktisch als überflüssig oder sogar als störend auffaßt.

Nachdem Modelle eine Vereinfachung des originalen Objektes darstellen, sollte im Unterricht darauf geachtet werden, daß die Verbindung zur realen Situation nicht verloren geht. Lassen Sie uns diese Problematik anhand eines in [5] beschriebenen Beispieles illustrieren – aus der Ausbildung von Automechanikern, insbesondere von Autoelektrikern.

Ein Lehrziel dieser Ausbildung lautet: „Fähigkeit, eine durch schlechtes Funktionieren des Unterbrechers entstandene Beleuchtungspanne an drei bestimmten Motortypen nach optimalen Verfahren in ihrer Ursache zu erkennen und mit dem Spezialwerkzeug zu reparieren".

Dieses Ziel könnte man z. B. auf folgenden Wegen angehen:

- den Lehrling dem Fehler gegenüberstellen, so wie er eben am Kraftfahrzeug des Kunden bei den drei Motortypen auftritt;
- den Fehler an drei Kraftfahrzeugen, die ständig in der Lehrwerkstätte situiert sind, hervorrufen;
- den Fehler an drei in der Lehrwerkstätte vorhandenen Motoren hervorrufen. Dabei wird von der Annahme ausgegangen, daß die Karosserie des Kraftfahrzeuges, die Räder etc. nichts mit dem Fehler und seiner Auffindung zu tun haben;
- den Fehler an einem Hybridmodell eines Motors, an dem nur die elektrischen Stromkreise beibehalten wurden, hervorrufen. Dabei wird von der Annahme ausgegangen, daß die drei Motoren keine wesentlichen Unterschiede aufweisen, wenn es sich darum handelt, einen Fehler des Unterbrechers zu suchen;
- den Fehler an einem Modell der alleinigen elektrischen Schaltung hervorrufen. Dabei wird davon ausgegangen, daß die Hauptschwierigkeit in der Diagnostik, d. i. in der Wahl eines Verfahrens zur Fehlersuche liegt, und daß dieses Verfahren bei Kraftfahrzeugen verschiedener Herkunft kaum abweicht. Hier wird vom Bezug auf einen realen Motor abgesehen, für einen Teil des Lehrprogrammes ein spezielles Modell verwendet, aber für den Lehrling eine Übungsphase an einem wirklichen Motor vorgesehen.

Es werden komplizierte und aufwendige Modelle angeboten, oft kann man aber auch mit einfachen und preiswerten Modellen das Auslangen finden. Man kann auch die Schüler selbst Modelle herstellen lassen – dadurch kann ein sehr gründliches Verständnis des Aufbaues und der Funktion des gegebenen Gerätes erreicht werden.

5.2.3 Einrichtungen und Geräte für Versuche

Hier kann zwischen Einrichtungen für die Versuchsdemonstration und für selbständige Schüler- bzw. Studentenübungen unterschieden werden. Demonstrationsversuche werden heute vielfach durch audiovisuelle Hilfsmittel (z. B. TV, Computer) unterstützt und leiten zu den eigentlichen Schülerübungen über.

Von verschiedenen Firmen werden für Versuche aus einzelnen Bausteinen bestehende Systeme angeboten. Die elektrischen bzw. elektronischen „Bausteine“ tragen oft auf der Oberfläche das Schaltsymbol des, bzw. der, eingebauten Elemente und werden in einzelnen Schritten zu funktionsfähigen Modellen zusammengestellt. Solche Übungssysteme gibt es fast für alle technischen Bereiche – für die Mechanik, Optik, Akustik usw.

Bei den an technischen Schulen häufigen Laborübungen ist an den verwendeten Einrichtungen und Geräten ein fließender Übergang von Unterrichtstechnologie und „echter Technik“ deutlich sichtbar. Technologie in der Ausbildung und in der industriellen Entwicklungspraxis können sich hier weitgehend überlappen. Viele Versuchseinrichtungen und -geräte werden von Lehrenden und Lernenden selbst entworfen und erstellt. Ein solcherart selbstentwickeltes Labor-Übungssystem beschreibt z. B. A. Haug [13]. Das von ihm beschriebene System wurde aus einem industriellen Einschubsystem abgeleitet, so daß zu diesem Kompatibilität auch in der Konstruktion besteht; die einzelnen Aufbauten können in Gruppen gestufter Komplexität eingeteilt werden.

Nicht nur bei der Planung und Realisierung von Laborübungen, sondern auch bei der gesamten Einrichtung von Labors technischer Schulen wirken Lehrende dieser Schulen häufig entscheidend mit. Über die Planung eines Nachrichten-Labors für eine Höhere technische Lehranstalt berichtet z. B. R. Just in [18]. Bei der Einrichtung dieses Labors haben auch Schüler aktiv mitgewirkt – der pädagogische Wert einer solchen Teamarbeit an sinnvollen Projekten ist beachtlich.

5.2.4 Gedruckte Lehr- und Lernbehelfe

Hierher gehören in erster Reihe die verschiedenen **Lehrbücher**. Wenn man früher von Lehrbüchern sprach, meinte man einfach die gedruckten und gebundenen Stoffsammlungen für den Unterricht in der Hand des Schülers oder Studenten. Heute ist das anders – das moderne Lehrbuch muß seine

Aufgaben im Verbund mit vielen anderen Unterrichtsmedien erfüllen. Das Lehrbuch hat eine spezifische Funktion in einem Verbund von Lehr- und Lernmitteln zu erfüllen.

In den letzten Jahren wurden verschiedene Lehrbücher im Sinn des sogenannten Programmierten Unterrichtes (s. Kap. 6) gestaltet, auch der Form der Bücher (Typographie, Illustrationen etc.) wird mehr Aufmerksamkeit gewidmet.

Unter der Bezeichnung **„Arbeitsbücher"** werden manchmal schriftliche Materialien verstanden, welche sich z. B. auf ein bewährtes technisches Fachbuch beziehen und dieses in seiner Funktion als Stoffsammlung durch Lernzielbeschreibungen, Lernfragen, Kontrollfragen mit Lösungen etc. didaktisch ergänzen.

Sogenannte **Arbeitsblätter** oder Arbeitsmappen bestehen z. B. aus einem Ringordner, in dem unbeschriftete Skizzen, Diagramme etc. eingeheftet sind. Die entsprechenden vollständigen Skizzen und Diagramme werden dann im Laufe der Lehrveranstaltung z. B. mit dem Overheadprojektor projiziert und erarbeitet, wobei die Lernenden die unvollständigen Skizzen nur zu ergänzen und vervollständigen brauchen. In den Ringordner können beliebig viele Schreibblätter für weitere Bemerkungen eingesetzt werden, so daß zuletzt beim Studenten eine ausführliche und komplette Mitschrift vorhanden ist. Über seine langjährigen Erfahrungen mit solchen und ähnlichen Arbeitsblättern an einer Höheren technischen Lehranstalt berichtet z. B. F. Heger in [14, 15]. Über im Prinzip ähnlich gestaltete Arbeitsblätter, sogenannte „Halbskripten", berichtet K. Langeheinecke in [19].

In diese Gruppe von Lehr- und Lernbehelfen wollen wir auch die sogenannten **Wandbilder** (Lehrbildtafeln) einreihen; es sind dies direkt auf Leinwand oder Karton gedruckte, für Lehr- und Lernzwecke bestimmte Darstellungen. Das den Unterricht ergänzende Wandbild (für übliche Klassenzimmer sollte es etwa 1,5 × 1,5 m groß sein) sollte erst dann präsentiert werden, wenn der visualisierte Lehrstoff zur Sprache kommt. Nachher kann es einige Zeit im Unterrichtsraum hängen bleiben und dadurch den Lehrstoff den Schülern länger vor Augen halten. Eine dauernde „Ausschmückung" des Unterrichtsraumes mit Wandbildern bringt aber meistens keinen positiven didaktischen Effekt.

5.2.5 Tafeln

Ich verwende hier absichtlich nicht den traditionellen Begriff „Schultafel", nachdem dieser häufig noch mit der Assoziation „schwarzes Brett" verbunden ist. Moderne Tafeln (man könnte sie als „Systemtafeln" bezeichnen) bilden durch ihre vielseitige Konstruktion ein wertvolles Hilfsmittel für den Unterricht.

Die **Tafel** erfüllt die Funktion eines Kurzzeitspeichers für visuelle Informationen, d. h. für Informationen, die nicht für längere Zeit unterrichtlich wirksam zu bleiben brauchen. Die Tafel ist eines der einfachsten Mittel für den Lehrenden, sein gesprochenes Wort durch graphische Darstellungen zu unterstützen. Zu den Vorteilen der Tafel gehören z. B. neben ihrer Dauerhaftigkeit die einfache Handhabung, die Möglichkeit des augenblicklichen Einsatzes ohne Verdunkelung, ohne Vorbereitung elektrischer Anschlüsse etc. Von Nachteil ist bei der Tafel, daß sich der Lehrende beim Schreiben von den Adressaten abwenden muß, gleichfalls ein erläuterndes Besprechen während des Schreibens auf der Tafel ist schwierig.

Manche Tafelausführungen haben neben der Beschreibbarkeit noch den Vorteil der Haftung. **Hafttafeln** werden mit verschiedenen Oberflächen gefertigt. Bei sogenannten **Tuchtafeln** besteht die Haftwirkung auf der Haftfähigkeit von angerauhten Materialien (Sandpapier, Filz, Flanell) an der flanellartigen Tafeloberfläche. **Magnettafeln** haben als Haftgrund eine dauermagnetische, d. i. magnetisierte Fläche, auf welcher eisenhaltige Gegenstände haften. Von Lehrmittelherstellern werden eisenhaltige und eisenbeschichtete Papiere und Folien angeboten, aus denen verschiedene Figuren ausgeschnitten werden können, mit denen auf der Tafel manipuliert werden kann.

Magnethafttafeln haben als Haftgrund Stahl- oder Eisenbleche und sind dadurch Haftgrund für Permanentmagnete, spezielle Magnetpapiere etc.

Als **Flipchart** wird im englischen Sprachraum eine spezielle Tafelform bezeichnet welche wir etwa als „Papierständer“ bezeichnen könnten. Es handelt sich meistens um ein dreibeiniges zusammenklappbares Gestell mit fest montierter Schreibunterlage. Auf diesem Gestell werden Papierblätter (meist etwa 70 × 100 cm) befestigt welche vom Lehrer (oder auch von den Schülern) mit Filzstiften beschrieben werden. Flipcharts sind im Gegensatz zu üblichen Tafeln leicht transportierbar, gut für die Arbeit in Gruppen geeignet und sind auch leicht selbst ins Freie mitzunehmen. Die beschriebenen Papierblätter werden nicht gelöscht, sie können durch Umblättern leicht aus dem Sichtfeld gebracht und wenn erforderlich leicht wieder hervorgeholt werden.

Pinwände bestehen aus beschichtetem Hartschaum oder ähnlichem Material auf dem sich mit Hilfe von Stecknadeln (pins) leicht schriftliche Unterlagen befestigen lassen. Alle angenadelten Papiere sind mit wenigen Handgriffen leicht umzuhängen.

Bevor mit der **Schreib- oder Zeichenarbeit auf der Tafel** begonnen wird, sollte diese einwandfrei sauber sein. Für die erforderliche Schriftgröße wird in [1] die in Abb. 46 dargestellte Empfehlung angegeben. Jedenfalls muß die graphische Darstellung ordentlich gestaltet werden; bei der Beschriftung soll-

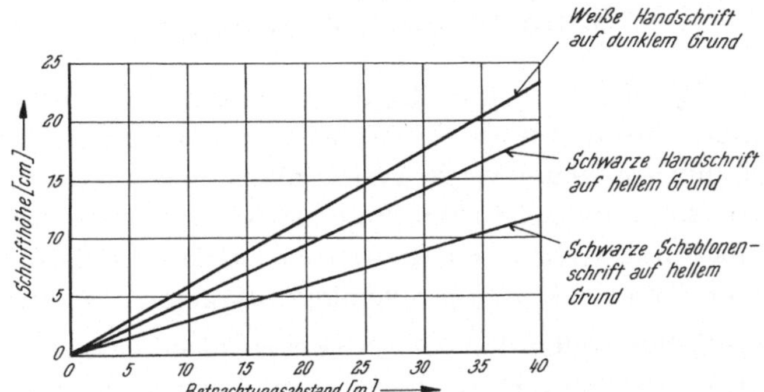

Abb. 46. Empfohlene Schriftgrößen für Tafeln: Wenn Sie z.B. in einem Seminarraum üblicher Größe (Entfernung des in der letzten Reihe sitzenden Teilnehmers von der Tafel ca. 9m) mit weißer Kreide auf eine dunkelgrüne oder schwarze Tafel schreiben, sollten Sie eine Buchstabengröße von *mindestens* 6 bis 7cm verwenden. Um nicht nur „Lesbarkeit", sondern auch „Übersichtlichkeit" Ihres Tafelanschriebes zu garantieren, schreiben Sie die Tafel nie so voll, wie es die im Diagramm empfohlenen Buchstabengrößen ermöglichen

te man in der Regel in der obersten linken Tafelecke beginnen und zeilenweise von oben nach unten arbeiten. Es ist empfehlenswert, die Tafelfläche (insbesondere bei großen Tafelanordnungen, wie z. B. in Hörsälen) in Felder zu unterteilen, die in ihren Proportionen dem Seitenformat der Studentenhefte entsprechen – damit wird einerseits das Mitschreiben erleichtert (z. B. lange Gleichungen finden in einer Zeile vielleicht auf der Tafel, nicht aber im Heft des Studenten Platz), andererseits der Text übersichtlicher. Es ist ebenfalls empfehlenswert, z. B. den linken Bereich der Tafel für die den Text gliedernden Überschriften, Hauptpunkte, Thesen usw. zu reservieren. Wird weiterer Tafelplatz benötigt, läßt man diesen links angeordneten Textteil stehen und wischt nur die weitere Fläche ab.

Unterstreichungen, Aufteilung des Textes, Verwendung von Farbkreiden etc. dienen (soweit sie nicht übertrieben eingesetzt werden) einer besseren Übersicht und Klarheit des Tafelbildes. **Womöglich soll das Tafelbild nur die wichtigsten Informationen beinhalten**; Stichworte können lange Sätze ersetzen, Skizzen sagen manchmal genausoviel wie eine detaillierte hochentwickelte Zeichnung.

Hafttafeln bieten z. B. einen Überraschungseffekt, welchen der schrittweise Auf- bzw. Abbau der einzelnen Darstellungselemente enthält. Der Lehrende kann neben der Tafel stehen und die richtige Figur im richtigen Augenblick am vorgesehen Ort auflegen.

Eine Projektionsfläche als integraler Bestandteil der Tafelordnung erhöht die Kombinationsmöglichkeiten.

5.2.6 Projektionsflächen

Abbildung 47 zeigt eine Projektionsfläche als Bestandteil der Tafelanordnung für einen Unterrichtsraum mittlerer Größe. Die beiden Schreibflächen können sehr leicht horizontal und vertikal verschoben werden. Zusammengeschoben verdecken die Tafelflächen die Projektionsfläche; diese kann stufenlos höhenverstellbar und neigbar geliefert werden, so daß der Einsatz von Overhead-, Dia- oder Filmprojektoren problemlos und verzerrungsfrei möglich ist.

Projektionsflächen sollen den vom Projektor auf sie ausgestrahlten Lichtstrom möglichst verlust- und verzerrungsfrei auf die Zuschauer zurückwerfen. Nach den Reflexionseigenschaften werden **diffus-reflektierende** und **gerichtet-reflektierende** Flächen unterschieden. Diffus reflektierende Projektionsflächen ermöglichen einen breiten Beobachtungswinkel. Gerichtet reflektierende Flächen werfen das Licht gebündelt zurück – gute Sicht (mit größerer Helligkeit als bei Diffus-Flächen) haben nur die Zuschauer, die nicht weit vom Bildmittenstrahl sitzen.

Die konkrete Auswahl der Projektionsfläche sollte, insbesondere bei größeren Unterrichtsräumen, unbedingt vom Spezialisten-Unterrichtstechnologen getätigt werden. Für einfache Fälle gilt folgende Faustregel: **Diffus reflektierende Projektionswände sind im allgemeinen für breitere Räume vorzuziehen; gerichtet reflektierende Wände sind mehr für lange und schmälere Räume geeignet.**

Es ist didaktisch vorteilhaft, mehrere, vom Lehrinhalt her miteinander eng verknüpfte bildliche Darstellungen gleichzeitig nebeneinander darzubieten und so den Lernenden die Möglichkeit zu einer vergleichenden Betrachtung zu geben. Reguläres und anomales Verhalten, komplexe und vereinfachte Darstellung von Geräten und Einrichtungen etc. sind sinnvoll in einer optischen Gegenüberstellung zu zeigen. Vorteilhaft kann die Projektion einer Aufgabenstellung bei gleichzeitiger Darstellung einer guten und schlechten Lösung sein, usw. Mit der **Vergleichsprojektion** im Unterricht befaßt sich u. a. V. Aschoff in [2].

In der Regel wird in verdunkelten oder wenigstens verdämmerten Räumen projiziert. Bei der sogenannten **Hellraumprojektion** liegt das Hauptproblem in der Notwendigkeit, den störenden Einfluß des zusätzlichen Lichteinfalls zu vermindern. Ein Weg zur (wenigstens teilweisen) Lösung dieses Problems liegt in der Verwendung spezieller Projektionswände – z. B. wird die Projektionswand mit feinen gleichmäßigen Rillen versehen. Seitlich einfallendes Licht wird bei einer solchen Anordnung von den erhöhten Stegen der Rillen teilweise wieder seitlich reflektiert und dringt nur wenig in die Täler der Rillen ein, so daß in diesen ein relativ brillantes Bild entsteht. Ein anderer Lösungsansatz basiert auf der sogenannten **Durchlichtprojektion**, bei welcher das Bild von hinten auf eine matte, lichtdurchlässige Projektionsfläche geworfen wird.

Abb. 47. Tafelanordnung mit integrierter Projektionsfläche

5.2.7 Optische Projektionsbedingungen

Der Erfolg des Lehr- und Lernprozesses hängt einerseits von der richtigen Auswahl der visuellen Lehrinhalte, andererseits von den Darstellungsmöglichkeiten und Bedingungen ab. **Visuelle Lehrinhalte können, unabhängig von ihrem didaktischen Wert, die Aufgabe der Wissensvermittlung nur dann zufriedenstellend erfüllen, wenn sie von den Adressaten unbehindert und mit allen bildwichtigen Details wahrgenommen werden können**. Um eine womöglich mühelose Wahrnehmung projizierter Bilder zu sichern, muß eine Reihe von Forderungen erfüllt werden; wir könen global zwischen **raumbedingten**, **bildseitigen** und **objektseitigen** Forderungen unterscheiden. Bevor wir uns den einzelnen Projektoren (objektseitige Forderungen) zuwenden, wollen wir kurz die raumbedingten und bildseitigen Forderungen besprechen.

5.2.7.1 Zu den raumbedingten Forderungen

Der Unterrichtsraum soll so gestaltet sein, daß visuelle sowie auditive Informationen von den Adressaten gut aufgenommen werden können. Visuelle Lehrinhalte können nur dann gut wahrgenommen werden, wenn alle Teilnehmer im optimalen Sichtbereich ihre Plätze haben. Als **Sichtbereich** eines Unterrichtsraumes wird die Fläche verstanden, in der jedem Zuschauer optimale Sichtverhältnisse geboten werden. In einschlägigen Untersuchungen wurden vorerst Randbedingungen festgelegt, welche die „optimalen" Sichtverhältnisse definieren und von diesen Randbedingungen ausgehend wurden die Begrenzungslinien des Sichtbereiches berechnet. Diese Berechnungen sind z. B. in der Arbeit von V. Aschoff [1] oder von A. Melezinek [24, 28] angeführt. Wir werden nur die vereinfachten Ergebnisse, gewissermaßen Faustregeln für den praktizierenden Lehrer, zusammenfassen.

Der resultierende Sichtbereich für die optische Projektion von Steh- und Laufbildern auf eine ebene Bildwand ist in Abb. 48 vereinfacht dargestellt. Dieser Sichtbereich ist durch vier Begrenzungslinien, eine vordere (D_{min}), eine hintere (D_{max}) und zwei seitliche (φ), umgrenzt. Für die Abmessungen des Sichtbereiches gelten folgende vereinfachte Werte:

$$\begin{aligned} D_{min} &\doteq 2\,b \\ D_{max} &\doteq 6\,b \\ \varphi &\doteq 45^\circ \end{aligned}$$

Mit „b" ist dabei die Breite des projizierten Bildes bezeichnet.

Als ergänzende Merkregel sollte gelten, daß die Unterkante des projizierten Bildes womöglich etwa 1,80 m über der Oberkante des Podiums liegen soll. Bei dieser Anordnung wird der Lehrende von den Lichtstrahlen des Projektors nicht geblendet und verdeckt nicht die Sicht für die Zuschauer.

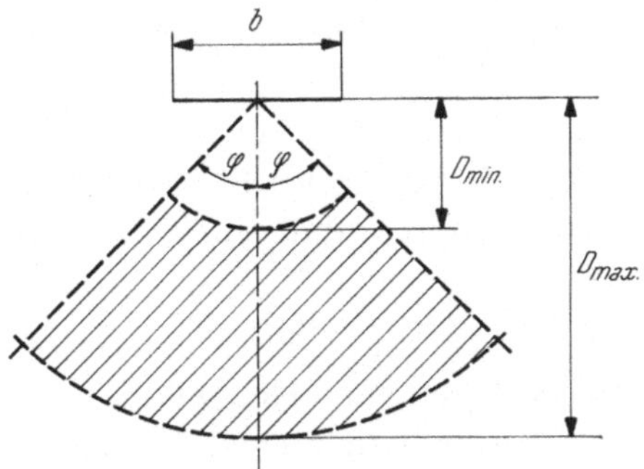

Abb. 48. Der optimale Sichtbereich bei der optischen Projektion ist schraffiert dargestellt. Beispiel: Bei einem projizierten Bild der Breite $b = 1{,}5$ m sollten die Teilnehmer nicht näher als etwa $D_{min} = 2\ b = 2 \times 1{,}5 = 3$ m sitzen, aber auch nicht weiter als $D_{max} = 6\ b = 6 \times 1{,}5 = 9$ m

5.2.7.2 Zu den bildseitigen Forderungen

Die Einhaltung der raumbedingten Forderungen bildet eine wichtige Voraussetzung für die gute Erkennbarkeit visuell angebotener Lehrinhalte, reicht aber allein nicht aus. So nützt z. B. eine gut plazierte Bildwand und ein dem Sichtbereich entsprechend angeordnetes Gestühl wenig, wenn die projizierten Bilder selbst nicht gut erkannt werden können – wenn vielleicht die dargebotenen Bilder unübersichtlich gestaltet, die Strichstärke zu klein gewählt, die Buchstabenhöhe zu gering ist, usw.

Für die gute Erkennbarkeit der Bilder inklusive aller wichtigen Details müssen u. a. auch die eigentlichen dargebotenen Bilder bestimmten Forderungen gerecht werden, wir sprechen von „bildseitigen" Forderungen.

a) Grundbedingungen Visuelle Darstellungsarten sind vielfältiger Natur, wir wollen uns hier insbesondere auf Graphiken beschränken, auf sogenannte Schaubilder im Sinne von einfachen Zeichnungen wie Tabellen, Kurvendiagrammen, Stabdiagrammen etc.

Als kleinstes Bilddetail dieser Darstellungsarten, das noch innerhalb des Auflösungsvermögens des menschlichen Auges liegen muß, wollen wir von der Strichdicke d ausgehen. Die Überlegungen, bzw. Berechnungen zur minimalen Strichdicke d sowie zur minimalen Buchstabenhöhe h sind z. B. bei A. Melezinek [24] zu finden. Wir wollen hier nur die vereinfachten Ergebnisse angeben:

$$\boxed{\begin{aligned} d &\doteq 2‰\ b \\ h &\doteq 2\%\ \ b \end{aligned}}$$

Die Dicke eines Striches muß also mindestens 2‰ der Bildbreite, die Buchstabenhöhe mindestens 2% der Bildbreite betragen, wenn die Schrift bzw. die Zeichnungen auch vom hinteren Ende des Sichtbereiches noch erkannt werden soll. Für ein projiziertes Bild der Breite $b = 2$ m sollte die Strichdicke also mindestens 4 mm und die Buchstabenhöhe mindestens 4 cm betragen.

Die angegebenen Strichdicken und Buchstabenhöhen für projizierte Bilder können auch für die Vorlagen beim Herstellen von Dias, Overhead-Folien etc. übernommen werden; nur wird hier als Bezug nicht die Breite b des projizierten Bildes, sondern die Breite der Bildvorlage genommen. In der folgenden Tabelle sind unseren Faustregeln entsprechende Strichdicken und Schriftgrößen (Höhen der großen Buchstaben) für verschiedene quergestellte DIN-Vorlagenformate zusammengestellt.

Vorlage	DIN A1 ≐ 85×60 cm	DIN A2 ≐ 60×42 cm	DIN A3 ≐ 42×30 cm	DIN A4 ≐ 30×21 cm	DIN A5 ≐ 21×15 cm
Strichdicke (mm)	≐1,7	≐1,2	≐0,8	≐0,6	≐0,4
Buchstabenhöhe (mm)	≐17	≐12	≐8	≐6	≐4

Wenn Sie also z. B. für Ihren Unterricht ein einfaches Dia erstellen wollen und die entsprechende Vorlage für dieses Dia (von dieser Vorlage werden Sie das Dia photographieren) auf ein Zeichenblatt mit dem Format DIN A1 quergestellt zeichnen wollen, müssen Sie mit einer Strichdicke von mindestens 1,7 mm und mit einer Buchstabenhöhe von mindestens 17 mm arbeiten.

Sind beim Herstellen von Vorlagen farbige Darstellungen vorgesehen, müssen die Strichdicken und Buchstabenhöhen mit Rücksicht auf gute Erkennbarkeit der einzelnen Farben gegenüber schwarz vergrößert werden. Empfohlen werden folgende Multiplikationsfaktoren:

Farbe	Schwarz	Rot	Blau	Gelb
Multiplikationsfaktor	1	1,25	1,25	1,5

In der Praxis empfiehlt es sich, jede Vorlage noch vor dem Fotografieren auf gute Erkennbarkeit hin zu überprüfen. Die einfachste Kontrolle besteht in der Prüfung der Bildvorlage aus einer Entfernung, die dem größten Betrachtungsabstand bei der späteren Projektion proportional entspricht. Bei dieser Prüfung werden die Verhältnisse bei der Projektion nachgebildet. Anstelle der wirklichen Betrachtung des projizierten Bildes aus dem größten zulässigen Abstand $D_{max} = 6b$ wird die Bildvorlage aus einer entsprechend kürzeren Entfernung direkt betrachtet. Kann z. B. ein Normalsichtiger eine quergestellte DIN-A4-Bildvorlage aus etwa 2 Meter (genauer $6 \times 30 = 180$ cm) Abstand in allen Einzelheiten gut erkennen, dann ist die Vorlage geeignet.*

Die ungefähren Prüfabstände für quergestellte Vorlagen einiger wichtiger Formate sind in der folgenden Tabelle zusammengefaßt:

Format	A1	A2	A3	A4	A5	A6
Prüfabstand	5 m	3,5 m	2,5 m	2 m	1,2 m	0,9 m

Für hervorzuhebende Teile der Schaubilder sollten Strichdicke bzw. Buchstabenhöhe gegenüber den Angaben in unserer Tabelle angemessen vergrößert werden. Im allgemeinen sollten Sie aber womöglich Ihre Bilder nie so vollschreiben, wie es die Faustregel für Strichdicke und Buchstabengröße theoretisch ermöglichen, sondern **pro Zeile nicht mehr als etwa sechs oder sieben Wörter und pro Bild nicht mehr als acht bis zehn Zeilen vorsehen**. Bei größeren Textmengen wird das Bild unübersichtlich.

Ein Schaubild soll so angelegt sein, daß auf einen Blick das Wesentliche erkennbar ist. Überschrift und Kernpunkte der Themen hervorheben! Womöglich wenig geschriebenen Text; keine langen Sätze, eher nur Stichworte. Die gesamte graphische Gestaltung muß gelernt werden – bei kritischer Betrachtung bekommt man relativ schnell einen Blick für die richtige Darstellung.

b) Schrift und Graphik vom PC Einfache Schaubilder bestehen üblicherweise in einer Kombination von Strichzeichnungen und entsprechender Beschriftung. Solche Darstellungen haben sich die Vortragenden und Lehrer bisher häufig mit einfachen, leicht verfügbaren Mitteln selbst erstellt. So wurde etwa die Beschriftung eigenhändig oder mit der Schreibmaschine, bzw. mit sogenannten Abreibebuchstaben gestaltet usw.

In der letzten Zeit stehen immer mehr PC's, also Personal-Computer im institutionellen, aber auch im privaten Bereich zur Verfügung. Mit der ständig wachsenden Leistungsfähigkeit dieser Computer und Drucker sowie dem wachsenden Angebot passender Computerprogramme zeigt sich hier eine

* Projektionsvorlagen des häufig verwendeten DIN-A4-Formates lassen sich einfach auf ihre Erkennbarkeit mit dem „Fußbodentest" überprüfen. Wenn Sie die Vorlage auf den Fußboden legen, sollten Sie die Schrift ohne sich bücken zu müssen noch gut lesen können.

wirkungsvolle Möglichkeit der Eigenerstellung von Transparentfolien, Dia-Vorlagen etc.

Schon alleinige Textverarbeitungsprogramme ermöglichen die Gestaltung technisch hochwertiger Schriftfolien. Grafikprogramme erleichtern die Erstellung von Diagrammen, umfangreiche Grafiksammlungen bieten „fertige" Bilder (clip art), welche mit Texten kombiniert werden können etc.

Auch wenn die verschiedensten Schrifttypen (Fonts) der einzelnen Computer und (insbesondere Laser-) Drucker leicht zu graphischen Experimenten verführen, vergessen Sie bitte nicht das Kriterium **„Lesbarkeit"**. Achten Sie bei der Gestaltung auf ausreichende Strichdicken und Buchstabengrößen.

Mit Computer-Textverarbeitungsprogrammen können Schriftgrößen je nach Bedarf leicht eingestellt werden. Zum Beispiel im Programm „WordPerfect – Version 7" werden im Font-Menü verschiedene Schriften zur Auswahl angeboten wobei Sie jeweils auch die Schriftgröße wählen können. Einzugeben ist die Schriftgröße in Punkten, wobei Sie als Faustregel zum Abschätzen annehmen können **1 Punkt = 0,25 mm** (nicht zu verwechseln mit dem „klassischen" typographischen Punkt nach Didot). Bei dieser rein empirischen Vorgangsweise können Sie also z. B. vom Schätzwert ausgehen: **Schriftgröße 1 mm entspricht ca. 4 Punkten**. Wenn Sie eine Schrift mit Großbuchstaben der Höhe ca. 10 mm brauchen, sollten Sie also in den Computer die Schriftgröße mit 40 Punkten eingeben. Zur Illustration einige Beispiele mit der Schrift **„Times Roman"**:

Punktgröße 18 ist etwa Schriftgröße 4,5 mm

Punktgröße 24: etwa 6 mm

Punktgröße 30: etwa 7,5 mm

Sie werden sicherlich die konkreten Möglichkeiten bei den Ihnen zur Verfügung stehenden PC's, Druckern und Textverarbeitungsprogrammen selbst ausprobieren. Übertreiben Sie aber bei den technischen Möglichkeiten nicht. Auch wenn Ihr PC über 100 verschiedene Fonts (Schriftarten) von Arial über Book Antiqua, Century Gothic bis Times New Roman verfügt – verwenden Sie eher nur eine, jedenfalls aber gut lesbare!

5.2.7.3 Zur Aufstellung der Projektoren

Nachdem wir einige Hinweise zu den raumbedingten und bildseitigen Forderungen bei der klassischen optischen Projektion (die TV-Projektion werden wir noch getrennt erwähnen) gegeben haben, wollen wir uns den objektseitigen Forderungen zuwenden. Diese Forderungen variieren stark mit den verschiedenen Geräten und Gerätetypen – ich werde darum die einzelnen Geräte in der Folge sukzessive besprechen. Vorher wollen wir aber noch ein gemeinsames Problem andeuten, und zwar die Aufstellung der Projektoren.

Visuelle Lehrinhalte können nur dann zufriedenstellend mit Hilfe optisch projizierter Bilder vermittelt werden, wenn Projektoren mit Objektiven geeigneter Brennweite benutzt und die Projektoren am richtigen Ort aufgestellt werden. Näher ist diese Problematik z. B. in [24] beschrieben – hier wieder nur vereinfacht die für den Praktiker wichtigsten Ergebnisse.

Der Strahlengang bei der optischen Projektion ist in Abb. 49 vereinfacht dargestellt. Die Breite des zu projizierendes Bildes (z. B. also des Dias) ist mit b', die Breite des projizierten Bildes mit b bezeichnet. Die Brennweite des Objektives ist mit f, die Entfernung Brennpunkt/Projektionswand mit e und der Abstand zwischen dem zu projizierenden Bild und der Projektionsfläche mit p bezeichnet. Aus der vereinfachten Darstellung in unserer Abbildung ist leicht zu entnehmen:

$$\boxed{\frac{b}{b'} = \frac{e}{f}}$$

Nachdem üblicherweise bei Dia- und Filmprojektion die Brennweite viel kleiner ist als der Abstand e, kann man für die übliche Praxis ohne wesentlichen Fehler $p \doteq e$ setzen, so daß:

$$\boxed{\frac{b}{b'} \doteq \frac{p}{f}}$$

Damit läßt sich einfach der erforderliche Projektionsabstand p (also der richtige Aufstellungsort des Projektors) oder eventuell die nötige Brenn-

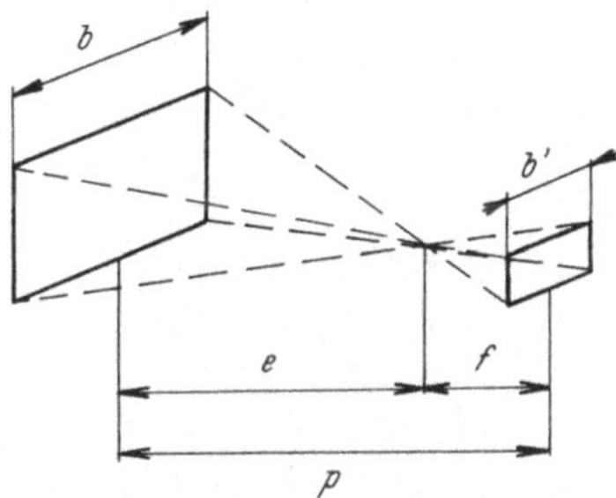

Abb. 49. Zur Aufstellung der Projektoren: Wenn Sie z. B. einen Diaprojektor mit der Brennweite $f = 120$ mm verwenden und die Breite des projizierten Bildes $b = 1{,}5$ m sein soll, berechnen Sie die erforderliche Entfernung p des Projektors von der Projektionsfläche als $p = b : b' \times f = 1500$ mm : 36 mm × 120 mm = 5000 mm = 5 m. (Die Breite des zu projizierende Dias = 36 mm; s. Abb. 50)

weite des Projektor-Objektives bestimmen, wenn die anderen Größen gegeben sind.

5.2.8 Diaprojektion

Die diaskopische Projektion (üblicherweise verkürzt als Diaprojektion bezeichnet) ist eine der im Bildungswesen häufigen Projektionsarten. Es ist dies die Projektion von durchsichtigen, unbeweglichen – meist in photographischen Verfahren gewonnenen Bildern – sogenannten **Diapositiven**; diese bilden bei der Diaprojektion den eigentlichen Informationsträger. Die für die Projektion der Diapositive erforderlichen Geräte bezeichnet man als **Diaprojektoren**.

5.2.8.1 Zu den Informationsträgern

Unter der Bezeichnung Diapositiv (manchmal auch Dia oder Slide genannt) versteht man ein durchsichtiges, zur Projektion bestimmtes photographisches Bild. Das gebräuchlichste Diaformat ist 24 × 36 mm und wird in Rahmen (Diarahmen) mit dem Format 50 × 50 mm gerahmt (Abb. 50). Neben diesem meistverwendeten Format gibt es noch verschiedene andere – z. B. 18 × 24 mm und 40 × 40 mm, beide 50 × 50 gerahmt, sowie auch Großformate in Rahmen 7 × 7 cm, 8,5 × 8,5 cm, 8,5 × 10 cm und Kleinstformate in Rahmen 3 × 3 cm etc.

Als Material für Diarahmen wird meist Kunststoff, Metall oder Pappe verwendet, wobei man Ausführungen mit und ohne Glasplatten unterscheidet.

Neben als Einzelbilder eingefaßten Diapositiven sind auch Diapositivreihen auf Bildbändern erhältlich. Man spricht in diesem Fall von **Diastreifen** oder **-strips**; auf einem einzigen Filmstreifen sind hier alle Bilder aneinanderkopiert.

Bei Diastreifen ist das Verlieren einzelner Bilder nicht möglich, die Reihenfolge der einzelnen Bilder ist ohne Irrtum gegeben, das Gewicht ist kleiner (keine Rahmen) etc. Neben diesen Vorteilen haben Diastreifen auch etliche

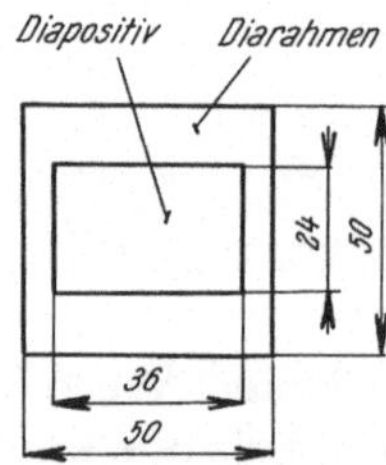

Abb. 50. Gerahmtes Diapositiv: Das gebräuchlichste Diapositiv-Format ist 24 × 36 mm und wird in Rahmen 50 × 50mm gerahmt

Nachteile – z. B. besteht nicht die Möglichkeit, die Reihenfolge der einzelnen Bilder zu ändern, also Diaserien gezielt und flexibel an Adressatengruppen, Lernziele und Fächer anzupassen, Informationen laufend zu aktualisieren etc.

Diapositive bzw. Diastreifen werden von verschiedenen Lehrmittelfirmen vertrieben und angeboten. Dias kann man aber auch ausleihen, z. B. aus dem Bestand verschiedener Firmen oder anderer Institutionen (etwa ausländische Botschaften) oder aus Verleihstellen der Länder und des Bundes. Dias kann man auch selbst erstellen – die Vorlage wird einfach photographiert; erforderlich ist lediglich eine Photokamera, das Filmmaterial und genügend Licht. Erleichtert wird die Anfertigung von Dias durch die Verwendung spezialisierter Geräte (eine einfache Kamera ist auf einem speziellen Gestell befestigt und es genügt, einen Blitzwürfel aufzustecken und auszulösen).

5.2.8.2 Zu den Projektoren

Derzeit wird von den verschiedenen Herstellern eine große Auswahl an Diaprojektoren angeboten. Auch wenn die einzelnen Fabrikate sich in der Konstruktion sowie in der Leistung unterscheiden, basieren sie auf gemeinsamen Prinzipien (s. Abb. 51). Das von der Lichtquelle (Lampe und Spiegel) ausgestrahlte breite Lichtbündel wird durch den Kondensor gesammelt, durchstrahlt nun als Bündel annähernd paralleler Lichtstrahlen das zur Projektion bestimmte Bild – das Dia – und wird durch das Objektiv auf die Projektionsfläche geworfen.

Von der Konstruktion her unterscheidet man z. B. zwischen **nichtautomatischen** und **halb-** bzw. **vollautomatischen Diaprojektoren**. Bei den nichtautomatischen Projektoren werden die gerahmten Dias einzeln mit der Hand in den Diawechsler des Projektors eingelegt und in den Projektor geschoben. Für die Projektion von Diastreifen wird eine drehbare Filmführung für das Bildband verwendet. Halb- und vollautomatische Projektoren sind mit Diamagazinen ausgestattet; die Dias werden in das Magazin eingelegt und dann aus dem Magazin mittels eines Diagreifers in den eigentlichen optischen Projektionsteil des Projektors eingeführt. Bei automatischen Projektoren wird der Transport der Dias entweder durch Betätigung eines Schalters am Projektor oder über Kabel mit Hilfe einer Fernbedienung bzw. drahtlos über Funk- oder Ultra-

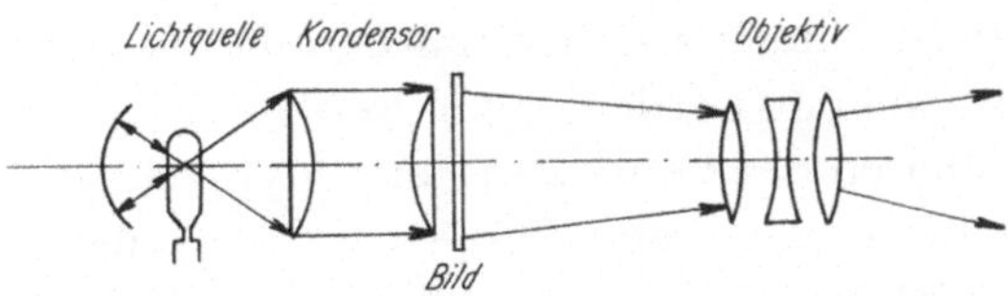

Abb. 51. Der Strahlengang beim Diaprojektor

schallsteuerung ausgelöst. Bei vollautomatischen Projektoren ist nicht nur der Diatransport, sondern auch die Scharfeinstellung fernbedienbar – manche Geräte besitzen sogar eine eingebaute Regelautomatik für die Scharfeinstellung der projizierten Bilder etc.

Die Anpassung an die verschiedenen räumlichen Verhältnisse wird in der Praxis dadurch erreicht, daß die meisten Produzenten von Diaprojektoren zu ihren Geräten verschiedene einfach auswechselbare – sogenannte **Wechselobjektive** – anbieten. Das Angebot reicht von extrem kurzbrennweitigen Objektiven 28 und 35mm, über Objektive für übliche Schulraumgrößen bis zu Objektiven mit Brennweiten 150 mm, 180 mm, 250 mm für Diaprojektion in größeren bis großen Räumen. Für mobilen Einsatz, d. h. wenn Diabilder in verschieden großen Räumen vorgeführt werden müssen etc., sind sogenannte **Zoom-Objektive** (auch Vario-Objektive, Transfokatoren, Gummi-Linsen u. ä. genannt) vorteilhaft. Diese Objektive haben variable, d. h. verstellbare Brennweiten – sie können einfach manuell, stufenlos im gegebenen Brennweitenbereich (z. B. 70 bis 120 mm) verstellt werden.

5.2.8.3 Zum Einsatz der Diaprojektion

Fragen des Einsatzes einzelner Medien im Unterricht können sinnvoll nur aus dem unterrichtlichen Gesamtzusammenhang – bei Berücksichtigung der speziellen Ziele der einzelnen Lehrveranstaltungen sowie der allgemeinen Ziele, bei Berücksichtigung des Lehrstoffes, der psychologisch und biologisch relevanten Merkmale der Adressaten usw. – gesehen und beantwortet werden. Unsere Überlegungen zum Einsatz einzelner Medien, z. B. also zum Einsatz der Diaprojektion im Unterricht, dürfen demnach in diesem Verständnis nur als Teilaussagen, als Anregungen verstanden werden.

Ist man im Unterricht bis zum möglichen Einsatz projizierter Medien gekommen, muß vorerst entschieden werden, ob neues Bildmaterial selbst erstellt werden muß, oder ob vorhandenes Material verwendet werden kann.

Die ausgewählten oder selbsterstellten **Dias sollen einen integralen Bestandteil der Unterrichtsstunde bilden; planlos, insbesondere ohne deutlichen Zusammenhang und in zu großer Anzahl eingesetzte Bilder verfehlen den erwünschten Zweck.** Die technisch einfache Darbietungsmöglichkeit moderner Diaprojektoren kann leicht zu einer Hypertrophie (Überangebot) visueller Eindrücke führen – in einer Lehrveranstaltung sollten nicht mehr als etwa 20 bis 30 Dias verwendet werden; eher weniger ist meist sinnvoller. Dias können in allen Phasen der Lehrveranstaltung eingesetzt werden, also nicht nur z. B. zur Illustrierung des neuen Stoffes, sondern vielleicht auch gleich zu Beginn der Unterrichtseinheit zur Motivierung, zum Abschluß der Lektion – als Zusammenfassung u. ä.

Die technische Seite der Bildprojektion muß bei der eigentlichen Lehrveranstaltung ganz unauffällig, nebensächlich und schnell ablaufen. Der Unterrichtsraum und die erforderlichen Geräte und Hilfsmittel müssen vor Beginn der Veranstaltung in Ordnung gebracht werden. Insbesondere muß dafür gesorgt werden, daß der Projektor, die Projektionsfläche sowie das Gestühl richtig angeordnet werden (s. Abschn. 5.2.7 1), daß die erforderliche Verdunklung und eine entsprechende Arbeitsbeleuchtung (Mitschrift) wirksam sind, daß die Dias in der richtigen Reihenfolge bereitstehen, daß eventuelle weitere Materialien – Objekte, Modelle, Arbeitsblätter usw. – bereitgestellt werden etc.

Bei der eigentlichen Präsentierung der Dias muß den Adressaten genügend Zeit gelassen werden, um die Bilder deutlich zu erfassen; der Vorteil der statischen Projektion gegenüber der dynamischen (Film) besteht u. a. darin, daß man das projizierte Bild so lange stehenlassen kann, wie es für die Studenten im konkreten Fall erforderlich ist. **Erst wenn die Adressaten das Bild erfaßt haben, sollte man dazu übergehen, die visuelle Information verbal zu ergänzen.** Der „offensichtliche" Inhalt der Dias muß nicht verbal wiederholt werden, es sollten eher zusätzliche Informationen gebracht, Zusammenhänge gezeigt, auf Details hingewiesen werden u. ä.

Wenn über Sachverhalte gesprochen wird, die den Bildinhalt der Dias nicht betreffen, sollte man den Projektor abschalten. **Das Bild nur dann und so lange projizieren, solange der visuelle Lehrinhalt erarbeitet wird.** Das projizierte Bild unterscheidet sich von nichtprojizierten Bildern u. a. dadurch, daß es aus seiner Umgebung deutlich hervorgehoben – optisch differenziert wird. Dieses Spezifikum projizierter Bilder ist von Vorteil, wenn die Aufmerksamkeit auf einen Lehrinhalt gelenkt werden soll. Soll die Aufmerksamkeit gleichzeitig mehreren Sachverhalten gelten, z. B. neben dem projizierten Bild auch einem Realgegenstand, dem Tafelbild o. ä., dann kann die dem Dia gewissermaßen innewohnende Akzentuierung eher nachteilig wirken.

5.2.9 Overheadprojektion

Bei der Overheadprojektion wird ein auf einem transparenten Informationsträger dargestellter Lehrinhalt mittels Bildwerfers, des sogenannten **Overheadprojektors**, hinter den Vortragenden (quasi „über Kopf" – over head) auf eine Projektionsfläche projiziert (Abb. 52). Auch wenn für dieses Gerät derzeit eine Anzahl verschiedener Bezeichnungen verwendet wird (Tageslichtprojektor, Arbeitsprojektor, Schreibprojektor etc.), hat sich international am meisten die auch von mir verwendete Bezeichnung Overheadprojektor durchgesetzt.

Der Overheadprojektor wurde noch vor ca. dreißig Jahren relativ selten verwendet. Innerhalb weniger Jahre hat er sich dann einen anerkannten Ruf als eines der wirkungsvollsten Unterrichtsmittel erworben, nachdem sein Einsatz viele Vorteile bringt. Einer dieser Vorteile sei hier vorweg genannt: bei der Overheadprojektion ist keine Verdunkelung des Unterrichtsraumes erforderlich, die Projektion kann bei normalem Tageslicht erfolgen.

5.2.9.1 Zu den Informationsträgern

Bei der Overheadprojektion können verschiedene Informationsträger verwendet werden, die üblichsten sind die sogenannten Transparentfolien – entweder als Rollenfolien oder in Form von in einzelne Blätter geschnittenen Blattfolien. Als Material wird meistens glasklares farbloses Polyacetat, Polyester u. ä. verwendet.

Rollenfolien sind meistens etwa 26 cm breit und unterschiedlich (etwa 5 m bis 50 m) lang. Das Folienband ist um eine Rolle gelegt, welche einfach an einer Seite des Projektorgehäuses befestigt wird. An der entgegengesetzten Projektorseite wird eine zweite (leere) Rolle angebracht. Durch Drehen einer kleinen Kurbel oder eines Handrades kann das Folienband einfach über das Bildfenster (die Arbeitsplatte des Projektors) hinweg von einer Rolle abgewickelt und auf die zweite Rolle aufgewickelt werden.

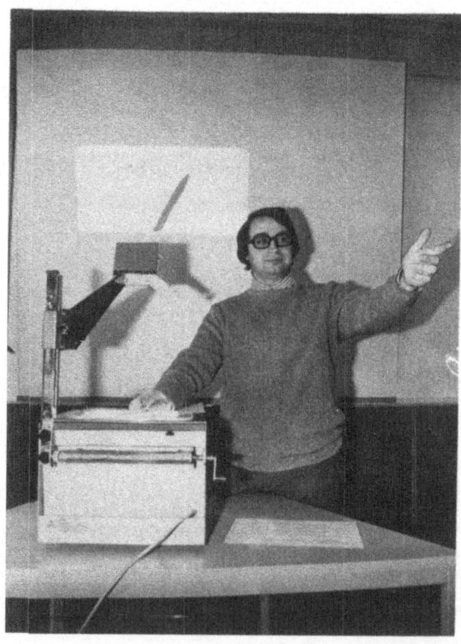

Abb. 52. Bei der Overheadprojektion wird das Bild hinter den Vortragenden – gewissermaßen „über seinen Kopf" – „over head" auf die Projektionsfläche projiziert

Blattfolien werden in der Regel auf Papprahmen befestigt, meistens mit hitzebeständigem Klebeband festgeklebt.

Die Rollenfolien sowie die Blattfolien sind zunächst „leer", d.h. ohne Informationsinhalt. Die Eintragungen (geschriebenes Wort, Zeichnungen etc.) werden vor oder während der Lehrveranstaltung mit speziellen Faserschreibern selbst vorgenommen.

Unter Verwendung **licht- oder wärmeempfindlicher Spezialfolien** können mit Hilfe von Photo- oder Thermokopiergeräten Transparentkopien der verschiedensten nichtdurchsichtigen Vorlagen aus Büchern, Prospekten etc. sehr schnell (in einigen Sekunden) hergestellt (kopiert) werden.

Es können selbstverständlich auch fertige – derzeit schon von vielen Verlagen angebotene – Transparentfolien zu verschiedenen Lehrstoffen gekauft werden.

Polarisationstransparente ermöglichen es, im projizierten Bild auf optischem Wege Bewegungsvorgänge zu simulieren. Erreicht wird dieser Effekt dadurch, daß man einerseits Transparentfolien an entsprechenden Stellen mit einer speziellen Polarisationsfolie hinterlegt und andererseits in den Strahlengang des Overheadprojektors ein rotierendes Polarisationsfilter einfügt.

Flache Realgegenstände auf die Arbeitsplatte des Overheadprojektors gelegt, ergeben auf der Projektionsfläche ein Schattenbild. Diese **„Schattenprojektion"** ermöglicht z.B. die Darstellung der Wirkungsweise eines Magneten, indem Eisenfeilspäne sich auf der Arbeitsplatte des Projektors in der Form der Kraftlinien des Magnetfeldes gruppieren und das Schattenbild der Späne projiziert wird. Eine Elektronenröhre, ohne ihr Glasgehäuse auf die Arbeitsplatte des Projektors gelegt, ergibt auf der Projektionsfläche eine Art „Röntgenbild" (Abb. 53) etc. Ähnlich können aus verschiedenfarbigen durchsichtigen Plastikplatten **Funktionsmodelle** bestimmter Geräte (z.B. Zahnradgetriebe, Pumpe etc.) mit beweglichen Teilen hergestellt, auf die Arbeitsplatte des Overheadprojektors gelegt und projiziert werden u.v.a.m.

In den letzten Jahren werden immer häufiger Unterrichtsinhalte über Computer dargeboten, bzw. wird der Computer als Bildungsmedium eingesetzt. Dabei ergibt sich die Schwierigkeit, daß nur wenige Kursteilnehmer gute Sicht auf den Computer-Bildschirm haben, dieser ist ja meistens ziemlich klein. Hier sind **Data-Displays**, sogenannte **LC-Displays** (**Liquid Crystal-Displays**), eine gute Hilfe. Diese Displays sind relativ flache Aufsätze, welche auf die Arbeitsfläche eines Overheadprojektors gelegt und von dessen Lichtquelle durchleuchtet werden. Die Bildschirm-Informationen vom Computer werden mit einem Kabel auf das Display geleitet, dort abgebildet und vom Overhead vergrößert auf die Bildwand projiziert. Auf diese Art können Sie Informationen – Grafiken und Texte –, die Sie über einen Computer aufrufen, großformatig präsentieren.

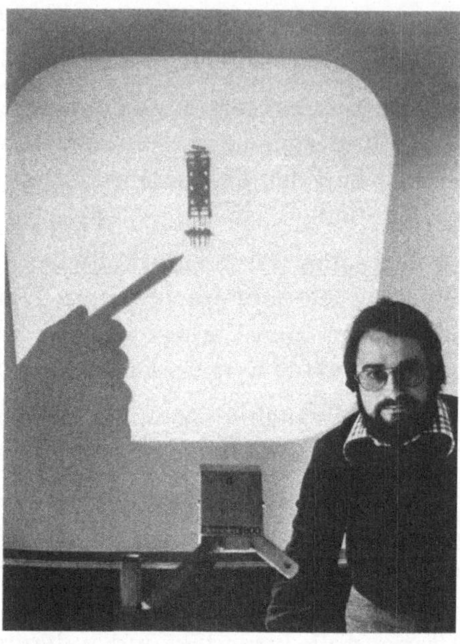

Abb. 53. „Schattenprojektion" mit dem Overheadprojektor. Die Abbildung zeigt beispielhaft, wie eine Elektronenröhre ohne ihr Glasgehäuse auf der Projektionsfläche dargestellt wird

5.2.9.2 Zu den Projektoren

Von verschiedenen Herstellern werden verschiedene Ausführungen von Overheadprojektoren angeboten – die einzelnen Fabrikate sind zwar in der Leistung und Ausstattung unterschiedlich, nützen aber das gleiche Prinzip, die **Durchlichtprojektion**, welche wir schon beim Diaprojektor (Abb. 51) kennengelernt haben.

Die häufigste Ausführungsform von Overheadprojektoren ist in Abb. 54 skizziert. Der Lichtstrom von der Lichtquelle (Projektionslampe und Spiegel) leuchtet über einen speziell ausgeführten Kondensor (die sogenannte Fresnel-Linse) gleichmäßig die Arbeitsplatte (Glasplatte) aus und wird durch den auf der Arbeitsplatte aufgelegten Informationsträger hindurch (Transparentfolie) über den Objektivkopf (in unserem Beispiel gebildet aus zwei Projektionslinsen und einem Umlenkspiegel) zur Projektionswand abgestrahlt. Der Objektivkopf ist an einer Säule beweglich angebracht. Der schematisch angedeutete Ventilator dient der Wärmeabfuhr.

Neben der beschriebenen gibt es noch weitere Konstruktionen von Overheadprojektoren – z. B. mit Parabolspiegel, mit Objektivkopf, in welchem nicht nur das Objektiv und der Umlenkspiegel, sondern auch noch die Lichtquelle untergebracht ist etc. Eine spezielle Konstruktion mit Doppelobjektiv und speziellen Fresnel-Linsen bietet sogar plastische, räumliche Bilder.

5.2.9.3 Zum Einsatz der Overheadprojektion

Ein spezifischer Vorteil der Overheadprojektion besteht darin, daß der Vortragende praktisch ununterbrochen **Blickkontakt** mit den Adressaten hat, da er sich nicht zur Tafel abwenden muß.

Wie bei jeder Projektion wird auch bei der Overheadprojektion das projizierte Bild optisch aus seiner Umgebung hervorgehoben; vom hellen projizierten Bild wird eine gewisse Konzentrationswirkung auf den Zuseher ausgeübt. Diese Wirkung sollten Sie gezielt nützen d. h. das Bild sollte nur dann projiziert werden, wenn es für das Lehrvorhaben wirklich relevant ist. **Wenn Sie nicht zum Bild sprechen, sowie beim Wechsel verschiedener Transparentfolien, sollten Sie den Projektor abschalten.** Das Wiedereinschalten des Gerätes wirkt aufmerksamkeitserregend.

Bei der Verwendung des Overheadprojektors ist es nicht sinnvoll, Teile des Bildes mit dem Zeigestock bzw. mit dem Finger auf der Projektionsfläche zu zeigen (analog wie bei der Tafel). Bei einer solchen Vorgangsweise muß man sich von den Adressaten abwenden und kann auch die Projektionsfläche beschmutzen oder zerkratzen. Bei der Overheadprojektion kann man alle wichti-

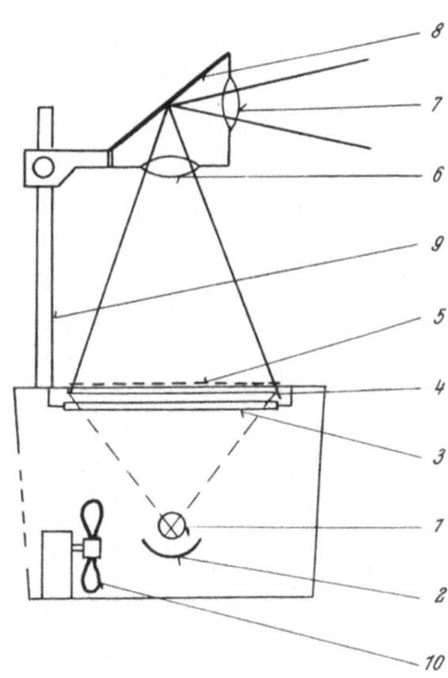

Abb. 54. Prinzipieller Aufbau des Overheadprojektors: *1* Projektionslampe, *2* Spiegel, *3* Fresnel-Linse, *4* Glasplatte, *5* Transparentfolie, *6* und *7* Projektionslinsen, *8* Umlenkspiegel, *9* Säule, *10* Ventilator

gen Punkte des Bildes **direkt auf der Transparentfolie** zeigen, wobei die Vergrößerung des Zeigers (z.B. des Bleistiftes) als Schattenbild deutlich auf dem projizierten Bild erscheint.

Teile vorgefertigter Transparentfolien können sehr einfach, z.B. durch Auflegen eines gewöhnlichen Blattes Papier, abgedeckt werden. Der abgedeckte Folienteil erscheint nicht auf der Projektionsfläche, sichtbar werden nur die nichtabgedeckten Teile. **Durch schrittweises Aufdecken kann eindrucksvoll aus einzelnen einfachen Teilen eine kompliziertere Gesamtordnung**, z.B. eine elektrotechnische Schaltung, ein Flußdiagramm u.ä., entwikkelt werden. Die Aufmerksamkeit der Adressaten wird so immer nur auf die gerade besprochenen Bildteile gerichtet, während der Lehrende auf der durchleuchteten Arbeitsplatte des Projektors das ganze Bild sehen kann. Zum Abdecken kann entweder ein beliebiges Papierblatt verwendet werden, oder, wenn die Transparentfolie häufiger verwendet wird, kann man auf dem Transparentrahmen mit im Handel erhältlichen einfachen Scharnieren passende Abdeckblätter befestigen. So kann man z.B. mit Hilfe eines in Streifen geschnittenen Deckblattes (s. Abb. 55) stufenweise den Verlauf einer Kurve zeigen, einzelne Tabellenteile präsentieren etc.

Zum teilweisen Abdecken bestimmter Bildteile eignen sich transparente Farbfolien. Durch diese werden Bildteile nicht unsichtbar gemacht, sondern farbig hervorgehoben.

Eine spezifische Möglichkeit eröffnet das **Abdecken mit einer Blanko-Folie**, d.i. mit einer leeren, nichtbeschriebenen Transparentfolie. Eine Blanko-Folie, über das für den Dauergebrauch vorgesehene Transparent gelegt, erlaubt jede nachträgliche Ergänzung bzw. Abänderung des Transparentinhaltes, wobei das Transparent selbst unverändert bleibt (z.B. Transparent mit Koordinatensystem für den Dauergebrauch und darübergelegte Blanko-Folie, auf die Meßergebnisse eines konkreten Versuches eingetragen werden).

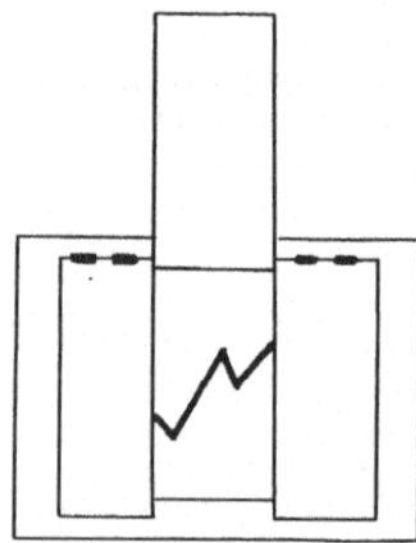

Abb. 55. Beispiel für die „Abdecktechnik". Durch schrittweises Aufdecken kann eindrucksvoll aus einzelnen Teilen eine Gesamtordnung (komplizierte Schaltung etc.) erstellt werden

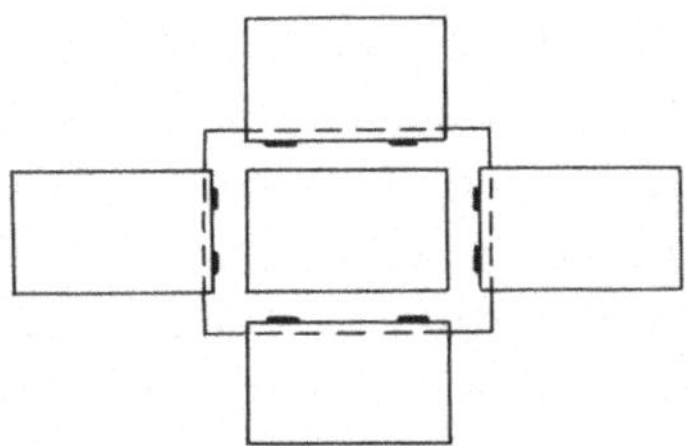

Abb. 56. Overlay-Transparente bestehen aus einer Grundfolie und einigen weiteren „Überlege-Folien" (overlay). Hier wird eine Gesamtdarstellung aus mehreren übereinandergelegten Folien aufgebaut

Bei der **Overlay-Technik** werden zusätzlich zur am Transparentrahmen befestigten Folie (Grundfolie) noch weitere Folien (Overlay-Folien = Überlegefolien) verwendet. Abbildung 56 zeigt ein Overlay-Transparent, bestehend aus einer Grundfolie und vier durch Scharniere am Rahmen befestigte Überlegefolien. Beim Einsatz von Overlay-Transparenten projiziert man z. B. zuerst die Grundfolie und legt dann bei fortlaufender Besprechung des Themas die erste, zweite, usw. Überlegefolie auf. Auf diese Weise läßt sich eine Darstellung immer weiter ergänzen, bis ein Gesamtbild aufgebaut ist. Anstelle der beschriebenen synthetisierenden kann man selbstverständlich auch eine analysierende Methodik verwenden (Aufdecktechnik – vom durch alle gleichzeitig projizierten Folien dargestellten Gesamtbild zum Teilbild der alleinigen Grundfolie).

Auf detailliertere Einsatzmöglichkeiten wird z. B. in [39] und [40] eingegangen. Wir wollen hier nur noch auf eine Gefahr hinweisen, zu der z. B. das Vorhandensein von vielen vorgefertigten Transparenten führen könnte. Durch die Verwendung von zu vielen Transparenten in der Lehrveranstaltung können die Adressaten dadurch, daß sie in kurzer Zeit zu viel mitschreiben müssen, in eine passive Arbeitsweise gedrängt werden. Dem kann z. B. durch eine durchdachte **Kombination der Overheadprojektion mit gedruckten Arbeitsblättern** für die einzelnen Studenten, also eine Parallelarbeit mit projizierten Bildern und vervielfältigtem Studentenarbeitsmaterial abgeholfen werden.

Technisch wird dies durch einen kombinierten Geräteeinsatz erreicht, und zwar durch Verwendung eines Thermokopiergerätes sowie z. B. eines Umdruckers zusätzlich zum Overheadprojektor. Mit Spezialfolien kann mit Hilfe eines Thermokopiergerätes sekundenschnell von einer Strichzeichnung oder Textvorlage einerseits eine transparente Folie für die Overheadprojektion, andererseits gleichzeitig aber auch ein Umdruck-Original hergestellt werden. Das Umdruck-Original wird in den Umdrucker eingespannt, und sofort können saubere Abzüge für alle Studenten erstellt werden.

Für einen solchen multimedialen Einsatz können das Transparent sowie die Arbeitsblätter gewissermaßen „unvollständig“ gestaltet werden, d.h. z.B. eine komplette Zeichnung beinhalten, aber nur einen unvollständigen Text. Die fehlenden Textstellen (oder Zeichnungsteile) können im Laufe der Lehrveranstaltung erarbeitet werden; vom Lehrenden auf einer Blanko-Folie, von den Studenten in ihren Arbeitsblättern. Das vorwiegend darbietende Verfahren der Stoffvermittlung wird auf diese Art durch ein „erarbeitendes“ ersetzt, die monodirektionale durch bidirektionale Kommunikation ergänzt oder abgelöst.

5.2.9.4 Zur Herstellung von Transparentfolien

Die üblichen Beschaffungsmöglichkeiten von Transparenten für den Unterricht bestehen, wie wir schon erwähnt haben,

- im Kauf von einsatzbereiten Transparenten,
- im Kopieren von Vorlagen aus Büchern, Prospekten etc.,
- in der Selbstanfertigung.

Das selbstentworfene und selbstgefertigte Transparent gehört zu den wertvollsten Informationsträgern auf dem Projektor. Dem einzelnen Lehrer steht damit genau die gewünschte Darstellung zur Verfügung. Gegen diesen Vorteil fallen eventuelle kleinere grafische u.a. Mängel meistens nicht entscheidend ins Gewicht.

Wir wollen nun einige Tips für die Selbstanfertigung von Transparenten zusammenfassen.

Die Darstellung der Lehrinhalte soll einfach und übersichtlich sein. Das Wesentliche muß „auf den ersten Blick“ klar erfaßbar sein. **Überladene Transparente wirken schlecht.** Grundsätzlich sollten auf einem Transparent nur die Informationen enthalten sein, die zur Darstellung der Inhalte und zur Erreichung der Ziele unverzichtbar nötig sind. Lassen Sie bei der Gestaltung Ihrer Folien alles Nebensächliche weg!

Als gestalterisches Beispiel ist in Abb. 57 eine eher überladene und eine strukturell einfache Gestaltung von Transparenten zum Thema „Wasserkreislauf in der Natur“ angedeutet.

Transparente sollen womöglich nicht nur fertige Informationen anbieten, sondern zu Aktivitäten anregen. Dies kann durch **„unfertige“ Transparente** erreicht werden – durch eine solche Bildgestaltung, die Fragen und Denkanstöße vermittelt. Zum Beispiel könnten in unserer prinzipiellen Darstellung eines Overheadprojektors in Abb. 54 die Nummern, welche die einzelnen Projektorteile bezeichnen, weggelassen werden. An ihre Stelle könnten waag-

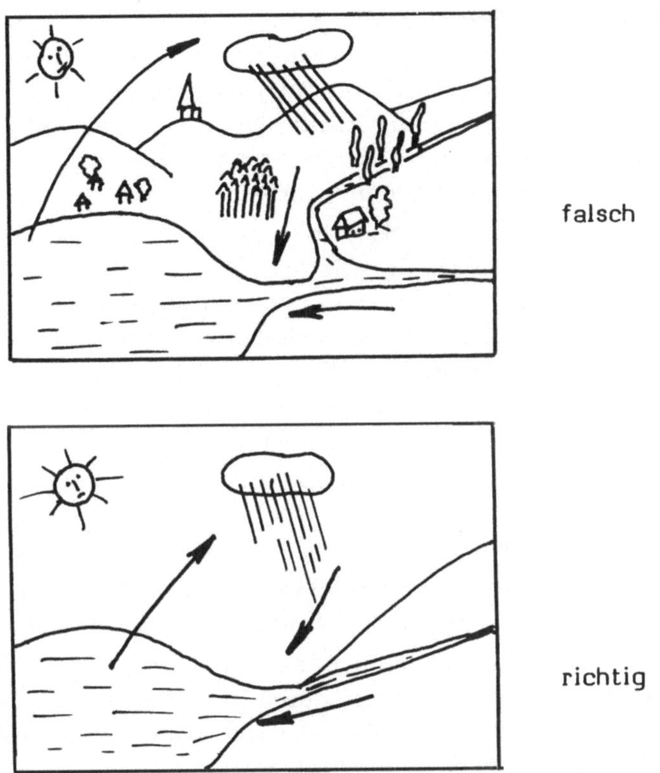

Abb. 57. „Überladene" Transparente sollten Sie vermeiden. Lassen Sie alle unwichtigen Details weg

rechte Striche zur ergänzenden wörtlichen Beschriftung der einzelnen Teile auffordern.

Bei der Beschriftung selbst, d. i. bei der Wahl der Strichdicke, Buchstabenhöhe etc. ist unbedingt auf gute Lesbarkeit zu achten (s. Abschn. 5.3.7 2).

Für eine übersichtliche Gestaltung von Text-Transparenten:

- **Schreiben Sie pro Zeile nicht mehr als etwa 6–7 Wörter!**
- **Schreiben Sie nicht mehr als 8–10 Zeilen pro Transparent!**

Soweit Sie eine gut lesbare **Handschrift** haben, beschriften Sie ohne weiteres Ihre Folien mit der Hand. Verwenden Sie dabei Latein-, Druck- und Blockschrift in sinnvoller Kombination. Achten Sie auf klare Gliederung, Absätze, Unterstreichungen. **Farbe, sinnvoll, funktionell eingesetzt, hilft betonen, einordnen, gliedern, unterscheiden.**

Da die Oberfläche der Folien sehr glatt ist, manche Farbstoffe nur begrenzt haften und leicht zusammenrinnen, verwenden Sie nur speziell für Overhead-folien bestimmte Schreibmittel. Es steht ein großes Angebot speziell für die Beschriftung von Folien entwickelter **Stifte** zur Verfügung. Grundsätzlich werden Stifte, deren Schrift mit **Wasser zu löschen** ist (Aufschrift meistens: soluble), sowie Stifte, deren Schrift nicht mit Wasser, jedoch mit **Spiritus zu löschen** ist (Aufschrift meistens: permanent), angeboten. Beide Arten sind in verschiedenen Strichstärken und Farben erhältlich.

Beschriftung mit Farb-OH-Stiften ergibt in der Projektion volltransparente Striche leuchtender Farben. Die Farbgebung größerer Flächen mit Stiften erfolgt eher ungleichmäßig – hier sind **Farbfolien** zu empfehlen. Diese haften auf der Grundfolie entweder, nachdem sie glattgestrichen wurden, durch Adhäsion, oder mit Hilfe eines Haftbelags (Klebefolien). Aus den Farbfolien werden die gewünschten Formen ausgeschnitten und auf die Fläche der Basisfolie gelegt, die farbig erscheinen soll.

Übliche **Schreibmaschinen-Schrift** (Großbuchstaben sowie Kleinbuchstaben) ist für die Gestaltung von Transparenten **nicht geeignet**. Die Strichdicke sowie die Buchstabengröße sind zu klein. Schreibmaschinen mit speziell großen Lettern (Plakatbuchstaben) sind bedingt verwendbar. Die Buchstabengröße entspricht halbwegs, die Strichdicke läßt zu wünschen übrig.

Zur Beschriftung von Folien kann man auch sogenannte **Abreibebuchstaben** verwenden. Diese werden durch einfaches Abreiben von ihrem Trägermaterial auf die Overheadfolie oder jede andere glatte Fläche übertragen. Diese Buchstaben sind unter verschiedenen Firmenbezeichnungen, z.B. Letraset, Transotype, im Handel erhältlich.

Das Angebot besteht nicht nur aus schwarzen Schriften. Es werden auch transparente Buchstaben in Farben angeboten. Darüber hinaus gibt es verschiedene grafische Symbole, Pfeile, Figuren etc.

Wer die Möglichkeit hat, Personal Computer und Drucker zu verwenden, wird dies sicherlich tun (s. Abschn. 5.2.7.2b).

Die Vorgangsweise bei der **Montage von Einfachtransparenten** auf Papprahmen ist in Abb. 58 dargestellt.

Die Montage von **Mehrfachtransparenten** (**Overlay-Technik**) ist in Abb. 59 skizziert. Im oberen Teil des Bildes sind die Overlay-Folien von allen Seiten der Grundfolie montiert. Bei dieser Anordnung können die Overlays wechselweise aufgelegt werden. Wenn eine bestimmte Reihenfolge der Overlays zwingend erforderlich ist, können diese an einer Seite des Rahmens übereinander montiert werden (unterer Bildteil).

Die Montage von **Abdeckklappen** ist in Abb. 60 angedeutet. Die Abdeckklappen werden aus festem Papier in der gewünschten Form und Anzahl zugeschnitten und mit Hilfe von Aluminium-Scharnieren oder mit einem speziellen Klebeband am Rahmen montiert (Abb. 60a–c). Abbildung 60d zeigt die „Schiebeanordnung“ einer Abdeckklappe.

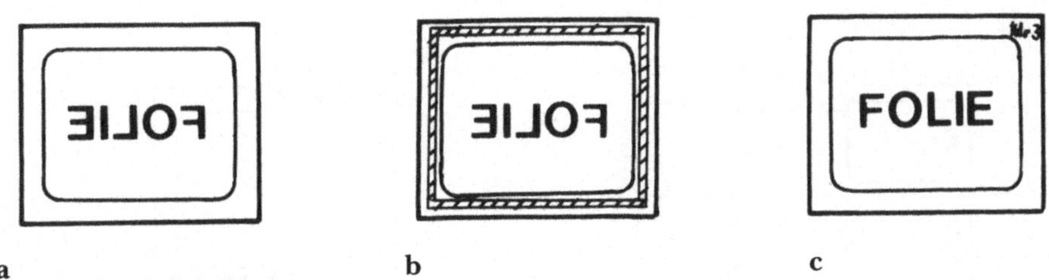

Abb. 58. Montage von Transparenten auf Transparent-Rahmen. (**a**) Die Folie wird mit der Rückseite nach oben auf den Rahmen gelegt und mit Klebestreifen fixiert. (**b**) Mit hitzebeständigem Klebeband wird die Folie den Kanten entlang endgültig befestigt. (**c**) An der Rahmen-Vorderseite werden eventuelle Archivvermerke angebracht

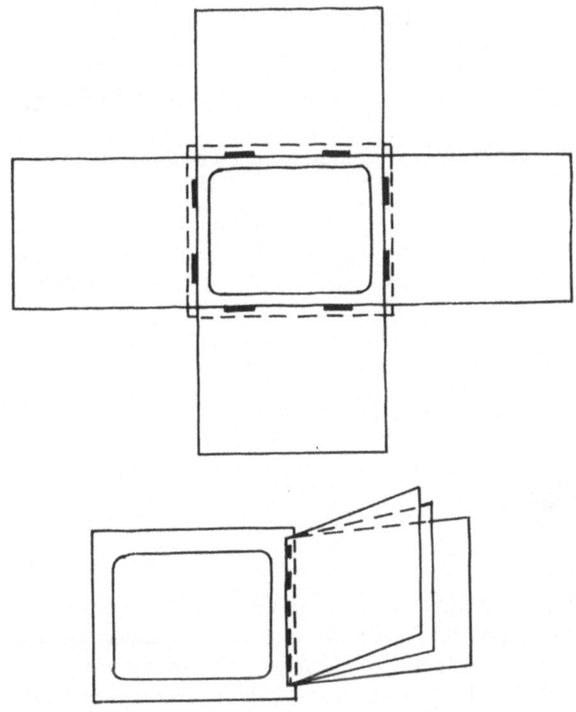

Abb. 59. Montage von Overlay-Transparenten

Aluminium- sowie andere **Klebescharniere** (z. B. aus metallisiertem Polyester) und spezielle Klebebänder zur Befestigung von Overlay-Folien sind im Fachhandel erhältlich. Besonders einfach ist die Montage von Overlay-Folien mit speziellen **glasfaserverstärkten hitzebeständigen Klebebändern**. Solche Bänder (etwa Scotch Filamentband) sind unempfindlich gegen die mechani-

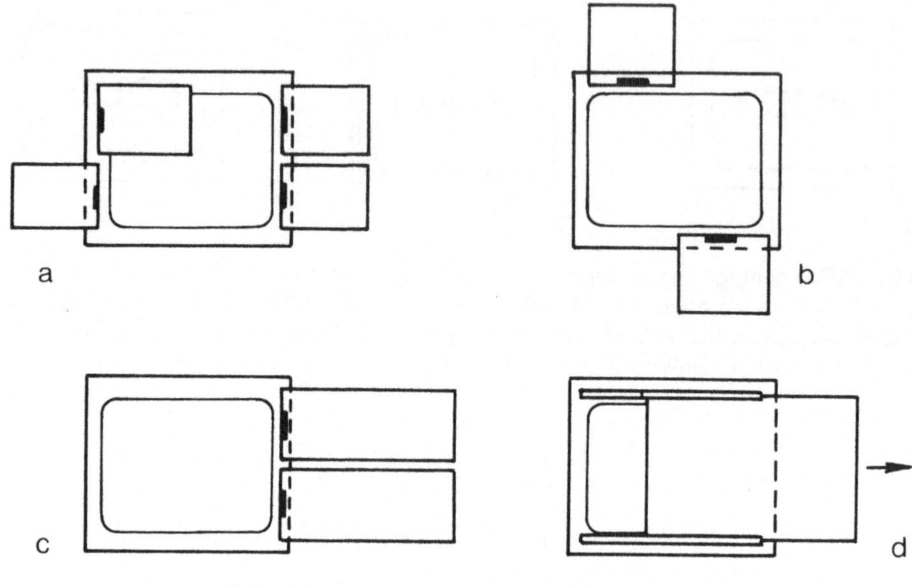

Abb. 60. Montage von „Abdeck-Klappen"

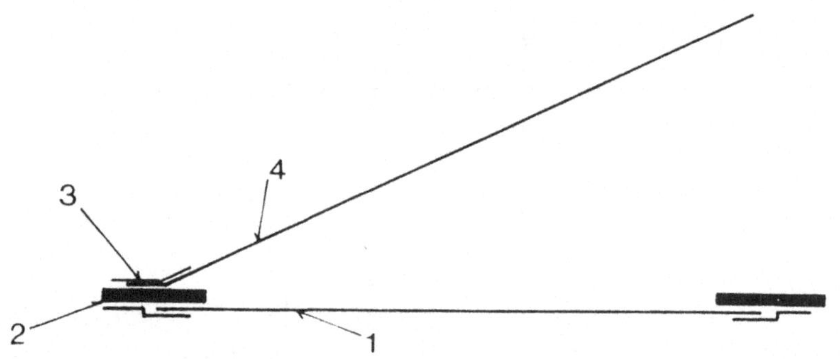

Abb. 61. Montage von Scharnieren: Die Grundfolie (*1*) wird an der Rückseite des Transparent-Rahmens (*2*) mit hitzebeständigem Klebeband befestigt. Die Overlay-Folien (*4*) werden an der Rahmen-Vorderseite mit hitzebeständigem, glasfaserverstärktem Klebeband (*3*) in der gewünschten Anordnung angebracht

sche Beanspruchung, welche beim Auf- und Abblättern der Overlay-Folien entsteht, und sind leicht montierbar.

Die Overlay-Folie wird mit der bereits auf dem Rahmen montierten Grundfolie zur Deckung gebracht und durch einfaches Aufkleben mit dem Klebeband an der entsprechenden Stelle des Rahmens befestigt. Die Situation ist vereinfacht in der Abb. 61 skizziert. Die Montage von Drehteilen ist anhand eines einfachen Beispieles (Uhr) in Abb. 62 angedeutet.

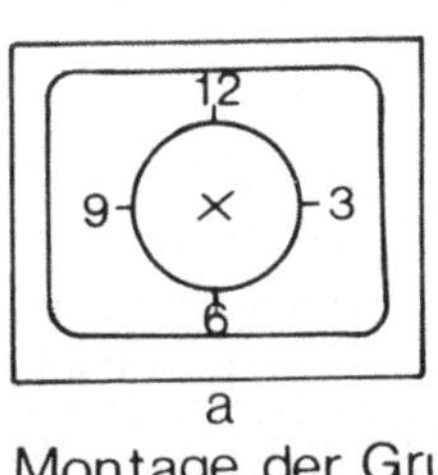

a
Montage der Grundfolie, z.B. Zifferblatt

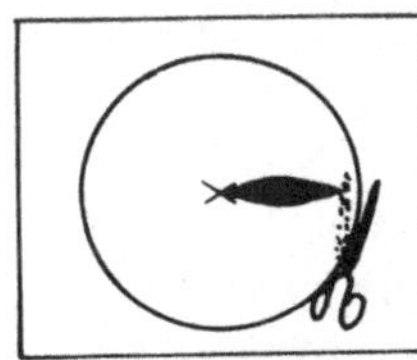

b
Zuschneiden der Drehteile auf die gewünschte Form. Herausschneiden der Drehpunkte × aus allen Folien.

d

c

Als Drehachse einen kleinen Druckknopf durch die Folien stoßen und verschließen.

Abb. 62. Montage von Drehteilen: Beispiel „Uhr"

5.2.10 Zur Epiprojektion

Die episkopische Projektion (abgekürzt Epiprojektion) wird für die **Projektion von undurchsichtigen Bildern** verwendet.

5.2.10.1 Zu den Informationsträgern

In der täglichen Bildungspraxis ist es vorteilhaft, aktuelle Informationen, wie z. B. aus neuen Nummern technischer Zeitschriften, Prospekten etc., direkt projizieren zu können, ohne sie vorher zu einem Diapositiv oder zu einem Transparent umarbeiten zu müssen.

Es ist sehr einfach, die für die Projektion vorgesehene Illustration ohne weitere Vorbereitung in das Episkop einzulegen und zu projizieren. Die Größe der Vorlagen unterliegt in der üblichen Praxis keinen bedeutsamen Einschränkungen; die zur Verfügung stehende Einlegefläche ermöglicht je nach Typ des Episkopes Bildausschnitte von 16 × 14 cm, 19 × 16 cm, 30 × 30 cm u. ä. Es können lose Blätter, Bilder aus Büchern (der Einlegeraum der meisten Episkope ist einige cm hoch), aber auch flache reliefartige Gegenstände, wie z. B. Ätzungen, Leiterplatten für gedruckte Schaltungen elektronischer Geräte u. ä., direkt projiziert werden.

5.2.10.2 Zu den Projektoren

Das Prinzip der episkopischen Projektion ist mit dem Prinzip der diaskopischen bzw. Overheadprojektion nicht identisch. Während es sich bei der Dia- und Overheadprojektion um eine sogenannte **„Durchlichtprojektion“** (transparente Vorlage wird durchleuchtet) handelt, nützt die episkopische Projektion die **„Auflichtprojektion“**. Die zu projizierende Vorlage wird auf eine Platte am Boden des Episkopes gelegt und mit einer oder mehreren Lampen beleuchtet. Das von der Vorlage diffus reflektierte Licht (genauer gesagt ein Teil des Lichtes) wird über einen Spiegel zum Projektionsobjektiv geführt und weiter auf eine Projektionsfläche geworfen. Die prinzipielle Anordnung eines Episkopes ist in Abb. 63 dargestellt.

Auch wenn sich die Episkope der einzelnen Hersteller in der Konstruktion untereinander unterscheiden, ist die in Abb. 63 angedeutete prinzipielle Anordnung bei allen Fabrikaten gleich. Vom Prinzip her kann die hier zum Einsatz kommende Auflichtprojektion nur eine geringere Lichtausbeute liefern als die Durchlichtprojektion bei Dia- oder Overheadprojektoren. **Beim Einsatz des Episkops ist es daher fast immer erforderlich, den Unterrichtsraum voll zu verdunkeln.**

5.2.10.3 Zum Einsatz der Epiprojektion

Der größte Vorteil der Epiprojektion besteht darin, daß die zu projizierenden Vorlagen praktisch in keiner Weise technisch vorbereitet werden müssen. Mit dem Episkop lassen sich Bilder, Zeichnungen, Buchseiten – kurz alles, was auf undurchsichtigen Vorlagen geschrieben, gezeichnet oder gedruckt ist – un-

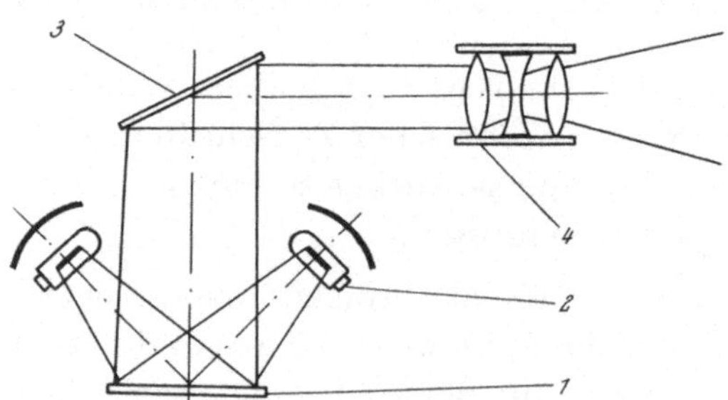

Abb. 63. Strahlengang beim Episkop. Hier handelt es sich nicht wie bei der Dia-, Overhead- oder Filmprojektion um die sog. Durchlichtprojektion (durchsichtige Vorlagen werden durchleuchtet) sondern um eine *Auflichtprojektion*. Die undurchsichtige Projektionsvorlage (*1*) wird von starken Lampen (*2*) beleuchtet. Das von der Vorlage reflektierte Licht wird über einen Umlenkspiegel (*3*) und das Objektiv (*4*) auf die Projektionsfläche geworfen

mittelbar vergrößert wiedergeben. Manche Episkope ermöglichen sogar die Arbeit mit Vorlagen, welche größer sind als die eigentliche Bild-Nutzfläche des Projektors. Diese Episkope können von ihrem Grundgestell abgenommen und auf beliebig große Vorlagen, z. B. auf große Schaltpläne, Baupläne, Landkarten etc., aufgesetzt und dort auch verschoben werden.

Das Episkop kann auch als **Vergrößerungsgerät**, z. B. bei der Erstellung von Lehrbildtafeln, verwendet werden. Die gewünschte Vorlage aus einem Buch, Prospekt o.ä. wird auf ein Zeichenpapier vergrößert projiziert und die Linien werden einfach nachgezogen. Auf diese Weise können auch zeichnerisch nicht Begabte ansprechende große Lehrbilder erstellen.

5.2.11 Zur Filmprojektion

Die bisher besprochene Dia-, Overhead- und Epiprojektion gestattete im Prinzip nur die Darstellung stehender Bilder, eine sogenannte **statische Visualisierung**. Die Filmprojektion ermöglicht hingegen die Projektion von beweglichen durchsichtigen Bildern, eine sogenannte **dynamische Visualisierung**. Der Film kann daher, überlegt eingesetzt, ein außerordentlich wirkungsvolles visuelles Medium für den Unterricht sein – auch wenn er in den letzten Jahren gegenüber dem Video – der Fernsehtechnik – stark an Bedeutung verliert. Mit dem Einsatz der Fernsehtechnik im Bildungswesen werden wir uns im weiteren, z.B. im Kapitel 5.5.1, befassen.

5.2.11.1 Zu den Informationsträgern

Das klassische Filmmaterial besteht aus schwer entflammbarer Azetylzellulose, auf der die eigentliche lichtempfindliche Schicht aufgebracht ist. Es gibt verschiedene Filmformate. In professionellen Kinos wird entweder Breitwand-

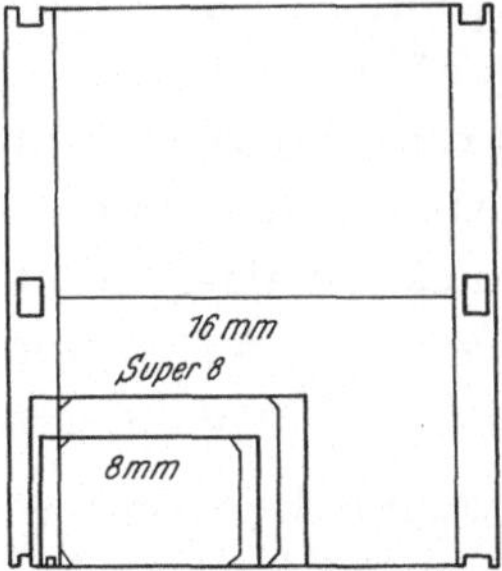

Abb. 64. Einige Filmformate: Das 16mm-Format wird im Bildungswesen noch häufig verwendet, die 8mm-Formate haben mit der Entwicklung der Videotechnik stark an Bedeutung verloren

film (70 mm) oder das Standardkinofilmformat (35 mm) verwendet. Im Unterrichtswesen spielte lange Zeit eine führende Rolle der 16 mm-Film, welcher durch annähernde Halbierung des Standardkinofilmformates entstand. Den 16 mm-Film bekommt man entweder beidseitig perforiert, oder – für Vertonung – mit einseitiger Perforation. Durch eine weitere Halbierung kam man zum Film mit 8 mm Breite, zum sogenannten „Doppel 8". Im Jahr 1964 erschien der sogenannte Super-8-Film auf dem Markt; dieser hat gegenüber dem normalen 8 mm-Film eine um fast 50% größere Bildfläche (5,69 × 4,22 mm) (Abb. 64).

5.2.11.2 Zu den Projektoren

Am Markt wird eine Auswahl von Projektoren verschiedener Hersteller angeboten – die einzelnen Projektortypen nützen aber das gleiche Prinzip, die Durchlichtprojektion, wie Dia- oder Overheadprojektoren. Die Funktionsweise eines Filmprojektors unterscheidet sich von der eines Diaprojektors eigentlich nur dadurch, daß das Diabild durch einen zusammenhängenden Filmstreifen mit belichteten Einzelbildern ersetzt ist, von denen das nächste jeweils eine weitere Bewegungsphase darstellt, und diese Einzelbilder relativ schnell nacheinander auf die Bildwand projiziert werden. Durch die schnelle Aufeinanderfolge der Einzelbilder entsteht der Bewegungseindruck; die Bildfrequenz beträgt gewöhnlich 18 oder 24 Bilder/sec. Filme, die für das Fernsehen gedreht werden, haben 25 Bilder/sec.

5.2.11.3 Zum Einsatz der Filmprojektion

Für den Einsatz der Filmprojektion (und auch von Video) im Unterricht gelten viele der allgemeinen Überlegungen, welche wir schon beim Einsatz der Dia-, Overhead- bzw. Epiprojektion erwähnt haben. Ein gravierender Unterschied besteht aber – der Unterschied zwischen der statischen Visualisierung der bisher erörterten Projektionsarten und der bei der Filmprojektion und bei Video gegebenen dynamischen Visualisierung. Während die durch Dia-, Overhead- und Epiprojektion dargebotenen Bilder **„verweilend"** betrachtet werden, handelt es sich bei der Filmprojektion sowie bei Video im Prinzip um **„flüchtig"** präsentierte Darstellungen.

Der große Vorteil der dynamischen Darbietung bei der Filmprojektion kann didaktisch in bestimmten Fällen auch unerwünscht sein; das Bild verschwindet manchmal vielleicht zu schnell von der Projektionsfläche. Die Spezifika des Films müssen erkannt, berücksichtigt und für den unterrichtlichen Einsatz der Filmprojektion sinnvoll genützt werden. Wie bei allen anderen Medien ist auch beim Einsatz von Filmen im Unterricht der Grundsatz der **Medienoptimalität** einzuhalten – d. h. jedem Medium soll nur der Stoff zugeordnet werden, der den spezifischen Eigenschaften des Mediums entspricht.

Der Filmeinsatz ist dann voll berechtigt und sinnvoll, wenn die Film- und Video-Spezifika wirklich relevant zur Geltung kommen. Es handelt sich insbesondere um folgende spezifische Eigenschaften:

- Darstellung dynamischer Vorgänge, Bewegungsabläufe;
- Möglichkeit der Zeitraffung (langsam ablaufende Bewegungen können beschleunigt werden);
- Möglichkeit der Zeitlupe (schnell ablaufende Vorgänge können verlangsamt beobachtet werden – z. B. schnellaufende Maschinen etc.);
- Darstellung beweglicher Mikroobjekte (mikroskopische Darstellungen für einen großen Zuschauerkreis) und Makroobjekte (große Maschinen, Produktionsstätten, Weltraumobjekte können im Unterrichtsraum gezeigt werden);
- Möglichkeiten des Trickfilmes (z. B. Zeichentrickfilme zum elektrischen Strom etc.);
- emotionelle Ausdruckskraft.

Durch den Film- bzw. Videoeinsatz im Unterricht können verschiedene Ziele verfolgt werden. Typisch ist insbesondere der Einsatz zur Einleitung einer Lehrveranstaltung, weiterhin zum Abschluß des Unterrichts und selbstverständlich als echt „integraler" Bestandteil der Lehrveranstaltung.

Der Film als **„Einleitung"** soll in der Regel motivierend wirken, das Gefühl, die Teilnahme und das Interesse der Zuschauer anregen. Dies kann z. B. durch gekonnte Darstellung der Perspektiven des Fachgebietes, durch Darstellung attraktiver Anwendungsmöglichkeiten u. ä. erreicht werden. Der Film kann bewußt Probleme aufwerfen, aber vorerst keine Lösung anbieten – also eine Diskussionsgrundlage bilden usw.

Der Film als **„Abschluß"** soll das Unterrichtsthema abrunden, vervollständigen. Ein Abschlußfilm kann eine vertiefende Zusammenfassung des Stoffes bringen, eine Wiederholung des Stoffes im breiteren Kontext und anderen Zusammenhängen, einen Ausblick auf weitere Anwendungsmöglichkeiten der erarbeiteten Gesetze etc.

Der Film als **„Arbeitsgrundlage"** soll einen organischen Bestandteil des Unterrichts bilden. Der Wortteil „Arbeit" soll hier zum Ausdruck bringen, daß die Form des Filmeinsatzes eine optimale Einfügung des Films in das Unterrichtsgeschehen zum Ziel hat. Dieser Gedanke wird vielleicht besser durch die Bezeichnung **„Single Concept Film"** umschrieben. Gemeint ist ein Film, der sich präzise auf einen Lehrinhalt bezieht, der sich „nahtlos" in die

Unterrichtseinheit einfügt. Aus dieser Sicht sollte ein „Arbeitsstreifen", ein single concept film, etwa folgenden Ansprüchen gerecht werden:

- inhaltlich genau den Lehr/Lernzielen entsprechen;
- nur Grundbegriffe und -phänomene im Strukturgefüge des gegebenen Stoffes beinhalten;
- die Film-Spezifika nützend, nur eine dem Thema entsprechende Informationsmenge enthalten (in der Regel nur einige Minuten dauern);
- den Vorkenntnissen der Adressaten entsprechen;
- die Länge der einzelnen Darstellungen soll der Apperzeptionsgeschwindigkeit der Adressaten entsprechen.

Eine wichtige Voraussetzung für den sinnvollen Einsatz von Filmen (selbstverständlich auch von anderen Medien) in den Unterricht ist deren Verfügbarkeit. Der Film muß genau zu dem Zeitpunkt verfügbar sein, den die Unterrichtsplanung des Lehrenden vorsieht. Die beste Verfügbarkeit ist selbstverständlich dann gegeben, wenn die Filme direkt an den einzelnen technischen Schulen oder Hochschulen archiviert werden.

Es ist nicht gut möglich, exakte Regeln für den Film- bzw. Videoeinsatz in konkrete Lehrveranstaltungen anzugeben. Wir wollen hier als Beispiel das in Abb. 65 angedeutete Modell anführen. Die Adressaten müssen vor der Filmvorführung auf den Film vorbereitet werden. In der **„Einleitung"** soll die Stellung des Filminhaltes in der gesamten Stoffstruktur geklärt werden, es sollen alle für das Verständnis des Films erforderlichen Begriffe klar sein, es sollen Aufgabenstellungen gegeben werden – Hinweise auf Dinge, welche besonders beachtet werden sollen, usw. Bei der **„eigentlichen Filmprojektion"** sollte der Lehrende vorerst nicht eingreifen, sondern sich nur auf Beobachtung des Adressatenverhaltens beschränken. Oft ist es vorteilhaft, **den Film zweimal zu zeigen**; dies ist insbesondere bei single concept-Filmen wegen ihrer Kürze gut möglich. Bei der zweiten Vorführung kann dann der Lehrende z. B. ein eigenes Kommentar

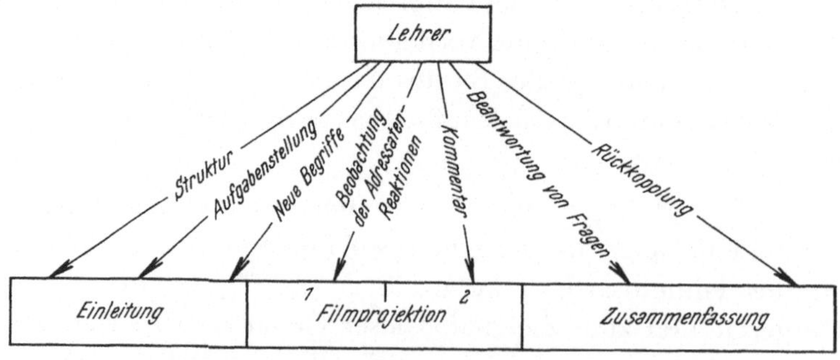

Abb. 65. Zum Einsatz der Filmprojektion

geben, welches auf die bei der ersten Filmvorführung beobachteten Adressatenreaktion eingeht. Nach der Vorführung, bei der **„Zusammenfassung"**, sollte der Film diskutiert, Probleme geklärt, Fragen beantwortet werden.

5.3 Die klassische „auditive" Gerätefamilie und ihr Einsatz im Unterricht

In unserer Zeit, in der durch das große Angebot vieler visueller Reize eine gewisse Hörträgheit begünstigt wird, stellen auditive Unterrichtsmittel u. a. ein bestimmtes Gegengewicht zu den visuellen Mitteln dar. Schüler können beim Einsatz auditiver Medien üben, Akustisches konzentriert aufzunehmen.

Das Zuhören allein, ohne direkten visuellen Kontext, ist in gewissem Sinne intimer, akzentuiert den Inhalt, konzentriert die Aufmerksamkeit auf das Vorgetragene. Für bestimmte Fächer sind auditive Unterrichtsmittel geradezu prädestiniert – es sind dies z. B. der Fremdsprachenunterricht, Musikerziehung u. a.

Im technischen Unterricht werden rein auditive Medien relativ weniger verwendet, wir werden uns darum in diesem Buch mit der „auditiven" Gerätefamilie nicht weiter befassen. Wir wollen hier der Vollständigkeit wegen nur die wichtigsten Geräte und Einrichtungen dieser Gruppe aufzählen und im sonstigen auf die spezialisierte Literatur verweisen.

Zu den auditiven Unterrichtsmitteln gehören in erster Reihe die sogenannten Tonspeicher. Zur Tonspeicherung werden folgende Prinzipien verwendet:

- mechanische (Plattenspieler – Schallplatte),
- magnetische (Tonbandgeräte – Magnetband),
- optische (Tonfilm – Filmband),
- opto-elektronische (Compact-Disc, „CD").

Weiterhin zählen wir zu den auditiven Unterrichtsmitteln insbesondere den Rundfunk (Schulfunk) und spezielle Sprachlehranlagen (Sprachlabor).

5.4 Die klassische „audiovisuelle" Gerätefamilie und ihr Einsatz im Unterricht

Die audiovisuelle Gerätefamilie umfaßt Geräte, Einrichtungen und Systeme, mit deren Hilfe Informationen auf der Grundlage des Gehör- und Gesichtssinns vermittelt werden. Die Forderung nach einer Kombination auditiver und visueller Stimuli ist schon auf **Comenius** zurückzuführen: „... daß alles soviel als möglich den Sinnen vergegenwärtigt werde ..."

Zu den klassischen audiovisuellen Unterrichtsmitteln gehören insbesondere die Tonbildschau und der Tonfilm.

5.4.1 Die Tonbildschau

Als Tonbildschau (Tonbildreihe, Tonbildserie o. ä.) bezeichnet man üblicherweise eine gleichzeitige Darbietung projizierter statischer Bilder mit auditiver Begleitung. Die akustischen Signale werden üblicherweise auf einem Tonband gespeichert, der Bildteil besteht in der Regel aus Diapositiven.

Die Synchronität im Bild-Ton-Ablauf ist am simpelsten manuell realisierbar. Am Tonband werden neben dem eigentlichen Text auch hörbare Zeichen für die Bildfortschaltung (z. B. ein Stichwort, ein diskreter Klopflaut, Gong etc.) aufgenommen. Das Ertönen dieses Zeichens bildet für den Vorführer das Signal für die Durchführung des Bildwechsels.

Vollautomatisch läuft eine Tonbildschau, wenn dem Tonbandgerät neben dem Liefern der eigentlichen auditiven Information auch noch das Steuern eines automatischen Diaprojektors anvertraut wird – das Tonband muß den Kontakt für den Bildwechsel selbst auslösen. Anfangs klebte man auf die Rückseite des Tonbandes an den Stellen, an denen ein Bildwechsel stattfinden sollte, ein Stückchen elektrisch leitfähiger Folie auf. Nun zeichnet man magnetische Schaltimpulse auf das Tonband auf; hierzu wird ein zusätzliches Diasteuergerät verwendet.

In letzter Zeit werden alle erwähnten Einzelgeräte, d. i. der Diaprojektor, das Tonbandgerät sowie das Diasteuergerät in einem Kompaktgerät vereinigt.

In den üblichen „schulischen“ Situationen wird die Tonbildschau nicht sehr häufig eingesetzt. Größeren und durchaus sinnvollen Einsatz findet sie z. B. bei der Verkäuferschulung, Produktenvorstellung, Außenbeamtenschulung, Werbung (Ausstellungen, Messen), bei der Erläuterung von Arbeitsabläufen für ausländische Mitarbeiter etc.

5.4.2 Der Tonfilm

Zur Problematik des Filmes haben wir schon Angaben im Rahmen der „visuellen“ Gerätefamilie gemacht. Der auditive Teil bei Tonfilmen bietet insbesondere Sprache, Musik und Geräusche.

Sprache wird realisiert insbesondere in der Form von Kommentar, Monolog oder Dialog. Ein Kommentar soll primär der Vervollständigung oder Erweiterung des optisch dargebotenen dienen; es sollen nur Informationen gebracht werden, die aus dem Bildinhalt selbst nicht hervorgehen. Beim Kommentar kann man üblicherweise auf eine lippensynchrone Vertonung verzichten, nachdem der Moderator meistens nicht „im Bild" ist, sondern im „off". Bei Unterrichtsfilmen sollte der Moderator im Bild nicht viel in Erscheinung treten – zur Vermittlung neuer Informationen ist er optisch meist nicht erforderlich.

Musik läßt sich zur Dramatisierung oder Untermalung des Bildinhaltes einsetzen. Soll eine emotionelle Wirkung erreicht werden (Unterrichtsfilme mit historischen u. a. Themen) kann der Musikeinsatz sinnvoll sein. Auf Musik nur als untermalende Geräuschkulisse kann man bei Unterrichtsfilmen (insbesondere bei technischen Filmen) ohne weiteres verzichten. Da Bild und Kommentar bereits die ganze Aufmerksamkeit der Adressaten erfordern, kann bei vielen Zuschauern untermalende Musik eher störend als konzentrationsfördernd wirken.

Durch die **Einbeziehung von Geräuschen** kann die Bildaussage oder der Ablauf einer Handlung wirklichkeitsgetreuer gestaltet werden. Töne mit inhaltlicher Relevanz (Geräusche vorgeführter Maschinen etc.) haben im Tonfilm eine echte Funktion. Bei Geräuscheinblendungen muß selbstverständlich auf Bildsynchronität geachtet werden.

Vom technischen Gesichtspunkt sollte erwähnt werden, daß bei der Filmvertonung entweder das magnetische Prinzip (auf dem Filmstreifen aufgetragene Magnetspur) oder die sogenannte optische Tonspeicherung verwendet wird. Bei Verwendung des magnetischen Speicherprinzips spricht man von **Film mit Magnetton**, bei Tonfilmen, deren Toninformation mit Hilfe des optischen Prinzips gespeichert wurde, spricht man üblicherweise von **Film mit Lichtton**.

5.5 Die neuen Informations- und Kommunikationstechnologien

Die neuen Informations- und Kommunikationstechnologien beeinflussen und verändern in zunehmendem Maße unser Bildungssystem. Zusätzlich zu den ursprünglichen – „klassischen" – unterrichtstechnologischen Geräten etablieren sich, insbesondere unter dem Einfluß der modernen Elektronik, „neue" Geräte, Einrichtungen und Systeme.

Durch das Zusammenwachsen der Fernseh-, Computer- und im breitesten Sinne der Telekommunikationstechnologie sind Informations- und Kommunikationstechnologien großer Mächtigkeit entstanden. Diese Technologien beeinflussen auch das Bildungswesen indem sie neue Formen des Lehrens und Lernens ermöglichen.

Die Möglichkeiten welche die neuen Technologien für die Entwicklung und Realisierung neuer Lehr- und Lernformen bieten, müssen noch weiter erschlossen und erprobt werden. In diesem Kapitel kann nur eine knappe Darstellung der diesbezüglichen aktuellen Situation geboten werden.

5.5.1 Das Bildungsfernsehen

Unter dem Begriff „Bildungsfernsehen“ wollen wir aus der Sicht des Unterrichtsprozesses ganz allgemein alle mit Hilfe der Fernsehtechnik im Hinblick auf den Unterrichtsprozeß organisierten Aktivitäten verstehen. Im speziellen werden folgende Arten des Fernsehens in der Schule unterschieden: **Öffentliches Fernsehen**, **klassen- oder hörsaalinternes Fernsehen**, **schul- bzw. universitätsinternes Fernsehen**, **gebietsinternes Fernsehen** und als spezielle Art des TV-Einsatzes im Bildungswesen die sogenannte **TV-Unterrichtsmitschau**.

5.5.1.1 Zum öffentlichen Fernsehen

Die einfachste Art des Fernsehens im Bildungswesen, das „öffentliche“ Fernsehen, besteht darin, daß das von einem öffentlichen Fernsehsender ausgestrahlte Programm über ein Antennennetz in die Unterrichtsräume gelangt und dort mit Fernsehempfängern empfangen werden kann.

Die Schwierigkeit besteht insbesondere darin, daß eine zeitliche Übereinstimmung der Lehrveranstaltungen mit den Sendezeiten und -inhalten in der Regel nicht gegeben ist. Die interessierenden Fernsehsendungen müssen darum aufgezeichnet, gespeichert, werden. Hierzu werden insbesondere Videorekorder verwendet.

a) Das technische Grundprinzip des Fernsehens Einleitend wollen wir hier an die Grundlage des Fernsehens, an das Grundprinzip der elektronischen Bildübertragung erinnern. Das Fernsehen beruht auf der **punktweisen** Abtastung des zu übertragenden Bildes und der sequentiellen (nacheinander) Übertragung der Helligkeits- und Farbwerte der einzelnen Bildpunkte zum Wiedergabeort (s. Abb. 66).

Nach der in Europa überwiegend verwendeten CCIR Norm (CCIR = Comité Consultatif International de Radiocommunications) wird jedes Bild in 625 Zeilen zerlegt und es werden 25 Einzelbilder in der Sekunde übertragen.

Die Fernsehkamera steht ganz am Anfang der TV-Übertragungskette. Sie ist der Informationswandler (IW) (Abb. 66) vom optischen Bild zur sequentiellen elektrischen Signalfolge. Am Ende der Übertragungskette steht der reziproke Informationswandler (RIW) – die Bildröhre des Fernsehempfängers, welche die elektrischen Signale wieder in optische Signale, das übertragene Bild, umsetzt.

b) Videorekorder Genauso wie es möglich ist, Tonsignale auf Magnetband aufzuzeichnen, zu speichern und vom Band wiederzugeben, können grund-

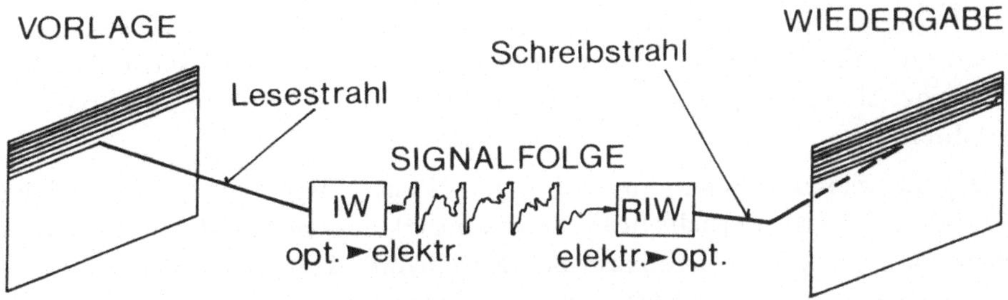

Abb. 66. Grundprinzip der Fernsehens: Die Vorlage wird auf der Aufnahmeseite vom „optisch-elektronischen" Informationswandler IW (stark vereinfacht gesagt von der Fernsehkamera) punktweise und zeilenweise „gelesen". Die optischen Informationen der einzelnen Punkte werden in elektrische Signale umgewandelt und diese zur Empfangsseite übertragen. Hier werden im reziproken Informationswandler RIW (Bildröhre) die elektrischen Signale in entsprechende optische Signale rückverwandelt und aus den einzelnen Punkten und Zeilen wieder das übertragene Bild zusammengesetzt

sätzlich auch Bilder mit Hilfe von Videorekordern magnetisch gespeichert und zu beliebiger Zeit wiedergeben werden.

Ein gutes Tonbandgerät kann Frequenzen bis zu etwa 20.000 Hz aufzeichnen. Um ein gutes Fernsehbild auf Magnetband aufzuzeichnen, müssen viel höhere Frequenzen verarbeitet werden.

Die Breite des Frequenzbandes ist entscheidend für die erreichbare **Auflösung des Videorekorders, d.i. für seine Bildschärfe**. Bei professionellen Geräten muß die Verarbeitung des vollen Frequenzbandes bis 5 MHz (5 Mio. Hz) unbedingt angestrebt werden, wobei auch an den Grenzen des Frequenzbandes nur geringe Fehler zugelassen werden können. Bei semiprofessionellen Geräten und insbesondere bei Geräten für den allgemeinen Bedaf ist man in der Praxis aus wirtschaftlichen Überlegungen dazu gekommen, das Frequenzband etwas einzuengen. Der Stand der Technik ermöglicht es leider derzeit noch nicht, preisgünstige Geräte zu bauen, die eine volle 5-MHz-Auflösung haben.

Die Aufzeichnung von so hohen Frequenzen ist viel schwieriger als die von der Tonaufzeichnungstechnik bekannte Problematik der Speicherung von etwa 20.000 Hz. Worin besteht das Hauptproblem bei der Speicherung hoher Frequenzen?

Die erreichbare obere Frequenzgrenze hängt von der Spaltbreite im Magnetkopf des Rekorders und von der Bandgeschwindigkeit ab. Für die Aufzeichnung hoher Frequenzen sind hohe **Bandgeschwindigkeiten** und **Magnetköpfe mit kleinster Spaltbreite** erforderlich.

Bei der bei Tonbandgeräten üblichen Technik, bei der das Magnetband an einem unbeweglichen Magnetkopf vorbeigezogen wird, müßte für die Aufzeichnung von Bildern die Bandgeschwindigkeit sehr hoch sein. Dies würde einen unzumutbar hohen Bandverbrauch verursachen – die Bandspule hätte gewaltige Abmessungen und kaum jemand könnte das teure Bandmaterial bezahlen.

Die Entwicklungsingenieure haben für dieses Problem eine kluge Lösung gefunden. Die erforderliche hohe Geschwindigkeit zwischen Magnetband und Magnetkopf kann bei vertretbarer Bandgeschwindigkeit dadurch erreicht werden, daß man statt des feststehenden Magnetkopfes einen oder mehrere **bewegte Köpfe** verwendet. Durch die Anwendung von an einer rotierenden Trommel (Kopftrommel) befestigten Videoköpfen lassen sich auch bei relativ langsamer Bandgeschwindigkeit hohe Abtastgeschwindigkeiten erreichen. Diese prinzipielle Lösung wird heute bei praktisch allen Videorekorder-Systemen verwendet.

Entscheidend für das konkrete Spurbild auf dem Videomagnetband ist die Anordnung der Videoköpfe sowie die Bandführung. Die konstruktive Lösung dieser Teile ist bei den einzelnen Videorekorder-Standards unterschiedlich.

Bei der heute üblichen Schrägschriftaufzeichnung wird das Magnetband schraubenlinienförmig um eine Trommel mit rotierenden Videoköpfen herumgeführt. Prinzipiell ist eine solche Anordnung in Abb. 67 angedeutet.

Durch die unterschiedlichen Bandführungen und Kopfanordnungen entstehen die verschiedenen nicht kompatiblen Spurlagenbilder der einzelnen Videorekorder-Standards.

Für die volle Nutzung von Videoaufzeichnungen bildet die Möglichkeit einfacher Austauschbarkeit der Bandaufnahmen zwischen verschiedenen Vi-

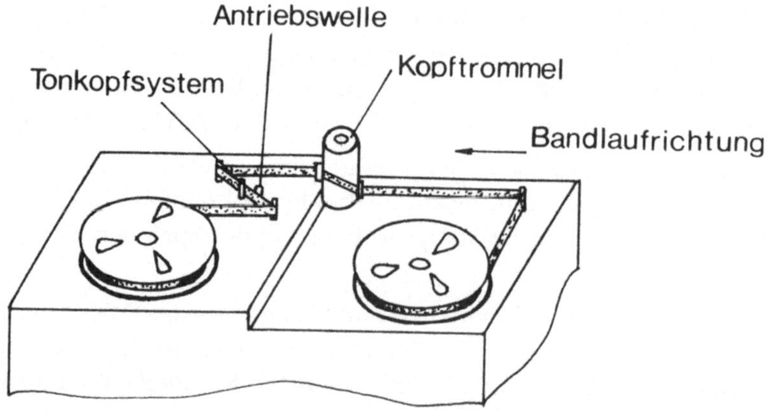

Abb. 67. Prinzip des Videorekorders: Die Bildinformation wird von auf der rotierenden Kopftrommel montierten Videoköpfen auf das Magnetband übertragen

deorekordern eine Grundvoraussetzung. **Die Kompatibilität, d.i. die Verträglichkeit bzw. Vereinbarkeit der einzelnen Videorekorder-Standards, ist aber nicht gegeben.** Dies bedeutet, daß ein Videoband, welches auf einem Videorekorder des Standards *XY* bespielt wurde, nur auf Rekordern des gleichen Standards *XY* abgespielt werden kann.

In den letzten Jahren sind weit mehr als 20 unterschiedliche – nichtkompatible – Videorekorder-Standards auf den Markt gekommen. Die meisten sind aber nach kurzer Zeit wieder verschwunden, konnten sich nicht durchsetzen.

Auf dem Sektor der Videorekorder für den allgemeinen Bedarf dominiert derzeit **„VHS"**, das sogenannte Video Home System, welches 1975 von der japanischen Firma JVC auf den Markt gebracht wurde. Durch Lizenz-Produktionen hat sich dieser Standard weltweit durchgesetzt. Weiterentwicklungen laufen unter der Bezeichnung **S-VHS** (**Super-VHS**) bzw. unter Berücksichtigung der besonderen Ansprüche im professionellen Videobereich als Professional-S.

Gleichfalls stark vertreten im Bereich der Videorekorder für den allgemeinen Bedarf ist der Standard **Video-8**. Dieser ist insbesondere bei den Kamerarekordern sehr gut im Rennen. Dieser Standard entstand als Ergebnis von im Jahr 1980 begonnenen Diskussionen der Firmen Hitachi, Matsushita und Sony. 1983 haben sich 128 Produzenten auf diesen Standard geeinigt. Die Weiterentwicklung von Video-8 hat die Bezeichnung **Hi-8**. Modernste Kamerarekorder folgen dem Trend – **die Videoproduktion der Zukunft geschieht digital**. Leistungsstarke Geräte nach den neuen digitalen Standards werden höchstwahrscheinlich in kürzester Zeit auch im Bildungswesen dominieren.

c) Kamerarekorder Kamerarekorder (verkürzt auch Kamkorder) sind typische Beispiele der Entwicklungslinien moderner Elektronik: **Miniaturisierung und Integration**. Abbildung 68 veranschaulicht es – sowohl Fernsehkameras als auch Videorekorder werden immer kleiner (Miniaturisierung) und „wachsen" immer mehr zusammen (Integration) bis zu einem einzigen Gerät, dem Kamerarekorder.

Kamerarekorder sind sehr handliche, gut für den mobilen Einsatz geeignete Geräte. Auch in der Qualitätsgruppe für den allgemeinen Bedarf ermöglichen sie eine zufriedenstellende Bild- und Tonaufnahme, Speicherung und Wiedergabe. Die vereinfachte Skizze der Abb. 69 zeigt das „Innenleben" von Kamerarekordern. Die Kamera (oberer Teil des Gerätes) arbeitet üblicherweise anstelle von Vakuum-Bildröhren mit kleinen Halbleiterbildsensoren, der Videorekorder (unterer Geräteteil) mit miniaturisiertem Laufwerk und Videokassette (Magnetband in spezieller Kassette angeordnet).

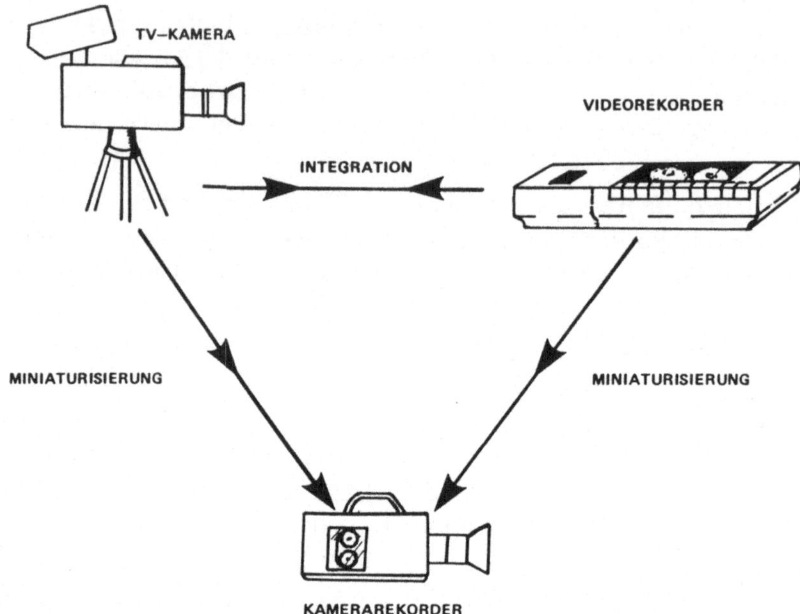

Abb. 68. Kamerarekorder: Fernsehkamera und Videorekorder sind zu einem Gerät verbunden, in einer handlichen, für den mobilen Einsatz gut geeigneten Form

Überall dort, wo die Qualität des professionellen Fernsehens nicht unbedingt erforderlich ist – und das ist im Bildungsbereich relativ häufig der Fall –, kann der Dozent mit dem Kamerarekorder einfach selbst seine „Filme" erstellen. Dies ist, analog wie beim traditionellen Film, insbesondere überall dort sinnvoll, wo Bewegungsabläufe das Geschehen bestimmen. Für den unterrichtlichen Einsatz von Videosequenzen gilt im Prinzip ähnliches wie beim Einsatz von Single Concept Filmen (s. Abschn. 5.2.11.3).

d) Bildplattenspieler Die Aufzeichnung von Bild und Ton auf sog. Bildplatten wurde technisch schon vor etwa 30 Jahren gelöst.

Während das Tonsignal auf Schallplatten als mechanisch gespeichertes Abbild in Rillen enthalten ist, wird beim Bildplattensystem „optoelektronisch" gearbeitet; die Informationen werden mit Hilfe einer Laser-Lichtquelle gespeichert und auch abgespielt. Manchmal findet man daher auch die Bildplatten-Bezeichnung „Laserdisc".

Die Aufzeichnungsqualität ist sehr gut, besser als bei den derzeitigen Videorekorder-Standards für den allgemeinen Gebrauch. Durch das optoelektronische Prinzip sind Bildplatten praktisch verschleißfrei. Szenenwiederholung, Standbild in hervorragender Bildqualität, Zeitlupe und Zeitrafer stehen zur Verfügung.

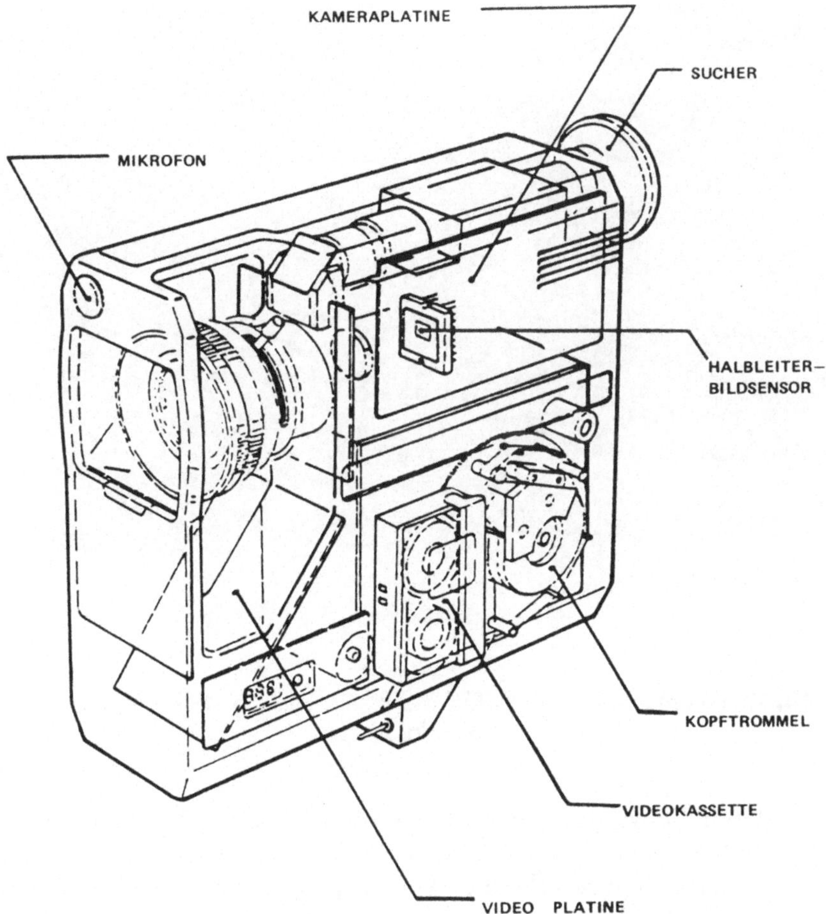

Abb. 69. Vereinfachte Darstellung eines Kamerarekorders: Im oberen Teil die Aufnahmeeinrichtungen, Mikrofon, Halbleiterbildsensor (oder miniaturisierte Vakuum-Bildaufnahmeröhre) u.a. Im unteren Teil die Rekordereinrichtungen, rotierende Kopftrommel mit Videoköpfen, Kassette mit Videoband (Videokassette) u.a.

Bildplattenspieler sind eigentlich Kombi-Geräte für „CD-Video". Abgespielt werden können sog. CD-Video-Singles (Plattendurchmesser 12 cm, bis zu 20 Minuten Tonaufzeichnung und 6 Minuten Video), CD-Video EP's (Plattendurchmesser 20 cm, insgesamt 40 Minuten Audio/Video), CD-Video-LP (30 cm Durchmesser, bis 2 Stunden Audio/Video) sowie auch „normale" CD's (12 cm Durchmesser, bis zu 74 Minuten – nur Audio).

Für den Bildungsbereich gut bewährt haben sich die Video-LP (Longplays). Auf diesen können bis zu 54.000 Einzelbilder pro Seite gespeichert werden wobei sekundenschneller gezielter Zugriff auf alle Einzelbilder oder Filmsequenzen gegeben ist.

Abb. 70. Kamerarekorder SONY, EVP-327P; ein leistungsstarkes Gerät des Hi-8 Standards

An weiteren Entwicklungen wird intensiv gearbeitet. Bei den aktuellen DVD's – Digital Video Disc oder zutreffender auch Digital Versatile Disc genannt – sind die digitalen Dateneinheiten (pits) nur halb so groß und halb so weit voneinander entfernt wie bei den üblichen CD's. Schon auf einer einfachen DVD können daher siebenmal mehr Daten untergebracht werden als auf einer CD.

e) Bildschirme basieren auf verschiedenen technischen Prinzipien. Bei Fernsehgeräten und Computern dominieren nach wie vor **Bildröhren**. Diese arbeiten nach dem Prinzip der Braunschen Röhren in denen Elektronen in einem Vakuumgefäß von einer Kathode aus beschleunigt, abgelenkt auf einen gekrümmten Leuchtschirm auftreffen. Diese Bauart bedingt eine große Bautiefe der Röhren und beschränkt technisch die Abmessungen der eigentlichen Bildfläche. Derzeit erreichen die Bildschirmdiagonalen höchstens 80 bis 90 cm.

Größere und flache Bildschirme können nach dem „Plasma"-Prinzip realisiert werden. Plasma ist der spezielle Zustand eines Gases (z.B. Neon und Xenon), bei welchem, wenn es unter elektrische Spannung gesetzt wird, ultraviolettes Licht ausgestrahlt wird. **Plasma-Bildschirme** bestehen aus vielen

Abb. 71. Flat Panel Monitor PFM-500A1W von Sony. Dieser Plasma-Bildschirm ermöglicht mit seinem advanced scan converter sowohl die Darstellung von Fernsehsignalen der Standards NTSC, PAL, HDTV als auch die Darstellung von Computersignalen

sehr kleinen Plasmakammern, die abwechselnd mit rotem, grünem und blauem Phosphor beschichtet sind. Trifft das ultraviolette Licht auf die Phosphorschicht, sendet diese sichtbares Licht aus. Je öfter das Plasma gezündet wird, desto heller und satter strahlt die Farbe beziehungsweise das Farbgemisch. Die Bildschirmdiagonalen bei modernen Fernsehgeräten mit Plasma-Bildschirmen liegen bei 110 cm. Die Bildschirme sind sehr flach – etwa 10 cm. Der langjährige Wunschtraum, ein serienmäßiger Fernseher zum An-die-Wand-Hängen, ist realisiert (Abb. 71). Das Vergnügen ist bei diesen ersten Geräten nicht gerade billig, derzeit (1998) 30 000 DM.

Noch weit größere Bilder (je nach Geräte-Typ Bilddiagonalen von 1 m bis zu einigen Metern) sind mit Video- bzw. Daten-**Projektoren** zu erreichen.

Schon längere Zeit gibt es auf dem Markt **Röhren-Projektoren**. Verwendet werden spezielle Bildröhren – diese strahlen über eine Optik das Bild auf eine Leinwand.

Neu sind **LCD-Projektoren**, das sind Projektoren mit Liquid Crystal (Flüssig-Kristal) Panelen. Eine Lampe strahlt hier wie bei einem Diaprojektor durch ein LC-Panel, in dem das Videobild bzw. die Daten vom Computer ablaufen.

Abb. 72. LC-Projektor VPL 600E von Sony ermöglicht je nach Projektionsabstand eine Bilddiagonale von 102 bis 762 cm. Die Abmessungen des Gerätes sind 339 × 136 × 322 mm (B × H × T), Gewicht ca. 5,7 kg

Moderne LC-Projektoren ähneln in Aussehen, Abmessungen und Gewicht klassischen Diaprojektoren und können je nach Projektionsabstand Bilder mit Diagonalen bis zu einigen Metern projizieren. Spezielle Präsentationsprogramme ermöglichen, am Computer Präsentationsgrafiken in professioneller Qualität zu erstellen und diese dann als „elektronische Diaserie" großflächig zu projizieren. Abbildung 72 zeigt einen modernen LC-Projektor.

f) Zum Sichtbereich beim Fernsehen Bei der optischen Projektion haben wir als Sichtbereich jene Fläche definiert, in der jedem Zuschauer optimale Sichtverhältnisse geboten werden. Auch zum Fernsehbildschirm sind bestimmte Sichtbedingungen einzuhalten. Nachdem beim Fernsehen andere Randbedingungen für die den Sichtbereich begrenzenden Linien gegeben sind als bei der „klassischen" optischen Projektion, ergeben sich beim TV-Sichtbereich andere Abmessungen. Die allgemeine Form des TV-Sichtbereiches kann als identisch mit dem „optischen" Sichtbereich in Abb. 48 angenommen werden. Als Faustregel für die Abmessungen des TV-Sichtbereiches bei Fernsehempfängern können folgende vereinfachte Werte angegeben werden:

$$D_{min} \doteq 4\,b \quad (3{,}3\,Q)$$
$$D_{max} \doteq 11\,b\ (9\,Q)$$
$$\varphi \doteq 45°$$

Die Herleitung dieser Abmessungen (b = Bildschirmbreite, Q = Bildschirmdiagonale) sowie weitere Angaben können z. B. in [28] oder [29] gefunden werden.

5.5.1.2 Zum klassen- bzw. hörsaalinternen Fernsehen

Bei Anlagen für das klassen- bzw. hörsaalinterne Fernsehen stammt das Programm von einer direkt in der Klasse (Hörsaal) angeordneten Signalquelle, z. B. von einer kleinen Fernsehkamera, einem Computer, einem Videorekorder bzw. von einem Bildplattengerät. Einen für das hörsaalinterne Fernsehen verwendeten Lehrertisch zeigt Abb. 73. Die TV-Kamera ist hier auf der rechten Tischseite an einem speziellen Stativ befestigt und ermöglicht es, gezeichnete, gedruckte oder photographische Vorlagen sowie kleinere Gegenstände aufzunehmen. Als weitere Signalquelle dient bei diesem Tisch ein Videorekorder – hier auf der rechten hinteren Tischhälfte plaziert.

Der Lehrende stellt das von der Kamera oder vom Videorekorder gelieferte Bild mit Hilfe eines kleinen Sichtgerätes (Tischmitte) ein und schaltet es nachher durch einfachen Tastendruck auf die im Unterrichtsraum angeord-

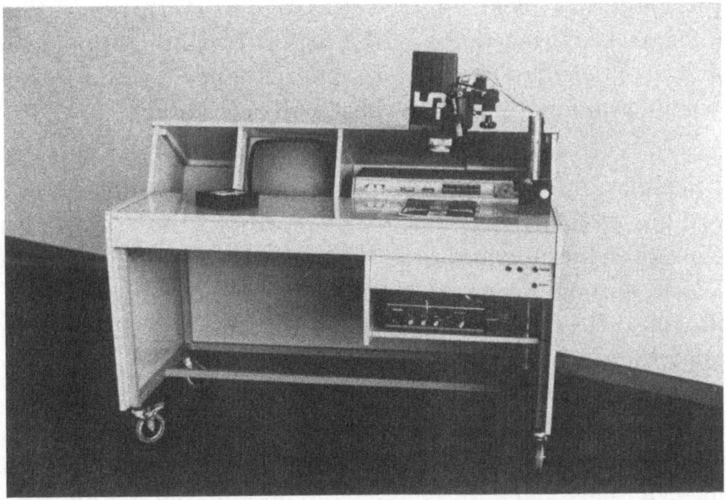

Abb. 73. Kleiner Lehrertisch für das hörsaalinterne Fernsehen: Oben rechts die auf einem Stativ montierte Fernsehkamera, darunter ein Videorekorder. In der Tischmitte ein kleines Sichtgerät (Fernsehempfänger)

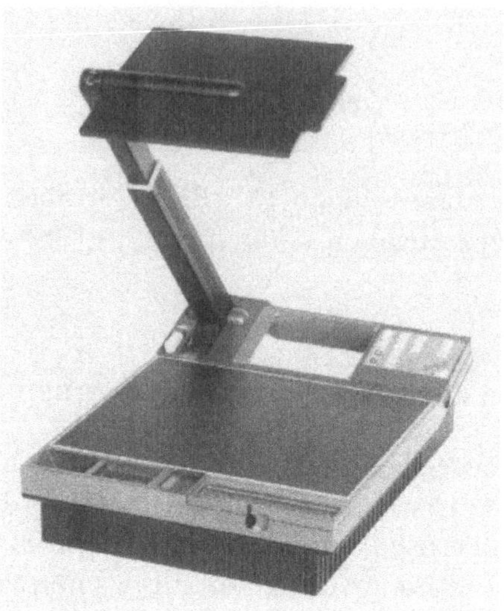

Abb. 74. Der VISUALIZER: Ermöglicht die Präsentation der verschiedensten Vorlagen (Objekte, Fotos, Dias, live erstellte Skizzen, Texte) auf Fernsehempfängern oder über Fernseh-Großbildprojektoren

neten Sichtgeräte (Bildschirme). Für große Hörsäle können entweder mehrere Sichtgeräte oder eine Einrichtung für TV-Großbildprojektion, dzt. überwiegend LCD-Projektoren, verwendet werden.

Gut geeignet für das Fernsehsystem eines Klassenzimmers, Seminarraumes etc. ist ein modernes elektronisches Gerät, der Wolfvision VISUALIZER (Abb. 74). Dieses Gerät hat in etwa die Abmessungen eines Overheadprojektors, ermöglicht aber die Darstellung praktisch jeder Art von Präsentationsmaterial auf TV-Empfänger oder TV-Großbildprojektoren.

Das klassen- bzw. hörsaalinterne Fernsehen stellt eine leicht zu handhabende, flexible und vielseitige Möglichkeit für die Unterrichtsgestaltung dar. Es wird auf einfache Art ermöglicht, undurchsichtige sowie durchsichtige Vorlagen (Zeichnungen, Photos, Prospekte, Buchseiten) praktisch ohne spezielle Vorbereitungen dem gesamten Adressatenkreis vorzuführen. Das gleiche gilt für reale Objekte, für Versuchsaufbauten auf dem Lehrertisch (insbesondere deutliche, große und für alle gut sichtbare Anzeige von Meßgeräten) etc. Durch Verwendung gekaufter oder selbst erstellter Videoproduktionen können bei Verwendung des Videorekorders auch dynamische Vorgänge dargeboten werden; es ist auch möglich, Filme auf Magnetband (Videoband) zu überspielen und diese dann im Rahmen der klasseninternen Fernsehanlage vorzuführen. Beim derzeitigen Stand der Technik ist eine solche Anlage auch durchaus in den Bereich des finanziell Erschwinglichen gerückt.

5.5.1.3 Zum schul- bzw. universitätsinternen Fernsehen

Diese Fernsehanlagen beinhalten schon einen speziellen Senderaum, bei größeren Einrichtungen ein kleines Fernsehstudio. In diesem Studio werden einfachere TV-Produktionen erstellt, welche entweder direkt „life" in alle an das Kabelnetz angeschlossenen Unterrichtsräume eingespielt oder mit Hilfe von Videorekordern auf Magnetband gespeichert werden können. Üblicherweise besteht auch die Möglichkeit, TV-Produktionen aus einzelnen Unterrichtsräumen in das Studio und über dieses in andere Unterrichtsräume (Multiplikationsfunktion) einzuspielen. Selbstverständlich können Sendungen des öffentlichen Fernsehens in das schul- bzw. universitätsinterne TV-Netz eingespielt werden.

In Abb. 75 ist das vereinfachte Block-Schaltbild der ursprünglichen universitätsinternen Fernsehanlage der Universität Klagenfurt angedeutet. Solche und ähnliche Einrichtungen sind nicht nur an manchen Hochschulen im Betrieb, sondern fanden vereinzelt schon vor längerer Zeit auch an anderen Schulen ihren Platz. So berichtet z.B. R. Just in [16] und [17] über die Fernsehpraxis und den Aufbau eines schulinternen Fernsehstudios an einer österreichischen Höheren Technischen Lehranstalt. Diese Anlage wurde zum größten Teil von den Studenten selbst geplant und gebaut; von Schülern der Hochbauabteilung wurden z. B. im Rahmen des Bauwerkstättenunterrichts die baulichen Maßnahmen vorgenommen, die Elektrotechnikabteilung verlegte

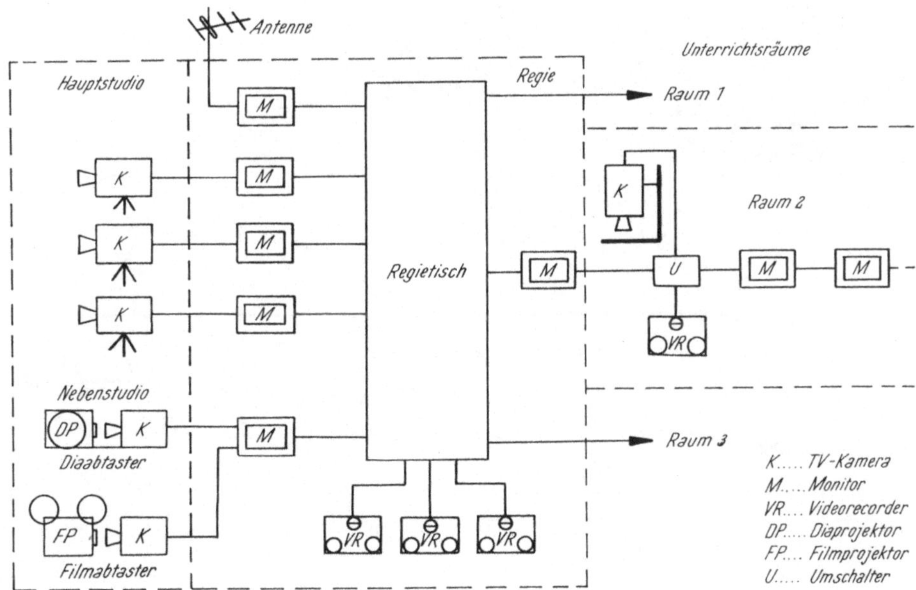

Abb. 75. Vereinfachtes Block-Schaltbild einer universitätsinternen Fernsehanlage

die Installation und die Studenten der Nachrichtentechnikabteilung kümmerten sich um die eigentliche elektronische Ausstattung. Die Fernsehanlage der erwähnten HTL war einerseits ein Experimentierfeld für Konstruktion, Werkstätten und Labors der Schule, andererseits wurden auch TV-Aufzeichnungen von Experimenten etc. sowie auch Aufzeichnungen für nichttechnische Unterrichtsgegenstände erstellt und in größerem Ausmaß geplant.

5.5.1.4 Zum gebietsinternen Fernsehen

Beim gebietsinternen Fernsehen werden von einer Stelle aus (z. B. vom größten schulinternen Fernsehstudio der Stadt) über Koaxialkabel bzw. über Richtfunkstrecken, Schulen einer Gemeinde oder einer Stadt auf Abruf mit Bildungs-TV-Programm versorgt (Abb. 76). Diese Art des Fernsehens wurde bisher in größerem Ausmaß z. B. in den USA und in Japan realisiert. Dazu drei Beispiele:

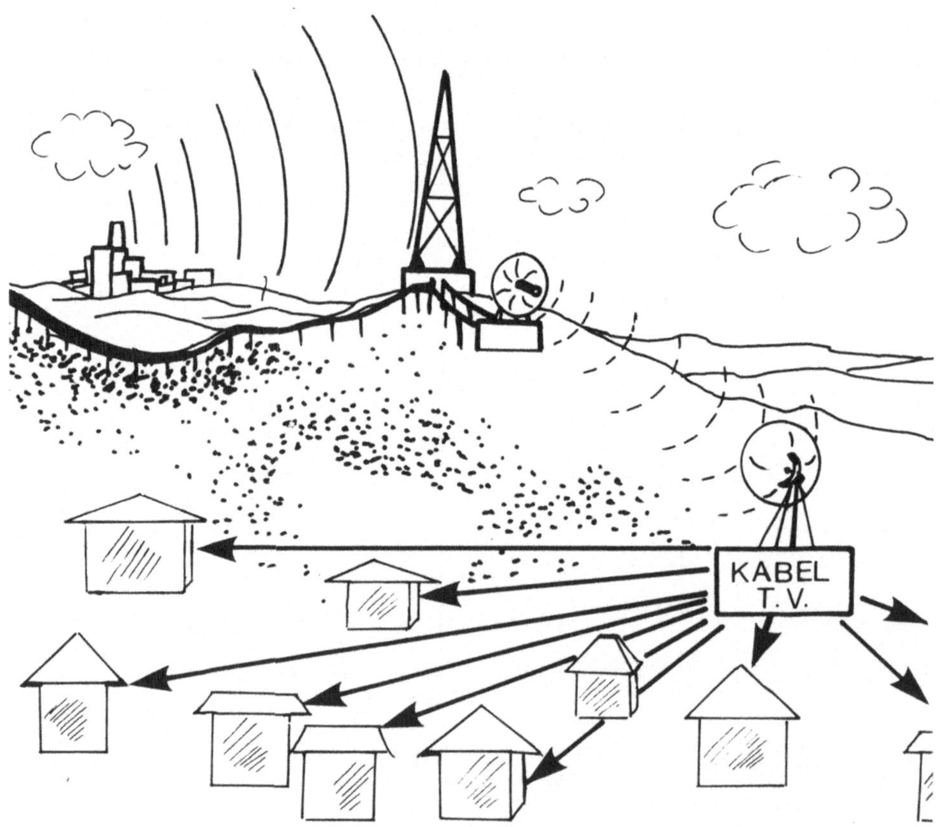

Abb. 76. Veranschaulichung von gebietsinternem Fernsehen

a) Stanford Instructional Television Network – SITN

Die Stanford-Universität wurde 1885 gegründet und gehört heute zu den bekanntesten Universitäten nicht nur in den USA, sondern weltweit. Schon mehrere Jahre betreibt diese Universität, seit 1995 im Rahmen des Stanford Center for Professional Development [43], das Stanford Instructional Television Network – SITN.

Die technische Basis dieses gebietsinternen TV-Systems besteht überwiegend darin, daß die Signale aus den entsprechend ausgestatteten Unterrichtsräumen der Universität über eine Richtfunkstrecke zum Sender unweit von der Universität übertragen werden. Dort werden sie frequenzmäßig umgesetzt und ausgestrahlt. Die Reichweite des Senders ermöglicht es die SITN-Abonenten im Umkreis von etwa 50 Meilen zu versorgen. Ausgestrahlt werden die Bild- und Tonsignale aus einigen Unterrichtsräumen zu den Adressaten. Eventuelle Fragen von den Adressaten können über Telefon live an die jeweiligen Vortragenden gerichtet werden. Es handelt sich also um **„One-Way Video“** und **„Two-Way Audio“** womit eine eingeschränkte Interaktivität bei diesem System gegeben ist.

Derzeit werden jährlich etwa 250 Kurse an ca. 5.000 Teilnehmer ausgestrahlt. Neben inskribierten Stanford-Studenten haben etwa 300 Betriebe die Kurse aboniert. Für Mitarbeiter von Betrieben ausserhalb des Sendebereiches bietet die Stanford-Universität Aufzeichnungen, also Videokasetten, des Unterrichts. Diese Variante wird als **„Tutored Video Instruction – TVI“** bezeichnet.

b) Das Inter-Campus Optical Network System (ICONS) des Tokyo Institute of Technology

Das Tokyo Institute of Technology (Tokyo Kogyo Daigaku) wurde 1881 gegründet und gehört zu den führenden japanischen technischen Ausbildungsstätten. Die beiden Standorte des Institutes, O-okayama und Nagutsuta, sind etwa 20 km voneinander entfernt. Dies bedeutet beim in Tokyo üblichen großen Verkehrsaufkommen eine etwa zweistündige „Reise“ und birgt für die Studenten und das Lehrpersonal beachtliche Probleme.

Schon im Jahr 1982 wurden die beiden Institutsstandorte mit in den Schächten der Untergrundbahn geführten Glasfaser-Kabeln verbunden [48]. Diese Verbindung ermöglicht u. a. die Realisierung von:

- Videokonferenzen
- TV- Fern-Lehrveranstaltungen für größere Adressatengruppen
- Individuelle TV-Fernkonsultationen, Beratungen, Prüfungen, etc.

Technisch handelt es sich um vollständiges **„Two-Way Video“** und **„Two-Way Audio“**. Bild- und Tonübertragung in beiden Richtungen, also Voraussetzungen für gute Interaktivität, sind gegeben.

c) Das Teleteaching-Projekt Telepoly der ETH Zürich

Beim Teleteaching-Projekt „Telepoly“ [51] handelt es sich um hochqualitative, synchrone, interaktive Audio/Video-Übertragung von Vorlesungen, Seminaren und Konferenzen von und nach anderen Institutionen unter Verwendung der Breitband-Übertragungstechnologie ATM (Asynchronous Transfer Mode). Diese Two-Way Video- und Two-Way Audio-Übertragung begann u. a. 1996 in einem Versuchsbetrieb zwischen der ETH Zürich und der EPFL Lausanne.

5.5.1.5 Zur Fernseh-Unterrichtsmitschau und Verhaltenstraining

Unter dem Begriff TV-Unterrichtsmitschau versteht man die durch den Einsatz der Fernsehtechnik ermöglichte indirekte Mitschau beim Unterricht, bei der sich die Mitschauenden außerhalb der beobachteten Unterrichtsklasse befinden. Bei der TV-Mitschau wird das Unterrichtsgeschehen üblicherweise durch elektrisch ferngesteuerte TV-Kameras erfaßt. Meistens werden zwei oder drei Kameras verwendet, um das wechselnde Unterrichtsgeschehen womöglich vollständig erfassen zu können (Lehrer- und Schüleraktivitäten). Das akustische Geschehen wird durch mehrere Mikrophone aufgenommen.

Eingesetzt wird die TV-Mitschau vor allem in der Lehreraus- und -weiterbildung. Gute Erfahrungen mit solchen Einrichtungen konnte der Autor dieses Buches u. a. bei Postgraduate-Kursen für Neulehrer Höherer Technischer Lehranstalten, bei Summerschools für Lehrende technischer Hochschulen und ähnlichen Veranstaltungen machen. Auch in der Industrie, überall, wo es sich um Verhaltenstraining handelt, können solche Anlagen wertvolle Dienste leisten. Über einschlägige Erfahrungen bei IBM berichten z. B. W. Thomas und C. D. Heinze in [32].

5.5.2 Computer im Bildungswesen – Lehr/Lernmaschinen

Computer dringen immer rascher in alle Bereiche unseres Lebens ein. Dies gilt auch für das Bildungswesen. Hier verwenden wir Computer z. B. in der **Schuladministration**, im Bereich der **Forschung** und immer häufiger auch in der **Lehre**, zur Unterstützung im eigentlichen Unterrichtsprozeß, also beim Lehren und Lernen.

In diesem Kapitel werden wir uns mit der Problematik des Computereinsatzes im eigentlichen Unterrichtsprozeß befassen. Wir werden den Weg von den ursprünglichen Lehr/Lernmaschinen (schon in den 60er Jahren waren in den USA an die 80 verschiedene Fabrikate auf dem Markt) zu den aktuellen computerbasierten Geräten und Einrichtungen skizzieren.

5.5.2.1 Herkömmliche Lehr/Lernmaschinen

a) Geräte für den Einzelunterricht Es wurden verschiedene, rein mechanische bis elektronische Prinzipien ausnützende, Geräte entwickelt und zum Teil auch auf dem Markt angeboten. Neben Firmenproduktionen (z. B. System 5000 von BASF, teiladaptiver Lehrautomat UNITUTOR aus der Tschechoslowakei, das Gerät P.I.P. von Philips u. a.) wurden auch viele Einzelstücke entwickelt. Aus dem Bereich des technischen Schulwesens sei z. B. auf die Lehrmaschine LM 1 hingewiesen, über die R. Just und P. Riedl in [12, 13] berichten. G. Epprecht [7, 36] berichtet über Erfahrungen mit der Lehrmaschine PLANETH (Programmierbare Lehr-Anlage an der ETH); diese Anlage wurde an der ETH Zürich regulär im Unterricht eingesetzt – im Wintersemester 1975 haben etwa 160 Studenten an die 800 Programme in 380 „Kontakt-Stunden" absolviert. Die Arbeit mit PLANETH wurde von den Studenten sehr positiv beurteilt. Dies zeigt sich auch darin, daß eine große Zahl von Studenten, die sich auf Prüfungen vorbereiten, während der Ferien die Programme zur Selbstkontrolle verlangten.

Abbildung 77 zeigt eine ältere „Lehrmaschine" von BASF für den Einzelunterricht.

b) Geräte für den Parallel- bzw. Gruppenunterricht Geräte und Einrichtungen dieser Gruppe entstanden u. a. aufgrund der Überlegungen, daß die Grundform des bestehenden Unterrichts, das ist der Unterricht in Gruppen (z. B. also der bestehende Klassenverband) in der nächsten Zeit in einem größeren Ausmaß zugunsten von individualisiertem Unterricht nicht zu ändern sein wird. Auch dem finanziellen Aufwand für neu einzusetzende

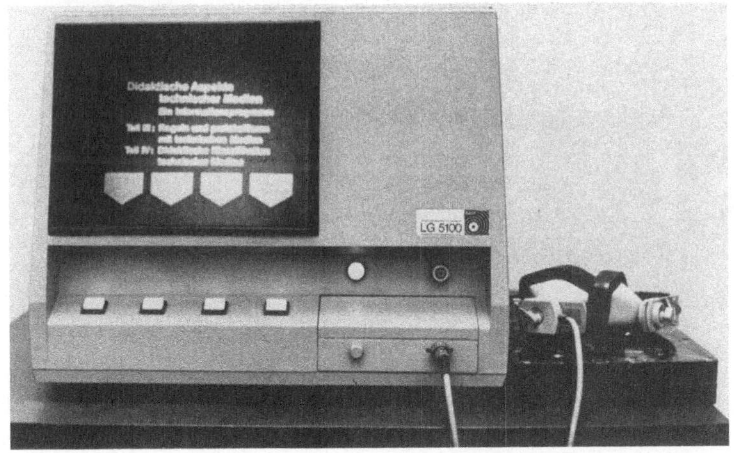

Abb. 77. Ältere „Lehrmaschine" für den Einzelunterricht

unterrichtstechnologische Geräte und Einrichtungen sind Grenzen gesetzt. Es wurden darum Einrichtungen konzipiert, die es ermöglichen sollen, auch mit großen Studentengruppen bidirektional zu kommunizieren, Rückkoppelungen (Feedback) als Ausgangsbedingung für eine bessere Adaptivität des Lehrenden an die Lernenden zu erreichen.

Wir wollen hier als Beispiel von „Feedback-Systemen“ für den Gruppen- bzw. Parallelunterricht kurz noch das vom Autor dieses Buches entwickelte System MPG (Medienintegrierter Programmierter Gruppenunterricht) beschreiben; ausführlicher wurde darüber z.B. in [25, 26] berichtet.

Beim System MPG wird der Unterrichtsablauf durch den Lehrenden nach einem flexiblen Programm so gesteuert, daß der Lehrstoff in Informationseinheiten, deren Präsentierung ca. 5 Minuten dauert, den Adressaten geboten wird. Neben der verbalen Präsentierung des Stoffes werden als integrale Bestandteile der Wissensvermittlung Filmschleifen, Diabilder, Experimente sowie eventuell andere Hilfsmittel eingesetzt. Die einzelnen Informationseinheiten (Lehrschritte) werden im Rahmen des stoffimmanenten Strukturgefüges überwiegend durch Problemsituationen eingeleitet; zum Abschluß der einzelnen Informationseinheiten werden durch Fragen des Unterrichtenden an die Adressaten Informationen über deren Wissenszuwachs und Wissensgestaltung eingeholt, die zur weiteren flexiblen Steuerung des Unterrichtsablaufes herangezogen werden.

Im beschriebenen System ist eine einfache technische Kommunikationseinrichtung für die Fragestellung an alle Adressaten sowie zur Rückübermittlung der entsprechenden Antworten vorgesehen. Die Antworten werden auf

Abb. 78. Einrichtung für den Parallel- bzw. Gruppenunterricht nach dem System MPG. Links im Bild das Gerät für den Vortragenden, rechts eines der Teilnehmer-Geräte

ihre Richtigkeit überprüft. Diese technische Einrichtung besteht grundsätzlich aus einer einfachen Zentraleinheit mit einem Indikationstableau beim Unterrichtenden und einfachen Adressatenplätzen mit wenigstens vier Tasten zur Beantwortung (Auswahlantwortsystem) der Fragen auf allen Schülerarbeitsplätzen. Abbildung 78 zeigt ein Photo einer solchen Anlage.

5.5.2.2 Der Computer als Lehr/Lernmaschine

In den letzten Jahren sind nicht nur unmittelbar in den Ausbildungsstätten, sondern auch in privaten Haushalten immer mehr Personal Computer vorhanden. Damit ergeben sich immer mehr Voraussetzungen für **selbstgesteuertes Lernen**, eine Lernform, bei welcher der Lernende Entscheidungen, ob, wann, was und wie er lernt, gravierend selbst treffen bzw. beeinflussen kann. Dies trifft insbesondere beim außerschulischen und nicht institutionell gebundenen Lernen Erwachsener auf hohe Akzeptanz.

Für selbstgesteuertes Lernen müssen gewisse Voraussetzungen – **„Lernumgebungen"** – geschaffen werden. Als „Lernumgebung" bezeichnen H. F. Felix und H. Mandl [9] ein geeignetes Arrangement der äußeren Lernbedingungen. Konkret für ein computerunterstütztes Lernen bedeutet dies also einen geeigneten Computer sowie erforderliche Instruktionsmaßnahmen, insbesondere also gute Lernprogramme.

Die technischen Möglichkeiten für computerunterstütztes Lernen sind durch die Parameter derzeit am Markt vorhandener Computer und entsprechender peripherer Geräte prinzipiell gegeben. Der Computer mit seiner Fähigkeit zur Bearbeitung großer Datenbestände bildet gewissermaßen das „Gehirn" des Systems. Seine für manche Einsatzbereiche unzureichenden graphischen Möglichkeiten können z. B. durch Bildplattenspieler ergänzt werden (sog. „Interaktives Video" [44]), etc.

Nicht immer voll zufriedenstellend sind leider die vorhandenen Lernprogramme. Die Anforderungen an die didaktische Qualität der Programme sind hoch. Gefordert wird u. a., daß gute Programme

- die Steuerung des Lerntempos den Lernenden überlassen,
- Lernerfolgskontrollen und Rückmeldungen des Lernerfolges vorsehen,
- den Lernfortschritt des Adressaten auswerten,
- die Verknüpfung von Wissen und Handeln unterstützen,
- den Transfer des Gelernten anregen,
- einen sinnvollen Medienmix (Text, Ton, Graphik, Animation, Video) bieten, etc.

Die meisten Programme stützen sich auf die Grundgedanken des sog. **„Programmierten Unterrichts"** (Abschnitt 6.5) – auch wenn sie moderne Begriffe wie **„Hypertext"**, **„Hypermedia"** [49] u.a. verwenden.

Angestrebt wird z. B. **„Programmierte Simulation“**, bei welcher Informationen in Form simulierter realer Situationen zur Verfügung gestellt werden. Der Lernende soll dabei an sogenannten „kritischen Entscheidungspunkten“ über den weiteren Ablauf des Geschehens frei entscheiden können. Programme mit **„Entdeckender Simulation“** sollen noch weitere Einflußmöglichkeiten bieten, der Lernende soll das Geschehen auf ähnliche Art wie bei Videospielen aktiv und vielseitig beeinflussen können u. ä.

Theoretisch und allgemein wird gefordert, daß Computer-Lernprogramme bei der Abfolge der Lernschritte und bei der Auswahl und Verknüpfung der Informationseinheiten mehr Freiheitsgrade bieten als die traditionellen Formen des Lehrens. Dies ist selbstverständlich in der Praxis sehr schwierig zu erreichen, nachdem es derzeit keine Gestaltungsprinzipen des Instruktionsdesigns gibt, die den Lernerfolg garantieren.

Für Forschung und Entwicklung ergibt sich hier ein weites Feld. Das Potential für die Entwicklung neuer Lehr- und Lernformen muß weiter erschlossen werden. Vielerorts wird daran intensiv gearbeitet. Ideen werden formuliert, von „Pionieren“ werden Versuche realisiert.

Als gelungenes Beispiel für den unterrichtlichen Computer-Einsatz kann eine aktuelle Arbeit von Manfred Sellak [47] genannt werden. M. Sellak hat das Siemens-Lernprogramm„Digital-Fernsprechen“ im Unterricht der Post- und Telekom Austria AG (PTA) eingesetzt und analysiert. Dieses Programm ist sowohl aus der Sicht der Technik-Entwicklung von „analog“ zu „digital“, als auch vom angesprochenen Adressatenkreis, nämlich Arbeitnehmer in der zweiten Hälfte der Erwerbslebens, außerordentlich aktuell.

M. Sellak formuliert abschließend zu seiner ausführlichen Analyse der Ergebnisse des Computereinsatzes, daß „multimediale Lernprogramme auch bei didaktisch zu Recht festgestellten Mängeln durchaus einen enormen positiven Effekt auf die Motivation und den Lernerfolg bei der Zielgruppe haben können“ (Sellak, S. 362). Weiterhin hält er u. a. fest, daß „... Lernprogramme zwar das Methodenarsenal der Aus- und Weiterbildung ergänzen und erweitern, daß sie aber die sozialen Lernformen nicht ersetzen können ... insbesondere bei den lernungewohnten älteren PTA-Arbeitnehmern erscheint der Sozialbezug des Lernens unverzichtbar ...“ (Sellak, S. 361)

5.5.2.3 Computernetze

Im Zuge der rasanten Computer-Entwicklung hat man bald darüber nachgedacht, wie man einzelne Computer miteinander verbinden könnte. Es wurden **Computernetze**, das sind aus mehreren miteinander verbundenen Computern bestehende Systeme, gestaltet.

Es ist üblich, Computernetze anhand ihrer Größe einzuteilen – heute spricht man von **Local Area Networks** (LAN), **Metropolitan Area Networks**

(MAN) und **Wide Area Networks** (WAN). Als LAN werden Netze bezeichnet, die innerhalb von Schulen, Hochschulen oder Betrieben installiert sind. MAN's sind umfangreicher, sie werden z. B. zwischen Schulen, Hochschulen, verschiedenen Firmen etc. einer Stadt verwendet. Als WAN's werden große Computernetzwerke bezeichnet, die LAN's und MAN's miteinander regionen- und länderübergreifend verbinden.

Zu den weltweit funktionierenden WAN's gehört das **Internet**. In den 70er Jahren erfuhr dieses damals überwiegend zwischen amerikanischen Universitäten eingesetze Netz einen ersten Boom. Das Forschungszentrum CERN entwickelte in der Folge **World Wide Web** (WWW), ein benützerfreundliches System, das Texte, Grafiken, Ton und Video zusammenführt. Danach, zu Beginn der 90er Jahre, erfuhr das Internet eine explosionsartige Entwicklung. Mitte 1997 nutzten nach Schätzungen rund 70 Millionen Menschen weltweit das Internet.

Das Internet bietet durch den weltweiten Computerverbund tausender Informationsträger und -zulieferer enorme Möglichkeiten im Bereich **Informationsbeschaffung** und **-management**. Der Internet-Dienst **„E-mail"** (elektronische Post) als Möglichkeit der weltweiten raschen und unkomplizierten Kommunikation wird zunehmend genützt. Die vor kurzem aufkommenden **„WWW Course Authoring Tools"** erleichtern die Realisierung ganzer WWW-basierter Lernumgebungen, die sowohl Wissensvermittlung (Skripten, Ausbildungsprogramme) als auch Wissensverarbeitung und Lernhilfen umfassen [11, 12], etc.

Das Internet stellt auch eine digitale Alternative zum gebietsinternen Fernsehen (Abschnitt 5.5.1.4) dar. Die Stanford University bietet neu „Stanford Online" Kurse im Internet. Diese Kurse beinhalten Text-, Graphik-, Ton- und Videosequenzen und können jederzeit und an jedem Ort über Personal Computer der Studenten erreicht werden. Die Übertragung von Video-Sequenzen wird durch eine spezielle Kompressions-Technologie in akzeptierbarer Qualität ermöglicht. (http://stanford-online.stanford.edu). Ähnliche Projekte begannen unlängst z. B. an der University of Washington und anderen Institutionen [42, 43].

5.5.3 Zur Leistungsfähigkeit der unterrichtstechnologischen Geräte, Einrichtungen und Systeme

Im Unterrichtsprozeß müssen vom Lehrsystem u. a. drei wichtige Funktionen erfüllt werden:

- es müssen Informationen bereitgestellt (präsentiert) werden;
- es müssen Anweisungen (Hilfestellungen) zur Verarbeitung der Informationen gegeben werden;

- es müssen Rückmeldungen über die Informationsverarbeitung eingeholt werden.

Die erste der drei erwähnten Funktionen wird wohl in allen Lehrveranstaltungen erfüllt, d. h. es werden Informationen angeboten. Das allein genügt aber nicht – das Entscheidende ist, daß die Informationen von den Lernenden auch verarbeitet werden. Hier kommt die zweite Funktion zum Tragen, es müssen **Hilfestellungen zum Lernen** gegeben werden. Konkret bedeutet das z. B., daß Modelle der erwarteten Leistung gegeben werden, daß die Aufmerksamkeit der Lernenden gelenkt wird, daß Lernhilfen z. B. in der Verdeutlichung von Fragestellungen geboten werden, zur Bewältigung der gegebenen Lernsituation unerläßliche, dem Lernenden aber im Augenblick nicht präsente Begriffe und Regeln in Erinnerung gerufen werden, Übertragung (Transfer) des Gelernten auf neue Situationen angeregt wird etc. Auch die Erfüllung der zweiten Funktion reicht nicht ganz aus. Wenn Informationen verarbeitet werden sollen, ist eine **durchgehende Rückmeldung** über die Qualität und die Quantität der Informationsverarbeitung erforderlich. Der Lernende soll über die Richtigkeit oder Falschheit seiner Bemühungen informiert werden – er braucht zur Selbstkontrolle Angaben darüber, wo er im Hinblick auf die Erwartungen steht. Gleichfalls der Lehrende braucht für seine weitere Vorgangsweise Rückmeldungen über die Informationsverarbeitung durch die Lernenden.

Daß diese unterrichtlichen Grundfunktionen nicht unabhängig voneinander sind, sondern in einem komplexen Systembezug zueinander stehen, ist offensichtlich.

Lassen Sie uns nun kurz überlegen, wie weit die erwähnten wichtigen didaktischen Funktionen durch unterrichtstechnologische Geräte und Einrichtungen wahrgenommen werden können. Die Leistungsfähigkeit einiger Medien im Vergleich mit dem menschlichen Lehrer ist in Tabelle 1, die von Gagné herstammt, zusammengefaßt.

Deutlich sichtbar sind die Möglichkeiten und Vorteile der Medien im Bereich des Präsentierens der Lehrinformationen. Gerade in dieser Funktion sind die Möglichkeiten des menschlichen Lehrers naturgemäß etwas eingeengt. Der Lehrer ist den technischen Medien dort überlegen, wo er seine eigenen Handlungen präsentiert – in den anderen Fällen erscheint aber das Präsentations-Repertoire technischer Medien den Möglichkeiten des Lehrers überlegen. Viele Phänomene und Vorgänge – wie z.B. das Wachstum von Halbleiterkristallen in der filmischen Zeitraffung, schnelle Bewegungsabläufe in Zeitlupe, die Kernspaltung etc. sind überhaupt erst durch nichtpersonelle Medien praktisch präsentierbar geworden.

Bei der Erfüllung der Funktionen „Anweisungen zur Verarbeitung der Informationen geben“ und „Rückmeldungen realisieren“ ist die Leistungs-

Tabelle 1. Leistungsfähigkeitsvergleich

Funktionen	Medien					
	Reale Objekte	Gedruckte Texte	Statische Bilder	Dynamische Bilder	Lehrmaschinen	Lehrer (verbal)
Informationen präsentieren	ja	begrenzt	ja	ja	ja	begrenzt
Modell der erwarteten Leistung bieten	begrenzt	ja	begrenzt	begrenzt	ja	ja
Aufmerksamkeit lenken	nein	ja	nein	nein	ja	ja
Lernhilfen	begrenzt	ja	begrenzt	begrenzt	ja	ja
Transfer veranlassen	begrenzt	ja	begrenzt	begrenzt	begrenzt	ja
Rückmeldungen realisieren	begrenzt	ja	begrenzt	begrenzt	ja	ja

fähigkeit der technischen Medien im Vergleich mit dem Menschen geringer. Es ist einsichtig, daß die menschliche Kommunikation über ein außerordentlich breites Repertoire verfügt. Neben den sprachlichen Interaktionsmöglichkeiten gibt es eine Vielfalt nichtsprachlicher Reaktionsmöglichkeiten – Gesichtsausdruck, Gesten etc. –, welche die Partner im personalen Unterricht zu dekodieren gewohnt sind. Aber auch auf diesem Gebiet vermögen die technischen Medien etliches zu leisten, z. B. insbesondere bei größeren Adressatengruppen durch den Multiplikations- bzw. Individualisierungseffekt.

Die Abgrenzungen in Tabelle 1 können nicht trennscharf sein, die Grenzen sind fließend. Auch wenn eine eindeutige und umfassende Prüfung der Leistungsfähigkeit technischer Medien im einzelnen recht schwierig ist, zeigen schon unsere kurzen Überlegungen, daß eine optimale Realisierung der von uns erwähnten Funktionen des Lehrsystems im Unterricht wohl nur ein **Verbund von Medien zu leisten vermag**.

5.8 Zusammenfassung; Praxis-Tips

Wie bei den vorhergehenden Kapiteln wollen wir auch zum Abschluß des Kapitels „Unterrichtstechnologie" einige insbesondere für den Praktiker wichtige Empfehlungen zusammenfassen.

✎ *Wählen Sie zielwirksame Medien.*

Bieten Sie nicht ein Überangebot an Medien. Wählen Sie Medien streng im Hinblick auf die Ziele Ihrer Veranstaltung.

Beispiel: Für die Darstellung eines komplizierteren Gerätes ohne bewegliche Teile ist eine Transparentfolie oder ein Dia meistens besser geeignet als ein Film. Sie können das Bild genügend lang betrachten lassen, ein Film bzw. Video könnte zu „flüchtig" sein. Filmische Darstellung ist für Bewegungsabläufe und für emotionelle Ziele (Motivierung) zu bevorzugen.

✎ *Überprüfen Sie die verwendeten Medien vor Beginn Ihrer Veranstaltung.*

Machen Sie sich rechtzeitig vor Ihrer Veranstaltung mit der Bedienung aller Geräte vertraut. Fehler in der Handhabung (verkehrt eingelegte Dias u.ä.) stören stark Ihren Vortrag. Kontrollieren Sie die Raumverdunklung, vergewissern Sie sich über die Lage der Lichtschalter. Legen Sie sich alle Hilfsmittel womöglich in der Reihenfolge bereit, wie Sie diese verwenden werden. Die „Technik" muß unauffällig, selbstverständlich ablaufen.

✎ *Bemühen Sie sich um gute Sichtbedingungen für alle Zuschauer.*

Plazieren Sie die Teilnehmer im optimalen Sichtbereich (siehe Abschnitt 5.2.7.1). Jeder Teilnehmer soll alle dargebotenen Informationen einwandfrei sehen können.

Beispiel: In Ihrem Unterrichtsraum sitzen die Teilnehmer der hintersten Reihe etwa 9 m von der Projektionsfläche entfernt. Sie wollen Ihren Vortrag durch die Projektion von Dias und Filmausschnitten unterstützen. Wie groß sollte die Breite *b* der projizierten Bilder (und die erforderlichen Abmessungen der Projektionsfläche) sein?

Antwort: Um auch für die Teilnehmer in der letzten Reihe Ihres Unterrichtsraumes gute Sichtbedingungen zu garantieren, sollte die Breite der Bilder auf der Projektionsfläche etwa 1,5 m betragen. Für die Berechnung benützt man die Gleichung für die hintere Begrenzung des Sichtbereichs

$D_{max} \doteq 6\,b$. Für die Bildbreite ergibt sich $b = \frac{D_{max}}{6} = \frac{9}{6} = 1{,}5$ m.

Beispiel: Wie weit von der Projektionsfläche werden Sie bei der in Ihrem Fall erforderlichen Bildgröße von 1,5 m die erste Zuschauerreihe anordnen?

Antwort: Die Zuschauer sollten nicht näher als 3 m vor der Projektionsfläche sitzen. Dies ergibt sich aus der Gleichung für die vordere Begrenzung des Sichtbereiches $D_{min} \doteq 2\ b$, in Ihrem Fall also $D_{min} = 2 \cdot 1{,}5 = 3$ m.

✎ ***Sichern Sie die gute Lesbarkeit der Schriften bei projizierten Bildern.***

Alle Ihre Abbildungen müssen gut lesbar sein – auch vom entferntesten Zuschauerplatz. Dies gilt selbstverständlich nicht nur für projizierte Bilder, sondern auch für Ihren Tafelanschrieb. Für die Buchstabengröße beim Tafelanschrieb berücksichtigen Sie die Angaben in Abschn. 5.2.5. Für die Buchstabengröße bei projizierten Bildern respektieren Sie die Empfehlungen in Abschn. 5.2.7.2.

Beispiel: Sie wollen für Ihren Vortrag ein einfaches Dia selbst anfertigen. Die Vorlage (von dieser werden Sie das Dia photographieren) zeichnen Sie auf ein Zeichenblatt mit dem Format A4 (etwa 30 × 21 cm) quergestellt. Welche minimale Strichdicke und Buchstabengröße müssen Sie beim Zeichnen verwenden?

Antwort: Minimale Strichdicke $d = 2‰\ b = 2‰$ von 30 cm = 0,6 mm. Für die minimale Buchstabengröße gilt $h = 2\%\ b = 6$ mm.

✎ ***Verwenden Sie Farben funktionell.***

Farbige Darstellungen können Ihre Erklärungen gut illustrieren. Verwenden Sie aber Farben nicht nur, damit Ihre Bilder bunt sind. Farben, sinnvoll eingesetzt, sollen bestimmte Funktionen erfüllen. Farben helfen z. B. einordnen, unterscheiden, gliedern usw.

✎ ***Präsentieren Sie Informationen im richtigen Augenblick.***

Decken Sie vor Beginn Ihrer Veranstaltung alle Mittel ab, die Informationen beinhalten. Decken Sie diese erst während Ihres Vortrages schrittweise auf. Schalten Sie Ihren Overheadprojektor erst dann ein, wenn dies für Ihr Lehrvorhaben sinnvoll ist. Das gleiche gilt für die Diaprojektion u.a. Das Präsentieren der Information, das Einschalten des Projektors, wirkt aufmerksamkeitserregend. Wenn Sie nicht zum Bild sprechen, schalten Sie den Projektor ab.

✎ ***„Führen" Sie die Zuschauer durch die Bildinformationen.***

Legen Sie bei der Overheadprojektion einen Zeiger (z.B. einen Bleistift) auf die Transparentfolie. Er erscheint als Schattenbild deutlich auf dem projizierten Bild. Schieben Sie den Zeiger „wegweisend" weiter – begleitet vom kommentierenden Wort. Bei der Diaprojektion können Sie im gleichen Sinn einen Zeigestab oder einen Lichtzeiger verwenden.

✎ ***Überprüfen Sie die Lichtverhältnisse im Unterrichtsraum.***

Wenn Sie für Ihre Zuhörer eine Mitschreibmöglichkeit vorsehen, regeln Sie vor Beginn der Veranstaltung das „Dämmerlicht" optimal ein. Es soll das Mitschreiben ermöglichen, gleichzeitig aber auch akzeptierbare Projektionsmöglichkeiten sichern.
Wenn Sie von einem Rednerpult sprechen, sollten Sie die Lichtverhältnisse auch auf gute Lesbarkeit Ihres Stichwortzettels überprüfen.

✎ ***Achten Sie auf die Sprachverständlichkeit.***

Nicht nur die optischen Informationen müssen gut sichtbar sein. Selbstverständlich muß auch Ihre Sprache im ganzen Raum gut verständlich sein. Bei Kleingruppen ist Mikrophon-Sprechen kaum erforderlich. Wenn Sie vor einem größeren Kreis sprechen sollen, überprüfen Sie vorher die Funktion der elektroakustischen Anlage; die für das Mikrophon optimale Lautstärke, die Entfernung vom Mikrophon usw.

Literatur

1. Aschoff, V. (Hrsg.): Hörsaalplanung. Vulkan Verlag Dr. W. Classen, Essen, 1971.
2. Aschoff, V.: Die Vergleichsprojektion in der audiovisuellen Vorlesung. In: Melezinek (Hrsg.), „Die Technik und ihre Lehre". Verlag J. Heyn, Klagenfurt, 1974.
3. Bischoff, U., und Mitarb.: Schaubilder als Führungsinstrument. Verlag Moderne Industrie, München, 1971.
4. Boeckmann, K: Zur unterrichtstechnologischen Bestimmung lernzieladäquater Unterrichtsformen bei der Schulung technischer Fertigkeiten. In: Melezinek (Hrsg.), „Die Technik und ihre Lehre". Verlag J. Heyn, Klagenfurt, 1974.
5. Deforge, I.: Gedanken über die Ausstattung von Schulwerkstätten. In: Die berufsbildende Schule Österreichs, Heft 2 1972/73.
6. Dohmen, C.: Medienwahl und Medienforschung im didaktischen Problemzusammenhang, 1972.
7. Epprecht, G.: Einsatz von Lehrmaschinen bei Hochschulkursen in Elektrotechnik. In: Melezinek (Hrsg.), „Fortschritte der Ingenieurpädagogik". Verlag J. Heyn, Klagenfurt, 1976.
8. Floyd, S.: Handbook of interactive video. Knowledge Industry Publication, Inc., White Plains, NY 10604, 1982.
9. Friedrich, H., Mandl, H.: Analyse und Förderung selbstgesteuerten Lernens. Deutsches Institut für Fernstudienforschung an der Universität Tübingen, 1995.
10. Gagné, R.: Die Bedingungen des menschlichen Lernens. H. Schroedel Verlag, Hannover, 1973.

11. Hänni, H., Piendl, T.: Use of new Information and Communication Technologies in Higher Education at the Swiss Federal Institute of Technology Zürich, 1998. haenni@ diz.ethz.ch; piendl@em.biol.ethz.ch.
12. Hänni, H., Lutz, L.: Lehren und Lernen im Informationszeitalter. In: Bulletin VSE, UCS, Nr. 9/1998, CH-8320 Fehraltdorf.
13. Haug, A.: Die Integration des Systemdenkens moderner Elektronik in die Curricula. Dissertation an der Lehrkanzel für Unterrichtstechnologie der Universität Klagenfurt, Juli 1975.
14. Heger, F.: Die Arbeitsmappe – das Lehrbuch der Zukunft. In: Melezinek (Hrsg.), „Ergebnisse und Perspektiven der Ingenieurpädagogik". Verlag J. Heyn, Klagenfurt, 1972.
15. Heger, F.: Arbeitsblätter mit Lernzieltextierung. In: Melezinek (Hrsg.), „Die Technik und ihre Lehre". Verlag J. Heyn, Klagenfurt, 1974.
16. Just, R.: Fernsehen im technischen Unterricht. In: Melezinek (Hrsg.), „Der Videorecorder im Bildungswesen". Verlag J. Heyn, Klagenfurt, 1973.
17. Just, R.: Fernsehpraxis an einer HTL. In: Melezinek (Hrsg.), „Ergebnisse und Perspektiven des Bildungsfernsehens". Verlag J. Heyn, Klagenfurt, 1975.
18. Just, R.: Planung eines Nachrichten-Labors. In: Melezinek (Hrsg.), „Fortschritte der Ingenieurpädagogik". Verlag J. Heyn, Klagenfurt, 1976.
19. Langeheinecke, K: Arbeitsblätter und Halbskripten. In: Melezinek (Hrsg.), „Die Technik und ihre Lehre". Verlag J. Heyn, Klagenfurt, 1974.
20. Lánský, M.: CELP – Computerunterstützte Erstellung von Lehrplänen. In: Melezinek (Hrsg.), „Die Technik und ihre Lehre". Verlag J. Heyn, Klagenfurt, 1974.
21. Lehnert, V.: Elektronische Datenverarbeitung in Schule und Ausbildung. Oldenbourg Verlag, München.
22. Lorimer, K.: Education, Knowledge and the Computer. Link-Frame Publishing International, San Diego, CA, 1996.
23. Melezinek, A.: Interactive Video and Education. UNESCO, 1985.
24. Melezinek, A.: Unterrichtstechnologie. Springer-Verlag, Wien, New York, 1982.
25. Melezinek, A.: Zum Problem der Integration der modernen Unterrichtstechnologie in den traditionellen Unterricht. In: Schöler (Hrsg.), „Beiträge zur Verwendung von Medien im Unterricht". Verlag F. Schöningh, Paderborn, 1973.
26. Melezinek, A.: Das System MPG – ein medienintegriertes Modell für den audiovisuellen programmierten Gruppenunterricht. In: Rollett und Weltner (Hrsg.), „Fortschritte und Ergebnisse der Unterrichtstechnologie". Ehrenwirth Verlag, München, 1971.
27. Melezinek, A.: Intelligente tutorielle Systeme und Interaktivität. In: Hüther und Lohoff (Hrsg.) „Entwicklung und Tendenzen der Bildungstechnologie". Expert Verlag, Ehningen, 1989.
28. Melezinek, A.: Zum Sichtbereich bei der Präsentation visueller Lehrinhalte – insbesondere Sichtbedingungen zum Fernsehbildschirm. In: Melezinek (Hrsg.), „Ergebnisse und Perspektiven des Bildungsfernsehens". Verlag J. Heyn, Klagenfurt, 1975.
29. Melezinek, A. und Vanouček, J.: Zum Sichtbereich bei der Bilddarbietung auf dem Fernsehschirm. In: Aula, Heft 4/1976.
30. Melezinek, A. (Hrsg.): Der Videorecorder im Bildungswesen. Verlag J. Heyn, Klagenfurt, 1973.

31. Melezinek, A. (Hrsg.): Unterrichtstechnologie und Schulbau. Verlag J. Heyn, Klagenfurt, 1974.
32. Melezinek, A. (Hrsg.): Ergebnisse und Perspektiven des Bildungsfernsehens. Verlag J. Heyn, Klagenfurt, 1975.
33. Melezinek, A.: Interaktives Video – eine neue Lehrmaschine? In: Sehen – Hören – Bilden, Heft 146, Juni 1987, SHB-Wien.
34. Melezinek, A. und Vanouček, J.: Was Kamerarekorder leisten. In: Sehen – Hören – Bilden, Heft 142, Sept./Okt. 1986, SHB-Wien.
35. Melezinek, A. (Hrsg.): Ingenieurpädagogik und Computereinsatz. Verlag J. Heyn, Klagenfurt, 1975.
36. Melezinek, A. (Hrsg.): Fortschritte der Ingenieurpädagogik. Verlag J. Heyn, Klagenfurt, 1976.
37. Melezinek, A. (Hrsg.): Ingenieurpädagogik – Probleme, Ergebnisse, Perspektiven. Verlag J. Heyn, Klagenfurt, 1977.
38. Melezinek, A.: Videotechnik und Interaktivität. In: Melezinek (Hrsg.), Technik lehren – Technik lernen. Leuchtturm Verlag, Alsbach/Bergstraße, 1988.
39. Milan, W.: Arbeiten mit dem Tageslichtprojektor. Eigenverlag, Wien, 1969.
40. Milan, W.: Tageslicht-Overheadprojektion. Eigenverlag, Wien, 1971.
41. Milan, W.: Bildprojektion. Eigenverlag, Wien, 1973.
42. N.N.: Persönliche Mitteilungen und Unterlagen von UWTV. University of Washington, Seattle, 1998. web: http://www.washington.edu/uwtv.
43. N.N.: Persönliche Mitteilungen und Unterlagen von SCPD – The Stanford Center for Professional Development. Stanford University, 1998. web: http://scpd.stanford.edu.
44. Parsloe, E.: Interactive Video. Sigma Technical Press, Cheshire, 1983.
45. Raasch, A., Kühlwein, W.: Bildschirmtext. Günter Narr Verlag, Tübingen, 1984.
46. Schöler, W.: Unterrichtswissenschaftliche Aspekte der Unterrichtstechnologie. In: Schöler (Hrsg.), „Beiträge zur Verwendung von Medien im Unterricht". Schöningh Verlag, Paderborn, 1973.
47. Sellak, M.: Die neue Telekommunikationsinfrastruktur und sozialverträgliche Technikentwicklung. Dissertation an der Universität Klagenfurt,1998.
48. Shimizu, Y.: Inter-Campus Optical Network System for Efficient Time Utilization. In: Journal of Engineering Education in Southeast Asia, No. 2, September 1987.
49. Tergan, S.-O.: Hypertext/Hypermedia – Konzeption, Lernmöglichkeiten, Lernprobleme. Deutsches Institut für Fernstudienforschung an der Universität Tübingen, 1995.
50. Tůma, J., und Mitarb.: Moderní technické prostředky ve výuce. Verlag SPN, Prag, 1974.
51. Walter, T., Hänni, H.: Telepoly – Towards a Highly Distributed Synchronous and Interactive Teleteaching Environment. TIK-Report Nr. 36, 1998, ETH-Zürich.
52. Zielinski, J.: Der Computer als Instrument im individualisierten Unterrichtsprozeß. Verlag J. Müller, Köln, 1971.

6
Lehrmethoden im technischen Unterricht

Unter dem Begriff „Methode" versteht man, entsprechend seiner Herkunft aus der griechischen Sprache, in der Regel etwa „den Weg zu etwas". Der Wunsch einen optimalen Weg zu finden, auf dem er seine Adressaten zum angestrebten Vortrags- bzw. Unterrichts-Ziel geleiten kann, bildet das wichtigste Anliegen jedes Vortragenden oder Lehrers.

Mit den „Wegen" zur wirkungsvollen Informationsvermittlung, d.h. mit den Lehrmethoden, haben wir uns teilweise schon in den vorhergehenden Kapiteln befaßt. In diesem, abschließenden, Kapitel werden wir uns mit dem Problemkreis der Lehrmethoden speziell befassen.

Einleitend zu den einzelnen Methoden werden wir aber noch die zugrundeliegenden Kommunikationsprozesse behandeln.

6.1 Zur Kommunikation

Vermittlungs- und Lernprozesse beruhen zu einem sehr großen Teil auf Kommunikationsprozessen. Kommunikation findet in jeder Unterrichtsorganisation ihren Ausdruck und hat einen erheblichen Einfluß auf den Erfolg des Unterrichts.

Das Ziel dieses Abschnittes ist es, eine knappe Übersicht der wichtigsten kommunikativen Phänomene zu geben sowie diesbezügliche praktische Anregungen für Technik-Dozenten und Vortragende anzubieten. Dabei werde ich von folgender vereinfachter Systematisierung ausgehen:

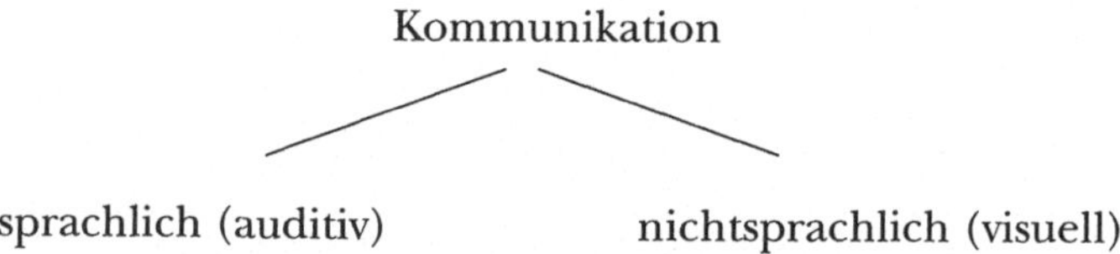

Bei der **sprachlichen (auditiven) Kommunikation** werden die kommunikativen Verhaltensweisen übermittelt, die der Empfänger mit dem Gehör wahrnimmt. **Hier spielen Lautstärke, Klangfarbe, Stimmfülle, Tonhöhe etc. eine Rolle.**

Bei der **nichtsprachlichen (visuellen) Kommunikation** werden die Verhaltensweisen übermittelt, die der Empfänger mit dem Auge wahrnimmt. Hier kommt der **Gesichtsausdruck (Mimik), Blickbewegung und Blickrichtung, Gestik** u. a. zum Tragen.

Beim komplexen kommunikativen Geschehen kommen auch **taktile Komponenten (Körperberührungen), Geruchfaktoren u.a. zur Geltung**. Nachdem diese im Unterrichtsprozeß nur geringe Bedeutung haben, werden wir uns mit ihnen nicht befassen.

6.1.1 Die sprachliche Kommunikation

Moderne, zeitgemäße Rhetorik (Redekunst) besteht nicht darin die Sprache vornehmer, feiner, edler zu gestalten. Ihr persönliches sprachliches Ziel sollte sein, so zu reden, daß Sie **leicht, gut und gern angehört werden**. Dazu möchte ich Ihnen folgendes empfehlen.

6.1.1.1 Das Redetempo

Ihr persönliches Redetempo entspricht Ihrer Persönlichkeit, Ihrem Temperament. Dies ist natürlich und es gibt meistens keinen Grund dafür, Ihre Mentalität prinzipiell abändern zu wollen. Bemühen Sie sich aber, **eher langsam als schnell** zu sprechen. Zu schnelles Tempo wirkt hastig, nervös und gefährdet die Verständlichkeit.

Wechseln Sie das Tempo – vermeiden Sie Monotonie. Gleichbleibendes Tempo wirkt einschläfernd. Sprechen Sie langsamer, wenn Sie etwas hervorheben, betonen wollen – danach können Sie wieder etwas beschleunigen. Generell aber: Sprechen Sie langsam.

6.1.1.2 Die Lautstärke

Die Lautstärke muß den räumlichen Verhältnissen und dem Anlaß angepaßt sein. Geringe Lautstärke bringt zwar eine gewisse Intimität und zwingt die Zuhörer zu erhöhter Konzentration, aber zu leises Sprechen gefährdet die Verständlichkeit. Sprechen Sie daher **eher lauter als zu leise**.

Jedenfalls auch hier die Empfehlung: **Bleiben Sie nicht eintönig, wechseln Sie die Lautstärke.** Setzen Sie die Lautstärke dramaturgisch ein.

6.1.1.3 Die Modulation

Das gesprochene Wort besteht nicht aus stummen Buchstaben – es ist musikalisch, es klingt und tönt. Tempo, Lautstärke, Tonhöhe und Pausen modulieren die Sprache. Bemühen Sie sich um Abwechslung im Ausdruck.

Um abwechslungsreich zu reden, **variieren Sie Tempo, Lautstärke, Tonhöhe, Stimmlage und Pausenlänge**.

6.1.1.4 Pausen

Als freier Redner agieren Sie „zweigleisig“. Während Sie sprechen, müssen Sie zugleich an das denken, was Sie als nächstes sagen werden. Pausen erleichtern Ihnen diese „Zweigleisigkeit“. Auch Ihre Zuhörer brauchen Pausen. In den Pausen können Sie Ihre Mitteilungen aufarbeiten.

Beginnen Sie Ihren Vortrag mit einer Pause. Sie schaffen damit erwartungsvolle Spannung. Auch während der Rede können Sie mit Pausen besondere Wirkungen erzielen. Bevor Sie etwas Wichtiges sagen, machen Sie eine Pause. Desgleichen nach einer wichtigen Aussage. **Pausen setzen Akzente.**

Gute Pausentechnik ist auch eine Voraussetzung für richtiges Atmen. In Sprechpausen können Sie ausreichend Luft schöpfen – Ihre Sprechweise muß regelmäßiges Atmen ermöglichen.

6.1.1.5 Richtiges Atmen

Energielieferant für das Reden ist das Atmen-im speziellen das Ausatmen. Sprechen ist tönendes Ausatmen. Wenn Ihnen die Luft in der Lunge fehlt, geht Ihnen „die Puste aus". Deshalb ist die Atmung für den Redner bedeutsam. Atmen Sie voll, tief und ruhig. Atmen Sie tief, so als wenn Sie den Duft einer Blume aufnehmen würden.

Bevor Sie die ersten Worte sprechen, sollten Sie einigemale ruhig durchatmen. Bilden Sie kurze Sätze, damit Sie nicht mitten im Satz nach Luft schnappen müssen.

6.1.1.6 Die Betonung

Betonung ist wichtig, durch unterschiedliche Betonung einzelner Worte können Sie den Sinn Ihrer Aussage stark verändern.

So kann z.B. der Satz „Glauben Sie, daß das reicht?" fünf verschiedene Bedeutungen haben, je nachdem welches Wort Sie betonen. Versuchen Sie diesen Satz auszusprechen, indem Sie das jeweils fett gedruckte Wort betonen:

Glauben Sie, daß das reicht?
Glauben **Sie**, daß das reicht?
Glauben Sie, **daß** das reicht?
Glauben Sie, daß **das** reicht?
Glauben Sie, daß das **reicht**?

6.1.1.7 Dialekt

Gewisse Gewohnheiten, die von seiner Herkunft, seiner Muttersprache u.ä. herrühren wird jeder Redner erkennen lassen. Dies wirkt in der Regel nicht negativ. Im Gegenteil – ein Vortragender, der eine mundartliche Färbung hören läßt, mag den Adressaten sogar menschlicher erscheinen als jemand, der sich übertrieben bemüht, Hochdeutsch zu sprechen.

6.1.1.8 Zum Redestil

Wir wollen hier nicht die gesamte Problematik des Redestils behandeln, sondern nur einige, für den Ingenieur und Techniker jedenfalls erwähnenswerte Empfehlungen zusammenfassen.

Ein typisches rednerisches Stilmittel ist die **rhetorische Wiederholung.** Viele Redner bedienen sich dieses Mittels, um eine nachhaltige Wirkung auf das

Gedächtnis ihrer Hörer zu erzielen. Die Wahrscheinlichkeit der Speicherung von Informationen im vorbewußten Gedächtnis wird durch wiederholte Darbietung erhöht.

Ammelburg [1] zeigt als Beispiel – ein wenig dick aufgetragen – folgende rhetorische Wiederholung: „Es würde mir, meine Herren, im Traume nicht einfallen, Ihnen – und gerade Ihnen – ein solches Vorgehen zuzumuten, – ja auch nur das Ansinnen an Sie zu stellen. Ein Ansinnen, das nicht nur unzumutbar wäre, sondern geradezu verwerflich, ein Ansinnen, das unsere Moral in Frage stellt, und ein Ansinnen, aufgrund dessen unsere Wege sich trennen müßten.“ Eine solche rhetorische Wiederholung ist typisch für die „Rede“ – sicher nicht für einen geschriebenen Text.

Ein anderes Stilmittel ist die **rhetorische Frage**. Diese Frage verlangt zwar eine Antwort, die jedoch – vom Redner nicht ausgesprochen – sich jeder Zuhörer selbst geben soll. Durch solche Fragen kann das Mitdenken der Hörer angeregt und gefördert werden.

Unter **Prolepsis** versteht man in der Rhetorik die Vorwegnahme von Einwänden; geschickt angewendet kann sie eine Hilfe für die Argumentation und damit Überzeugung des Publikums sein. Die Prolepsis kann zum Beispiel durch Redewendungen wie „... Dem könnte entgegengehalten werden ...“ oder „... Nun könnten Sie mir erwidern, daß ...“ u.ä. eingeleitet werden.

Ammelburg [1] erwähnt als Beispiel eine Formulierung von Bismarck: „Ich sehe, wie einige von Ihnen den Kopf schütteln, und vermute wohl recht, wenn ich annehme, daß Sie den folgenden Einwand gerade erwägen ...“

Verwandt mit der Prolepsis ist die **„Ja – aber“-Methode**. Bei dieser wird zunächst etwas zugestanden, das man anschließend wieder einschränkt. Formulierungen wie „... Da mögen Sie recht haben, wir sollten jedoch noch berücksichtigen ...“ u.ä. sind Mittel einer elastischeren Diskussionsführung.

Die erwähnten sowie weitere Stilmittel sollten mit Maß eingesetzt werden. Wenn man die Häufigkeit überzieht, wirken sie phrasenhaft, routinemäßig und störend. Insbesondere der Ingenieur und Techniker kann als Redner allein durch seine Sachbezogenheit und Logik schon gute Wirkung erreichen.

Abschließend noch einige Bemerkungen zum **Rede-Anfang** und zum **Rede-Schluß**.

Die ersten Sätze Ihrer Rede sollen auf die Zuhörer wie ein „Blickfang“ wirken. Wenn Sie vom Anfang an bei den Zuhörern Aufmerksamkeit und Aufgeschlossenheit erreichen, dann haben Sie Ihren Vortrag wirkungsvoll begonnen. Über motivierende „Einstiege“ haben wir schon in Abschn. 4.4.2 Überlegungen angestellt. Erinnern Sie sich: Was ist für einen wirkungsvollen Rede-Anfang zu empfehlen?

- Bemühen Sie sich um „Personenbezug". Nehmen Sie Bezug auf einen starken Wunsch der Zuhörer, auf deren Erwartung, auf deren Anliegen.
- Bemühen Sie sich um „Situationsbezug". Beginnen Sie mit einem aktuellen Ereignis, mit einer Situation, die alle oder viele Zuhörer womöglich kurz vor Beginn des Vortrages betroffen hat.
- Beginnen Sie mit einer unerwarteten, aber themenbezogenen Sache – setzen Sie einen „Paukenschlag".
- Beginnen Sie mit einem persönlichen Erlebnis, einem bildkräftigen Sprichwort bzw. Zitat (selbstverständlich wieder im bezug auf das Thema Ihres Vortrages) usw.

Nicht nur der Anfang, sondern auch das Ende eines Vortrages soll einen Höhepunkt der gesamten Darstellungen bilden. Ein gut gelungener Schluß hat auch schon manche schlechte Rede im letzten Augenblick gerettet. Als Rede-Schluß bieten sich u. a. an:

- Zusammenfassung der Leitgedanken in Verknüpfung mit einem größeren thematischen Bezugsrahmen;
- Vorstellung einer themenbezogenen Entwicklungstendenz, Ausblick auf künftige Weiterentwicklungen;
- Schließen eines thematischen Bogens zwischen Rede-Anfang und Rede-Schluß usw.

6.1.2 Die nichtsprachliche Kommunikation

Im Sinne unserer Systematisierung (6.1) wollen wir hier insbesondere die visuell zum Ausdruck kommenden Aspekte der Kommunikation zusammenfassen: **Mimik, Blick, Gestik, Distanz und äußere Erscheinung**.

Nachdem das Publikum – ob nun schon Studenten im Unterricht, Fachkollegen bei einem Vortrag oder andere Adressaten – Sinneseindrücke durch mehrere Kanäle gleichzeitig aufnimmt, ist es selbstverständlich, daß der Redner nicht nur darauf achten muß, welchen akustischen Einfluß er auf sein Publikum nimmt, sondern daß auch sein optischer Einfluß dazu paßt.

6.1.2.1 Mimik

Unter Mimik versteht man das **Minenspiel – den Gesichtsausdruck**. Der Gesichtsausdruck zeigt die Einstellungen gegenüber dem Kommunikationspartner an, er illustriert oder modifiziert den verbalen Ausdruck und stellt eine Rückkopplung dar, die dem Gesprächspartner zeigt, wie seine Äußerungen und sein Verhalten aufgenommen wird.

Im Unterricht wird durch den Gesichtsausdruck der Grad der Aufmerksamkeit und der Aktionsbereitschaft signalisiert. Durch den Gesichtsaudruck der Schüler kann der Lehrer teilweise Informationen darüber erhalten, ob der Lehrstoff oder bestimmte Aufgaben verstanden wurden. Umgekehrt wird der Gesichtsausdruck des Lehrers dem Schüler signalisieren, wie etwa der Lehrer eine erbrachte Leistung bewertet, ob er Äußerungen des Schülers akzeptiert oder nicht.

6.1.2.2 Blick

Der **Blickkontakt** spielt – zusammen mit dem Gesichtsausdruck – eine wichtige Rolle bei der für den Kommunikationsprozeß notwendigen Rückkopplung. Das Aufschauen des Sprechers signalisiert manchmal das nahe Ende seiner Äußerung und bereitet den Gesprächspartner auf die Übernahme vor. Wenn dieser nicht dazu bereit ist, signalisiert er das durch Vermeiden des Blickkontakts usw.

Auch im Unterricht ist es eine wichtige Funktion des Blickkontaktes, die Kommunikation zu regeln. Der Lehrende kann z. B. durch das Anschauen Schüler „aufrufen" oder sie unterbrechen. Auch Schüler können (durch einen fragenden Blick) den Lehrer veranlassen, seinen Vortrag zu unterbrechen und Verständnisfragen zuzulassen. Durch den Blickkontakt kann im Unterricht auch eine individualisierte Beziehung hergestellt werden. Einzelne Schüler können durch ihn mehr in den Unterricht einbezogen, aktiviert und bestärkt werden. In großen Schulklassen eröffnet der gezielt eingesetzte Blickkontakt eine gewisse Möglichkeit, den Unterricht wenigstens in Ansätzen zu individualisieren.

6.1.2.3 Gestik

In diesen Bereich fallen insbesondere die **Ausdrucksbewegungen der Hände und Arme, aber auch der Beine, Füße, des Rumpfes und des Kopfes**.

Handbewegungen dienen vor allem der Illustration und Begleitung sprachlicher Äußerungen, zeigen aber auch Affektzustände, wie z. B. Nervosität und Angst. Auch Kopfbewegungen (nicken, schütteln, heben, senken u. a.) erfüllen eine ganze Reihe von kommunikativen Funktionen.

Gestik bildet ein gutes Mittel zur optischen Unterstützung der Rede. Stereotype Gesten können aber auch eine lästige Angewohnheit darstellen, genauso wie unpassende Gesten ihren Zweck, d. i. die optische Unterstützung des Gesagten, verfehlen können.

Gesten können und sollen nur eine einfache Ergänzung zum Gesagten bilden und dürfen nicht zum Selbstzweck werden. Komplizierte technische

Abb. 79. Einige Grundpositionen der Gestik

Vorgänge können schwer mittels Handbewegungen ausreichend verdeutlicht werden. Für solche Zwecke stehen die verschiedensten unterrichtstechnologischen Geräte und Einrichtungen zur Verfügung (s. Kap. 5).

Einige Grundpositionen der Gestik zeigt beispielsweise Abb. 79.

Redner müssen auch den Gesamteindruck der Körperhaltung berücksichtigen. „Eisbär-Effekte" sowie „Elefanten-Stand", d. h. ein dauerndes Hin- und Her-Schaukeln sowie ein sich Vor- und Zurückwiegen sollte man vermeiden.

6.1.2.4 Distanz

Bei der Kommunikation vermittelt auch die interpersonale Distanz der Kommunizierenden (der Abstand zwischen den Kommunikationspartnern, die Aufteilung des zur Verfügung stehenden Raumes untereinander, das Arrangement der im Raum vorhandenen Möbel etc.) bestimmte Informationen.

So kann etwa das räumliche Verhältnis der Schülertische zueinander sowie ihr Verhältnis zum Platz des Lehrers die Kommunikation im Unterricht ziemlich stark beeinflussen.

6.1.2.5 Äußere Erscheinung

Die äußere Erscheinung – z. B. der durch sie vermittelte erste Eindruck von jemandem – kann entscheidend dafür sein, ob überhaupt eine kommunikative Beziehung entsteht.

Nachdem manche Gegebenheiten der äußeren Erscheinung mehr oder weniger unveränderlich sind (Körperbau u. a.), kann der einzelne sein äußeres Bild hauptsächlich durch Gepflegtheit und Kleidung formen. Menschen zeigen durch ihre äußere Erscheinung ein Selbstbild – jenes beinhaltet sowohl ihren sozialen Status als auch Charaktereigenschaften und emotionale Zustände.

6.1.3 Zur Überprüfung des Verhaltens

Das eigentliche Redeverhalten kann einfach durch die **Tonbandkontrolle** geprüft werden. Sie haben die Möglichkeit, die Lautstärke, Tonhöhe und Sprechgeschwindigkeit zu überprüfen, den Redestil und die Artikulation zu erkennen und eventuell zu verbessern usw.

Der Redeübende kann bei der sogenannten **Spiegelkontrolle**, d. i. wenn er vor einem Spiegel spricht und dabei sein Verhalten beobachtet, hauptsächlich sein nichtsprachliches Verhalten kontrollieren.

Eine weit bessere Möglichkeit zur Überprüfung des Gesamtverhaltens, d. h. der sprachlichen sowie der nichtsprachlichen Aspekte, bietet der **Videorekorder**. Jeder, dem sich die Gelegenheit zu einer solchen Selbstbeobachtung bietet, sollte sie nützen. Im Lehrverhaltenstraining an Pädagogischen Akademien, Universitäten sowie an einigen weiteren speziellen Aus- und Weiterbildungsinstitutionen haben sich TV-Unterrichtsmitschau-Anlagen mit Videorekordern sehr gut bewährt (siehe auch Abschnitt 5.5.1.5).

Eine Möglichkeit zur Überprüfung des Lehrverhaltens bietet auch die **Interaktionsanalyse** – diese haben wir schon im Abschnitt. 4.5.2 erwähnt.

6.1.4 Formen der Kommunikation

6.1.4.1 Die Vorlesung

Die Vorlesung ist eine klassische universitäre Lehrtechnik. Als es noch wenig Lehrbücher gab, las der Professor die Texte wirklich langsam vor und die Studenten schrieben mit. Der Begriff „Vorlesung“ wird zwar auch heutzutage noch benutzt, die klassische Vorlesung hat sich aber in der Praxis der Durchführung geändert. **Gute Professoren lesen nicht mehr vor, sondern sprechen relativ frei, benützen Medien zur Veranschaulichung usw.**

Ein „ablesender" Redner wird kaum positive Einstellungen bei seinen Zuhörern wecken. Darum sollten Sie die klassische Vorlesung nicht realisieren. Auch die Bezeichnung „Vorlesung" könnte man z.B. durch den Begriff „Vortrag" ersetzen.

6.1.4.2 Der Vortrag

Der Vortrag ist zwar sachorientiert, ist aber auch auf das Erzeugen gefühlsmäßiger Reaktionen angelegt. Der Vortragende will informieren, aber auch motivieren und stimulieren. Vorträge werden so durchgeführt, daß gelegentlich auch Zwischenfragen möglich sind.

Für den Ingenieur und Techniker ist der Vortrag eine gute, und in der Praxis wahrscheinlich am häufigsten verwendete, monologische Technik.

Vorträge sollten nicht zu lang sein. An den Vortrag sollte eine Diskussion anschließen, oder es sollte eventuell zur Gruppenarbeit übergeleitet werden.

6.1.4.3 Die Rede

Reden gehören zu den monodirektionalen Kommunikationsformen. Der Redner will bewegen, Reden sind auf das Erzeugen emotionaler Reaktionen angelegt. Reden sind meistens mit einem speziellen Anlaß verbunden; man spricht von Festreden, Begrüßungs- oder Gedenkansprachen usw. Eine besondere Form ist auch die Laudatio, die Lobrede bei der offiziellen Ehrung einer Person oder einer Institution.

Bei den bisher angeführten Formen der verbalen Kommunikation handelt es sich um überwiegend monodirektionale Informationsvermittlung, um monologische Techniken. Diese sind sinnvoll bei kognitiven und affektiven Lehrzielen anwendbar. Wenig geeignet sind sie, wenn die Adressaten bestimmte Fertigkeiten erwerben sollen, also bei Zielen aus dem psychomotorischen Bereich.

Unsere kurze Vorstellung ausgewählter verbaler Kommunikationsformen wollen wir mit überwiegend bidirektionalen Gestaltungsarten fortsetzen.

6.1.4.4 Das Lehrgespräch

Beim Lehrgespräch werden durch systematische Lehrerfragen Ziele entwikkelt – und nicht darbietend wie beim Vortrag – erreicht. Bei dieser Kommunikationsform werden die Adressaten stark aktiviert.

Die Gestaltung von Lehrgesprächen wird stark vom Führungsstil des Lehrenden geprägt. Ein Lehrgespräch kann bei extrem straffer Führung, aber auch bei lässigem Gewährenlassen stattfinden. Dies ist von den jeweiligen Zielen und von der Lehrerpersönlichkeit und der Adressatengruppe abhängig (siehe auch Abschnitt 4.6.2).

Ein Lehrgespräch wird wahrscheinlich nur dann erfolgreich sein, wenn der Lehrende die zu vermittelnden Inhalte weit über das zu erreichende Ziel hinaus beherrscht. Er muß den Überblick behalten und den Willen und die Fähigkeit, den roten Faden durchzuziehen. Er muß eine hohe Konzentrationsfähigkeit haben und die „Fragetechnik“ gut beherrschen.

Die **Frage- und Antworttechnik** spielt bei allen bidirektionalen Kommunikationsformen eine wichtige Rolle. Lassen Sie uns hier einige diesbezügliche Grundsätze zusammenfassen:

- „Enge“ Fragen sind mit einem Wort (z.B. „ja“, „nein“) oder einem Kurzsatz zu beantworten.
- „Offene“ Fragen erfordern den Vollzug eines echten geistigen Prozesses und lassen nicht nur ein Wort als Antwort zu. Offene Fragen sind daher besser geeignet als enge Fragen.
- „Doppelfragen“ sind nicht gut geeignet, weil Adressaten, welche nur eine der Fragen beantworten können, sich wahrscheinlich nicht melden werden.
- Fangfragen sind nicht geeignet, weil sie Mißerfolge auslösen und Mißtrauen gegenüber dem Lehrenden wecken können.
- Definitionsfragen sind schwierig und daher eher nur am Ende eines Lehrgespräches – nach dem Herausarbeiten der Definition – brauchbar.
- „Nachfaßfragen“ sind sinnvoll. Sie erlauben es, die Adressaten zu Erfolgserlebnissen zu bringen, auch wenn ursprünglich eine unvollständige Antwort gegeben wurde.
- Fragen an die ganze Gruppe gerichtet fordern auch die ganze Gruppe zum Überlegen heraus. Nachdem die Frage gestellt ist, sollten Sie nicht zu früh jemanden zur Beantwortung aufrufen, weil dann die Denkprozesse bei den anderen Teilnehmern unterbrochen würden.
- Fragen an einzelne Teilnehmer insbesondere nur dann, wenn Sie jemanden gezielt ansprechen („wecken“) wollen.

Die Gesprächsteilnehmer sollten Rückkoppelungen erfahren, gelobt, „bestätigt“ werden. Stellen Sie Fragen, welche voneinander unabhängige Leistungen auch unabhängig überprüfen.

Worauf soll man als Lehrender achten, wenn man selbst Fragen beantworten muß?

- Antworten Sie knapp und klar. Antworten sollten das Wesentliche enthalten und nicht Nebensächlichkeiten zum Kern haben.

- Sollten Sie die Antwort nicht wissen, dann haben Sie den Mut, dies offen einzugestehen. Verweisen Sie z.B. auf die nächste Unterrichtsstunde; dann dürfen Sie die Antwort aber nicht schuldig bleiben.

Haben Sie die Antwort nicht sofort bereit, dann bieten sich z. B. folgende Möglichkeiten:

- Machen Sie eine „Denkpause“ oder wiederholen Sie die Frage langsam mit eigenen Worten, um etwas Zeit zum Überlegen zu gewinnen.
- Geben Sie die Frage an den Fragesteller zurück.
- Richten Sie die Frage an die weiteren Teilnehmer des Gesprächs.

6.1.4.5 Das Rundgespräch

Das Rundgespräch, auch **„round table Gespräch“**, findet im Idealfall wirklich an einem „Gleichheit symbolisierenden“ runden Tisch statt. Gesprächsleiter und Teilnehmer haben gleiche Rechte in der Meinungsäußerung. Ein Lehrgespräch kann Züge eines Rundgespräches annehmen, wenn der Lehrende zeitweise in den Hintergrund tritt, um als Gleichgestellter z. B. bei der Lösung von Problemen mitzuwirken. Rundgespräche kommen z. B. beim Gruppentraining zur Geltung. Beim Gruppentraining wird ein Plenum in kleinere Gruppen aufgelöst, welche bestimmte Aufgaben im Team zu lösen haben.

6.1.4.6 Die Diskussion

Die Diskussion ähnelt dem Rundgespräch, der Gesprächsleiter soll aber nicht seine eigene Meinung bringen, sondern nur **moderieren**. Ein Lehrgespräch kann sich auch zu einer Diskussion entwickeln, wenn der Lehrende die Rolle eines Moderators einnimmt. Wie schon erwähnt, finden Diskussionen häufig im Anschluß an Vorträge statt.

6.1.5 Leicht verständliche Kommunikation

Um welche Kommunikationsform es sich auch handelt: Eins darf nicht vergessen werden – **gute Verständlichkeit**.

Dies gilt nicht nur für die sprachliche Kommunikation, sondern im gleichen oder noch größeren Ausmaß auch für die Textkommunikation. Sie nehmen mit Interesse einen Text zur Hand und beginnen zu lesen. Schon nach kurzer Zeit legen Sie verärgert den Text weg. Sie haben ihn nur teilweise oder gar nicht verstanden. Ist Ihnen so etwas nicht schon vorgekommen?

Was zeichnet eine gut verständliche Rede oder einen gut verständlichen Text aus? Durch welche Merkmale läßt sich „Verständlichkeit“ charakterisieren?

Schon in den dreißiger Jahren hat man begonnen, **Formeln zur Messung der Lesbarkeit bzw. Verständlichkeit** von Texten zu suchen. Andere Fachleute formulieren **Stilratschläge**, Stilregeln und Stilverbote für die Textgestaltung.

Ein gutes, durch viele empirische Untersuchungen untermauertes und praktikables Verständlichkeitskonzept haben Langer und Schulz v. Thun und Tausch [12] entwickelt. Dieses Konzept ist auch für die verständliche Vermittlung von technischen Inhalten, für die Gestaltung von technischen Texten gut anwendbar.

Manche Redner (desgleichen Schreiber) berücksichtigen nicht, wie dem Hörer das Ohr bzw. dem Leser das Auge „gewachsen" ist. Viele Techniker sehen dieses Problem vorerst gar nicht. Manche glauben sogar, Schwerverständlichkeit erwecke Ehrfurcht – sei ein Kennzeichen von Wissenschaftlichkeit. Dies stimmt auf die Dauer sicher nicht. Schwer verständliche Formulierungen nehmen keine Rücksicht auf die Zeit und Arbeitskraft der Adressaten.

Langer und Schulz v. Thun und Tausch [12] unterscheiden **vier Dimensionen der Verständlichkeit:** Einfachheit, Gliederung–Ordnung, Kürze–Prägnanz sowie Zusätzliche Stimulanz. Die Erstellung bzw. Analyse von Texten unter Berücksichtigung dieser Kriterien kann viel zur leichtverständlichen Textgestaltung beitragen.

Die Dimension **„Einfachheit"** bezieht sich vor allem auf Einfachheit im **Satzbau** und in der **Wortwahl**. Der positive Pol dieser Dimension heißt Einfachheit, der negative Pol heißt Kompliziertheit. Zur Beurteilung von Texten wird von Langer und Schulz v. Thun und Tausch eine Skala mit fünf Abstufungen vorgesehen. Sehr einfach formulierte Texte erhalten den Wert +2, sehr komplizierte Texte den Wert –2. Die Dimension setzt sich aus mehreren Unteraspekten zusammen – in der folgenden Darstellung sind sie angedeutet.

Dimension Einfachheit

Einfachheit	+2	+1	0	–1	–2	Kompliziertheit
kurze, einfache Sätze	......	......	......	......	......	lange, verschachtelte Sätze
geläufige Wörter	......	......	......	......	......	ungeläufige Wörter
Fachworter erklärt	......	......	......	......	......	Fachwörter nicht erklärt
konkret	......	......	......	......	......	abstrakt
anschaulich	......	......	......	......	......	unanschaulich

In dieser Dimension sollten Texte eine **positive** Ausprägung aufweisen, um verständlich zu sein.

In der Dimension **„Gliederung–Ordnung"** wird beurteilt, ob die Sätze beziehungslos nebeneinanderstehen oder folgerichtig aufeinander bezogen sind, ob die Information in einer sinnvollen Reihenfolge dargeboten wird etc. Neben dieser **inneren Ordnung der Texte** wird auch die **äußere Gliederung** beurteilt. Dazu gehört die übersichtliche Gruppierung zusammengehöriger Teile (im geschriebenen Text durch überschriftete Absätze etc.), gliedernde Vor- und Zwischenbemerkungen u. ä. Es handelt sich hier also um eine deutliche Unterscheidung von Wesentlichem und weniger Wichtigem.

Dimension Gliederung–Ordnung

Gliederung – Ordnung	+2 +1 0 –1 –2	Ungegliedertheit – Zusammenhanglosigkeit
gegliedert	....	ungegliedert
folgerichtig	....	zusammenhanglos, wirr
übersichtlich	....	unübersichtlich
gute Unterscheidung von Wesentlichem und Unwesentlichem	....	schlechte Unterscheidung von Wesentlichem und Unwesentlichem
der rote Faden bleibt sichtbar	....	man verliert oft den roten Faden
alles kommt schön der Reihe nach	....	alles geht durcheinander

Auch in dieser Dimension ist für gute Verständlichkeit eine deutlich **positive** Ausprägung unerläßlich.

Die Dimension **„Kürze–Prägnanz“** erfaßt den Sprachaufwand im Verhältnis zum Lehrziel. Knappe Darstellungen liegen auf dem einen Extrem, weitschweifige auf dem anderen.

Dimension Kürze–Prägnanz

Kürze–Prägnanz	+2 +1 0 –1 –2	Weitschweifigkeit
aufs Wesentliche beschränkt	....	viel Unwesentliches
gedrängt	....	breit
aufs Lehrziel konzentriert	....	abschweifend
knapp	....	ausführlich
jedes Wort ist notwendig	....	vieles hätte man weglassen können

Zu gedrängt, genauso wie zu langatmig, behindert das Verstehen und Behalten. Darum liegt bei dieser Dimension das **Optimum mehr in der Mitte**.

In der Dimension **„Zusätzliche Stimulanz“** wird erfaßt, ob und in welchem Ausmaß ein Text anregende „Zutaten“ enthält. Damit sind Maßnahmen gemeint, die beim Hörer (Leser) Interesse und Anteilnahme hervorrufen sollen. Als Möglichkeiten der Verwirklichung seien hier z. B. Ausrufe, rhetorische Fragen, „lebensnahe“ Beispiele, witzige Formulierungen etc. angeführt.

	Dimension Zusätzliche Stimulanz					
Zusätzliche Stimulanz	+2	+1	0	−1	−2	Keine zusätzliche Stimulanz
anregend	.....	.....	.....	.....	.....	nüchtern
interessant	.....	.....	.....	.....	.....	farblos
abwechslungsreich	.....	.....	.....	.....	.....	gleichbleibend neutral
persönlich	.....	.....	.....	.....	.....	unpersönlich

Bei dieser Dimension können als „Optimum" keine so eindeutigen Empfehlungen gegeben werden wie bei den drei vorhergehenden Dimensionen. Generell liegt bei dieser Dimension das Optimum, ähnlich wie bei der Dimension Kürze–Prägnanz, **etwa in der Mitte**. **„Zusätzliche Stimulanz" ist aber nur in Verbindung mit guter „Gliederung–Ordnung" verständlichkeitsfördernd.**

6.2 Zur induktiven und deduktiven Lehrmethode

6.2.1 Zur Terminologie

In der einschlägigen Literatur wird, oft recht uneinheitlich, von verschiedenen Lehrmethoden gesprochen. Trotz der Verschiedenheit der speziellen Methoden kann man gleichartige Elemente feststellen, in die sich die Methode zergliedern läßt. Wir wollen hier mit K. Geiger [7] insbesondere die Analyse, Synthese, Induktion und Deduktion nennen.

Lassen Sie uns als **„Analyse"** die Zergliederung der zu untersuchenden Naturgegenstände und Naturerscheinungen zum Zweck der Bestimmung der wesentlichen Merkmale und Elemente verstehen.

Als **„Synthese"** wollen wir die Zusammenfügung der durch die Analyse ermittelten Teile zur begrifflichen Einheit eines Naturgegenstandes oder Naturvorganges definieren.

Weiterhin wollen wir für die **„Deduktion"** folgendes festlegen: Deduktion ist der Schluß vom Allgemeinen auf das Besondere – sie ist die Ableitung des besonderen Falles aus dem allgemeinen Gesetz.

Als **„Induktion"** wollen wir verstehen: Induktion ist der Schluß vom Besonderen zum Allgemeinen, d. h. die Verallgemeinerung vorliegender Tatsachen zu einem für alle Fälle derselben Art gültigen Satz.

Wenn wir nun spezielle Methoden nach dem für die Erkenntnisgewinnung wesentlichen Methodenelement definieren wollen, können wir folgende Begriffsbestimmungen vornehmen [7]:

„Die **deduktive Methode** ist die Methode, bei der die Deduktion die wesentliche Rolle spielt und der gegenüber die Analyse, Synthese und Induktion in den Hintergrund treten."

„Die **induktive Methode** ist die Methode, bei der die Induktion die wesentliche Rolle spielt und der gegenüber die Analyse, Synthese und Deduktion in den Hintergrund treten."

Es ist durchaus möglich, auch andere Merkmale wesentlich anzuerkennen und diese zur Kennzeichnung spezieller Lehrmethoden zu verwenden. In manchen Fächern tritt z. B. die Analogie wesentlich auf und es ist durchaus denkbar, in solchen Fällen bei der Lehre eine **„Analogiemethode"** zu verwenden – mit diesem Beispiel werden wir uns noch im weiteren befassen. In der unterrichtlichen Praxis ist auch der Einsatz **kombinierter Lehrmethoden** üblich.

Zur Terminologie noch eine abschließende Klärung: Bei unseren Begriffsbestimmungen zur Deduktion und Induktion wird auch die Formulierung „allgemeines Gesetz" verwendet. Damit ist hier im Prinzip ein **Grundgesetz** gemeint, welches nicht auf andere, noch allgemeinere Gesetze zurückgeführt werden kann. Dies ist selbstverständlich relativ zu verstehen, nachdem die Wissenschaft ja ständig daran arbeitet, Theorien zu schaffen, in denen unsere jetzigen Grundgesetze sicherlich zum Teil zu Sonderfällen werden. In einem ähnlich relativierenden Rahmen sind „Grundgesetze" und „spezielle Gesetze" auch im Unterricht an verschiedenen technischen Schultypen zu verstehen. So z. B. hat das Ohmsche Gesetz an einer Berufsschule sicher den Charakter eines „Grundgesetzes", welches nicht aus noch allgemeineren Gesetzen abgeleitet wird. An einer Technischen Universität ist es aber möglich, z. B. in der theoretischen Elektrotechnik für das Ohmsche Gesetz eine Erklärung mit Hilfe der Elektronentheorie unter Einbeziehung des Verhaltens von Elektronen im elektrischen Feld, der Wärmebewegung, der Dichte der freien Elektronen im Leiter etc. heranzuziehen.

6.2.2 Zur Erarbeitung eines Gesetzes im Unterricht

Für die Erarbeitung eines Gesetzes im Unterricht gibt es verschiedene Möglichkeiten. Wir werden versuchen, einige dieser Möglichkeiten anhand eines typischen Beispieles zu zeigen und insbesondere die **Abhängigkeit der einzelnen Methoden vom Lehrstoff, vom Stand des Wissens und Könnens der Adressaten sowie vom Zeitfaktor zu analysieren**. Dabei wollen wir uns auf eine ausführliche Studie von K. Geiger [7] stützen.

Als Beispiel wählen wir das Gesetz vom Verhalten von Sinusspannung und Sinusstrom am Kondensator. Dieses Gesetz bildet ein wichtiges Kapitel aus den Grundlagen der Elektrotechnik und lautet: Wird ein Kondensator mit der Kapazität C nach Abb. 78 an eine sinusförmige Wechselspannung $u = U_m \sin \omega t$ gelegt, so fließt ein Strom $i = I_m \sin\left(\omega t + \frac{\pi}{2}\right) = \omega C U_m \sin\left(\omega t + \frac{\pi}{2}\right)$.

Abbildung 80 zeigt auch das entsprechende Liniendiagramm und das zugehörige Zeigerdiagramm.

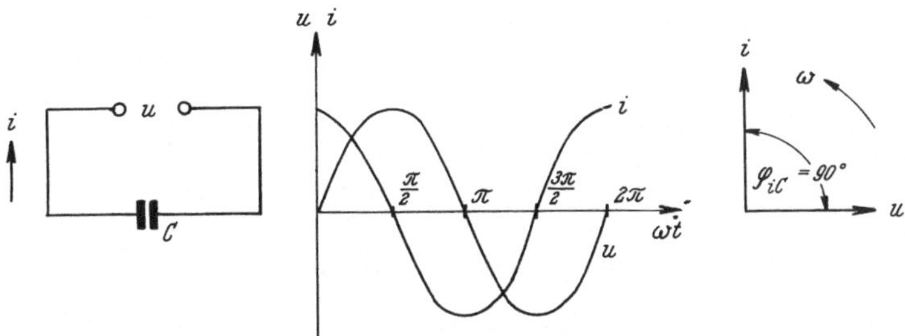

Abb. 80. Sinusförmige Wechselspannung und Strom an einem Kondensator

Die in diesem Gesetz enthaltene Aussage kann man auflösen in Teilaussagen über die Zeitfunktion, die Frequenz, die Phase und die Amplitude. Das Erkenntnisziel wollen wir bei unserem Beispiel demnach durch folgende Teilaussagen beschreiben:

- **Zeitfunktion:** Der Strom verläuft genauso wie die an den Kondensator angelegte Sinusspannung nach einer Sinuszeitfunktion.
- **Frequenz:** Die Frequenz des Stromes ist gleich der Frequenz der angelegten Sinusspannung.
- **Phase:** Der Strom eilt der Spannung um den Winkel $\frac{\pi}{2} = 90°$ voraus.
- **Amplitude:** Die Amplitude des Stromes ist $I_m = wCU_m$.
- Zum Erkenntnisziel wollen wir auch die **Zusammenhänge** zählen, **in denen unser Gesetz mit anderen Gesetzen steht**.

Wir werden hier nun vorerst einige Möglichkeiten für die Erarbeitung des Gesetzes für Sinusspannung und -strom am Kondensator, wie sie aus der Fachliteratur und aus methodischen Überlegungen gewonnen werden können, darstellen. Die einzelnen Erarbeitungsmöglichkeiten werden wir dabei sehr straff darstellen, d. h. nur die für unseren Zweck unbedingt notwendigen Angaben bringen. Die detaillierten Ableitungen sind in den einschlägigen Fach- bzw. Lehrbüchern leicht zu finden.

Nach der Darstellung der einzelnen Erarbeitungsmöglichkeiten des Gesetzes – wir werden dabei geordnet vorgehen und getrennt die deduktiven, induktiven und weiteren Möglichkeiten andeuten – werden wir eine methodische Analyse der angegebenen Möglichkeiten durchführen.

6.2.2.1 Deduktive Ableitung

a) Ableitung mit der Symbolischen Rechnung *Beherrscht wird:* die Symbolische Rechnung und die Differentialrechnung, im speziellen die Differentiation eines Drehzeigers nach der Zeit (ein Drehzeiger wird differenziert, indem man ihn mit $j\omega$ multipliziert).

Bekannt ist: die Sinusspannung

$$u = U_m \sin \omega t \tag{1}$$

sowie das Gesetz für Spannung und Strom am Kondensator

$$i = C\frac{du}{dt}. \tag{2}$$

Eigentliche Ableitung: Das Gesetz (2) wird in symbolischer Form geschrieben

$$\mathfrak{I} = C\frac{dU}{dt} \tag{2'}$$

und die Differentiation durchgeführt (Multiplikation mit $j\omega$). Es folgt direkt das Ergebnis:

$$\mathfrak{I} = j\omega\, CU \tag{3}$$

Aus (3) ergeben sich direkt die Teilaussagen über Zeitfunktion, Frequenz, Phase und Amplitude.

b) Ableitung mit der Differentialrechnung

Beherrscht wird: die Differentialrechnung.

Bekannt ist: die Sinusspannung

$$u = U_m \sin \omega t \tag{1}$$

sowie das Gesetz für Spannung und Strom am Kondensator

$$i = C\frac{du}{dt}. \tag{2}$$

Eigentliche Ableitung: Nach der Analyse, daß (1), (2) gelten, wird direkt abgeleitet:

$$i = C\frac{du}{dt} = C\frac{du}{dt}\,(U_m \sin \omega t)$$

und es ergibt sich das gesuchte Gesetz:

$$i = \omega C U_m \cos \omega t = I_m \sin\left(\omega t + \frac{\pi}{2}\right).$$

Alle Teilaussagen sind hier enthalten und können direkt entnommen werden (Zeitfunktion, Frequenz, Phase, Amplitude).

c) Ableitung durch allgemeine Berechnung mit dem Differenzenquotienten

Beherrscht wird: Rechnung mit Differenzenquotienten.

Bekannt ist: die Sinusspannung

$$u = U_m \sin \omega t \tag{1}$$

sowie das Gesetz für Spannung und Strom am Kondensator, aber in der Form mit Differenzenquotienten

$$i = C \frac{\Delta u}{\Delta t}\,. \tag{4}$$

Eigentliche Ableitung: Der Stromverlauf kann aus einer Diskussion der Spannungskurve mit Gl. (4) gewonnen werden, wobei einfach von einigen ausgezeichneten Punkten (Nulldurchgänge und Maximalwerte) ausgegangen werden kann. Auf diese Weise kann (wie in Abb. 81 angedeutet) für den Strom qualitativ eine Kosinusfunktion $i = Im \cos \omega t$ ermittelt werden. Hierin sind die Teilaussagen über die Zeitfunktion, die Frequenz sowie über die Phase enthalten.

Die Teilaussage über die Amplitude des Stromes muß noch gewonnen werden – z. B. kann man dazu aus den ähnlichen Dreiecken der in Abb. 82 angedeuteten Konstruktion ausgehen:

$$\left(\frac{\Delta u}{\Delta t}\right)_m = \frac{2\,\pi\, U_m}{T} = 2\,\pi f\, U_m = \omega U_m$$

$$I_m = C\,\left(\frac{\Delta u}{\Delta t}\right)_m = 2\,\pi f\, C U_m = \omega C U_m\,.$$

Damit ergibt sich auch noch die Teilaussage über die Amplitude des Stromes und somit das Gesamtergebnis:

$$i = \omega C U_m \cos \omega t.$$

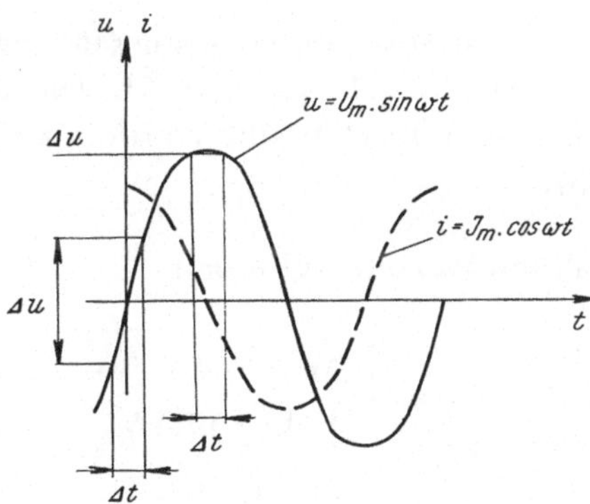

Abb. 81. Der Stromverlauf wird aus einer Diskussion der Spannungskurve *u* mit der Gl. (4) gewonnen. Beim Nulldurchgang der Spannung ist $\frac{\Delta U}{\Delta t}$ am größten, also hat hier der Strom *i* sein Maximum. Beim Maximalwert der Spannung hat der Strom sein Minimum usw.

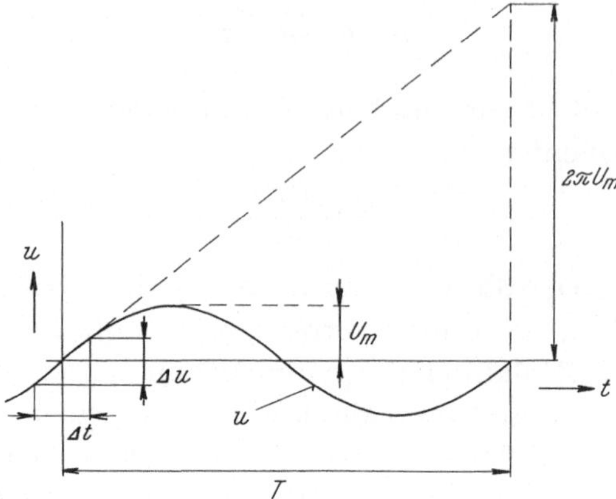

Abb. 82. Die Teilaussage über die Amplitude des Stromes kann aus den ähnlichen Dreiecken $\Delta u - \Delta t$ und $2\pi U_m - T$ gewonnen werden

d) Ableitung durch stückweise Berechnung mit dem Differenzenquotienten

Beherrscht wird: die Benutzung des Differenzenquotienten zur stückweisen Berechnung.

Bekannt ist: die Sinusspannung

$$u = U_m \sin \omega t \tag{1}$$

sowie das Gesetz für Spannung und Strom am Kondensator in der Fassung mit Differenzenquotienten

$$i = C \frac{\Delta u}{\Delta t} . \tag{4}$$

Eigentliche Ableitung: Man nimmt zur Berechnung einfache konkrete Werte an, z. B. U_m = 100 V, f = 1 Hz, C = 10 µF = 10^{-5} F. Die Berechnung kann in verschieden großen Schritten durchgeführt werden, z. B. in „Stücken" je 10°, d. i. 1/36 sec (Abb. 83).

Bei den von uns gewählten Werten ergibt sich

$$\left.\begin{array}{l}\text{für } 0°\text{: } u = 100 \sin 0 = 0 \\ \text{für } 10°\text{: } u = 100 \sin 10° = 17{,}4 \text{ V}\end{array}\right\} \Delta u = 17{,}4 \text{ V}$$

$$\left.\begin{array}{l}\text{für } 10°\text{: } u = 100 \sin 10° = 17{,}4 \text{ V} \\ \text{für } 20°\text{: } u = 100 \sin 20° = 34{,}2 \text{ V}\end{array}\right\} \Delta u = 17{,}4 \text{ V}$$

. .
. .
. .

In der ersten 1/36 sec ändert sich also die Spannung von 0 auf 17,4 V und demnach fließt ein Strom von:

$$i = C\frac{\Delta u}{\Delta t} = 10^{-5}\,\frac{17{,}4}{\frac{1}{36}} = 6{,}26 \text{ mA}.$$

Beim nächsten Schritt ändert sich die Spannung von 17,4 auf 34,2 V, d.i. um 16,8 V, so daß sich für den Strom i = 6,05 mA ergibt. Analog wird die Berechnung stückweise weitergeführt – für den Abschnitt 30° bis 40° ergibt sich i = 5,15 mA, für den nächsten Schritt 4,44 mA usw. Die berechneten Werte sind in Abb. 84 eingezeichnet – es ergibt sich für den Stromverlauf eine relativ grobe Treppenform. Bei einer Unterteilung in kleinere Schritte würde sich eine mehr oder weniger glatte Kurve ergeben.

Anhand der gewonnenen Kurve können die Teilaussagen über die Zeitfunktion, die Frequenz, sowie über die Phase festgehalten werden.

Die Teilaussage über die Amplitude kann man durch folgend angedeutete Schlußfolgerungen aus dem Gesetz (4) gewinnen:

$$I_m \sim C$$
$$I_m \sim U_m$$
$$I_m \sim \frac{1}{\mathrm{T}} = f$$

so daß $$I_m \sim f\,C\,U_m\,.$$

Durch das Einführen eines Proportionalitätsfaktors k kann als Gleichung geschrieben werden:

$$I_m = k\,f\,C\,U_m$$

Der Proportionalitätsfaktor ist aus unseren konkreten Werten berechenbar:

$$\mathrm{k} = \frac{I_m}{f\,C\,U_m} = \frac{6{,}26}{1 \cdot 10^{-5} \cdot 100} = 6{,}26.$$

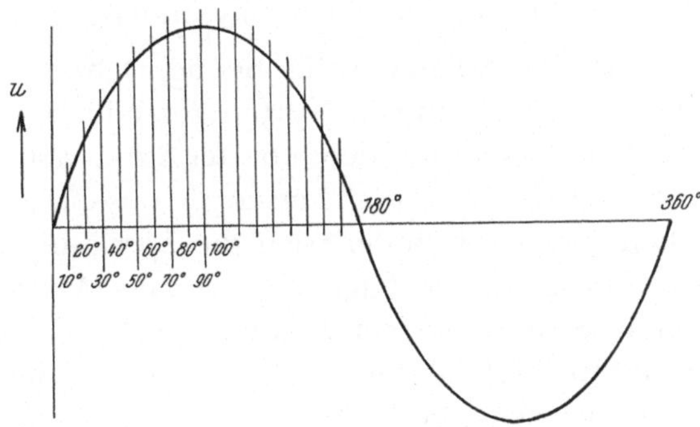

Abb. 83. Zur Ableitung durch stückweise Berechnung mit dem Differenzenquotienten

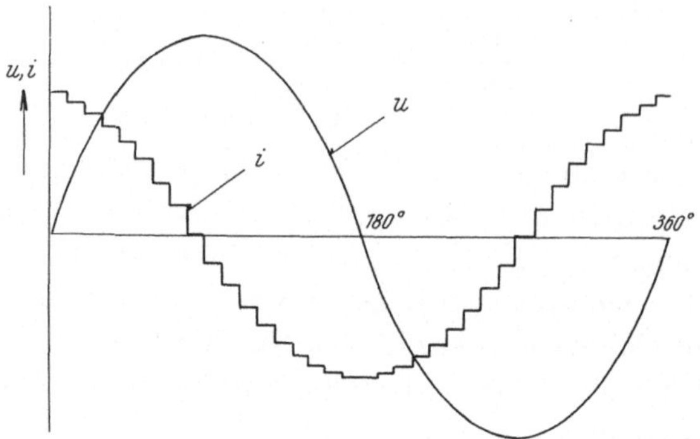

Abb. 84. Der errechnete treppenförmige Stromverlauf i

Aus einer Nachrechnung mit kleineren Schritten, z.B. mit $\Delta t = \frac{1}{360}$ sec, bekommt man $k = 6{,}28$. Damit ergibt sich für die bisher fehlende Teilaussage als Stromamplitude

$$I_m = 6{,}28\, f\, C\, U_m$$

und damit das Gesamtergebnis:

$$i = 6{,}28\, f\, C\, U_m \cos \omega t.$$

e) Ableitung in Worten

Beherrscht wird: ein Minimum an Mathematik – die Beherrschung der Rechnung mit Differenzenquotienten wird nicht vorausgesetzt.

Bekannt ist: die Sinusspannung als eine Spannung, die nach der Sinusfunktion verläuft, sowie das Gesetz für Spannung und Strom am Kondensator in Worten, etwa: „Am Kondensator ist der Strom abhängig von der Größe der Kapazität sowie der Schnelligkeit der Spannungsänderung".

Eigentliche Ableitung: Die Ableitung, die bei ad c) bzw. ad d) quantitativ durchgeführt wurde, wird hier nur in Worten geschildert – etwa folgendermaßen: ... wir wissen, daß beim Kondensator der Strom abhängig ist von der Schnelligkeit der Spannungsänderung. Lassen Sie uns einige ausgezeichnete Punkte untersuchen. Bei $t = 0$ ändert sich die Spannung am schnellsten, folglich hat der Strom in diesem Augenblick seinen Maximalwert. Zu dem Zeitpunkt, an dem die Spannung ihren Maximalwert hat, ändert sie sich nicht und die Stromstärke ist folglich Null ... Die Größe des Maximalwertes des Stromes ergibt sich aus der Überlegung, daß je größer die Kapazität des Kondensators ist, desto ... Faßt man die Teilergebnisse zusammen, so erkennt man, daß ...

6.2.2.2 Induktive Ermittlung

a) Ermittlung von Versuchen ausgehend Bei der induktiven Ermittlung werden die Teilaussagen über die Zeitfunktion, die Frequenz, die Phase sowie über die Amplitude einzeln gewonnen.

Die Erkenntnis über die ersten drei Teilaussagen ist durch direkte Einsicht mit Hilfe eines einfachen **Versuchsaufbaues** zu gewinnen, bei dem der durch einen Kondensator fließende Strom auf einem Oszillographenschirm sichtbar gemacht wird.

Zur Erkenntnis über die Amplitude des Stromes muß eine größere Anzahl von Versuchen durchgeführt werden, deren Ergebnisse z. B. in folgenden Tabellen festgehalten werden können:

U = konst., C = konst.	
I	f
.	.
.	.
.	.

U = konst., f = konst.	
I	C
.	.
.	.
.	.

C = konst., f = konst.	
I	U
.	.
.	.
.	.

In den Versuchsreihen wird die Abhängigkeit der Amplitude des Stromes von der Frequenz sowie von der Amplitude der Spannung und von der Kapazität gemessen. Aus den Tabellenwerten kann verallgemeinernd erkannt werden:

$$I \sim f \quad I \sim C \quad I \sim U$$
$$I \sim f\,C\,U$$

Zur Gleichung kommt man über die Einführung einer Proportionalitätskonstante

$$I = k\,f\,C\,U,$$

wobei diese Konstante einfach aus den vorher ermittelten Tabellenwerten berechnet werden kann. Sie hat den Wert $k = 6{,}28$.

Das solcherart ermittelte Gesetz sollte durch Anwendung auf andere konkrete Kondensatoren und Werte geprüft werden.

b) Ermittlung von Versuchsergebnissen ausgehend Diese Ermittlung verläuft analog der eben ad a) beschriebenen Vorgangsweise – mit dem Unterschied, daß die Versuche nicht tatsächlich durchgeführt, sondern nur beschrieben werden.

Das Oszillographenbild wird zeichnerisch wiedergegeben. Unter Hinweis auf die Versuche werden nur deren Ergebnisse angegeben; aus diesen werden die entsprechenden Schlüsse gezogen.

Eine weitere Verkürzung des Vorganges könnte noch darin bestehen, daß auch die Angabe der Versuchsergebnisse weggelassen wird und nur die Versuche beschrieben und die Ergebnisse der Verallgemeinerung angegeben werden.

6.2.2.3 Weitere Erarbeitungsmöglichkeiten

a) Schrittvertausch bei den einzelnen Methoden Es besteht die Möglichkeit, bei den beschriebenen induktiven bzw. deduktiven Ableitungen einzelne Schritte gegenüber der von uns bisher angedeuteten Abfolge zu vertauschen.

So kann unter Umständen die induktive Erarbeitung so gestaltet werden, daß man vorerst das Gesetz hypothetisch aufstellt und es erst danach einer Prüfung durch verschiedene Versuchsreihen unterzogen wird. Auch bei der deduktiven Ableitung könnte man eventuell den Schlußsatz als Vermutung ziemlich an den Anfang stellen und ihn erst danach durch Ableitung beweisen.

Durch die Vertauschung einzelner Schritte ergeben sich verschiedene Möglichkeiten der Erarbeitung.

b) Kombination der Methoden Das Gesetz kann z. B. zuerst induktiv erarbeitet werden und anschließend daran noch aus dem allgemeinen Gesetz deduktiv abgeleitet werden. Auch die verschiedenen deduktiven Methoden können miteinander kombiniert werden – so könnte unter Umständen die Ableitung zuerst kurz in Worten beschrieben und dann z. B. mit der Differentialrechnung gebracht werden etc. Es bestehen verschiedene denkbare Kombinationen; eine induktivdeduktive Kombination u. a. hat den Vorteil, daß die induktive Ermittlung anschauliche Vorstellungen bringt, welche durch die deduktive Ableitung zur Sicherheit werden.

c) Nennung des Gesetzes mit Angabe der Herkunft Es ist möglich, daß man das Gesetz nicht ableitet, sondern unter Angabe seiner Herkunft – z. B. aus der Theorie – nur nennt. Es werden also nur Angaben darüber gemacht, woher das Gesetz stammt (etwa: ... aus der Theorie hat man gefunden ...) und wie es ermittelt wird. Gleichfalls kann eventuell statt der induktiven Ermittlung das Gesetz einfach gegeben und dazu erklärt werden, daß es aus Versuchen gefunden wurde. Die Versuche werden dabei nur kurz beschrieben oder erwähnt.

d) Methodisch falsche Lösungen In der unterrichtlichen Praxis sowie auch in der Literatur sind manchmal methodisch falsche Erarbeitungsmöglichkeiten zu finden.

Als methodisch falsch sind sicher Erklärungen zu bezeichnen, die unter Benützung falscher Prämissen und falscher Schlußfolgerungen stattfinden. Als methodisch falsch ist wohl auch zu bezeichnen, wenn das Gesetz nicht erarbeitet, sondern ohne Angabe der Herkunft einfach genannt wird; einer solchen Vorgangsweise würde etwa die Formulierung entsprechen: „Es gilt ...“

Bei der einfachen Nennung des Gesetzes mit Angabe der Herkunft aus Versuchen oder aus der Theorie handelt es sich um die manchmal erforderliche starke zeitliche Kürzung. Auch wenn dabei die Versuche selbst nicht durchgeführt werden, gleichfalls auch nicht die verallgemeinernden Schlußfolgerungen – wird aber doch die Grundlage der Erkenntnis zum Ausdruck gebracht. Bei extremem Zeitmangel kann eine solche Vorgangsweise eventuell berechtigt sein. **Eine bloße Nennung des Gesetzes ohne jede Angabe seiner Herkunft ist aber eine methodisch falsche Lösung,** nachdem völlig unklar bleibt, woher das Gesetz stammt und wie es gefunden wurde – ein solches Heranführen des Lernenden an die Ergebnisse der Wissenschaft entspricht nicht dem Erkenntnisprozeß. Ein Gesetz aus dem Bereich der technischen Wissenschaften basiert nicht auf einer Behauptung des Vortragenden, sondern auf wissenschaftlichen Grundlagen.

6.2.2.4 Zur Abhängigkeit der induktiven und deduktiven Lehrmethode vom Stoff

Anhand einer Analyse der in den vorhergehenden Abschnitten gezeigten verschiedenen Möglichkeiten zur Erarbeitung eines speziellen Gesetzes im Unterricht wollen wir nun versuchen, die Frage nach der Abhängigkeit der Lehrmethode vom Lehrstoff zu beantworten. Wir wollen mit Geiger [7] unsere Analyse einerseits unter dem logischen, andererseits unter dem gnoseologischen (erkenntnistheoretischen) Aspekt durchführen.

a) Der logische Aspekt Der logische Aspekt bezieht sich auf die Struktur des Lehrstoffes, bei unseren Überlegungen zur Erarbeitung eines Gesetzes im Unterricht auf die Stellung des Gesetzes in der Stoffstruktur. Die Stellung des Gesetzes kann aus einer methodologischen Untersuchung des Stoffes ermittelt werden. Wie wir schon in Abschn. 6.2.1 erwähnt haben, können wir, pragmatisch auf einen relativierenden Rahmen bezogen, zwischen Grundgesetzen und speziellen Gesetzen unterscheiden.

Das Gesetz für Sinusspannung und -strom am Kondensator, welches wir als Beispiel gewählt haben, ist ein spezielles Gesetz aus der Wechselstromtechnik, ein spezieller Fall des allgemeinen Gesetzes für Spannung und Strom am Kondensator

$$i = C\,\frac{du}{dt}.$$

Wir haben gesehen, daß unser spezielles Gesetz einerseits deduktiv aus dem allgemeinen Gesetz abgeleitet werden kann, andererseits aber auch Möglichkeiten seiner induktiven Ermittlung bestehen. Beispiele für die Erarbeitung von Grundgesetzen haben wir nicht vorgestellt, eine einfache logische Überlegung legt deutlich nahe, daß ein Grundgesetz (z. B. das Hookesche Gesetz) nicht anders als induktiv ermittelt werden kann.

Die Betrachtung des Stoffes unter dem logischen Aspekt führt zu folgenden kurz zusammengefaßten Aussagen:

- Ist das zu erarbeitende Gesetz ein Grundgesetz, dann muß die induktive Lehrmethode benutzt werden.
- Ist das zu erarbeitende Gesetz ein spezielles Gesetz und ist den Adressaten das dazugehörige allgemeine Gesetz bekannt, so besteht sowohl die Möglichkeit der deduktiven Ableitung als auch der induktiven Ermittlung.
- Ist das zu erarbeitende Gesetz ein spezielles Gesetz und ist den Adressaten das dazugehörige allgemeine Gesetz nicht bekannt, so muß die induktive Lehrmethode benutzt werden.

b) Der gnoseologische Aspekt Vom gnoseologischen, d. h. erkenntnistheoretischen Aspekt aus wird der Stoff als Gegenstand der Erkenntnis gesehen. Es wäre zu wenig, wenn wir nur das Gesetz selbst als die Erkenntnis auffassen würden. Ein naturwissenschaftliches oder technisches Ergebnis kann nicht völlig verstanden werden ohne Erkenntnis auch des Weges, der zu ihm führte. *Nicht nur die eigentliche Aussage des Gesetzes, sondern auch die Zusammenhänge, in denen das Gesetz mit anderen Gesetzen steht, sind wichtig.* Bei verschiedenen Wegen, auf denen man zum Gesetz hingelangt, werden andere Zusammenhänge sichtbar.

Wir haben darum auch bei unserem als Beispiel gewählten Gesetz über das Verhalten von Sinusspannung und Sinusstrom am Kondensator das gesamte Erkenntnisziel durch Teilaussagen beschrieben, wobei eine dieser Aussagen zum Erkenntnisziel auch die Zusammenhänge zählte, in denen unser Gesetz mit anderen Gesetzen steht.

Unsere Fragestellung ist nun also erkenntnistheoretisch. *Welche Zusammenhänge werden bei der induktiven, welche bei der deduktiven Lehrmethode gezeigt?*

Erinnern wir uns wieder an unser Beispiel. Bei der induktiven Ermittlung des Gesetzes für Sinusspannung und -strom am Kondensator sieht der Adressat nicht, in welcher Verbindung dieses mit dem allgemeinen Gesetz für Spannung und Strom an Kondensator steht. Er erkennt nicht, daß es nur ein spezieller Fall dieses allgemeinen Gesetzes ist. *Würde man alle Gesetze im Unterricht nur induktiv ermitteln, ohne auf grundlegende Gesetze Bezug zu nehmen, würde man als Ergebnis eine Summe von isolierten Erkenntnissen erhalten.*

Bei den deduktiven Lehrmethoden wird der Zusammenhang des speziellen Gesetzes mit den allgemeineren Gesetzen offensichtlich, weil diese für den Erkenntnisweg den

Ausgangspunkt bilden. *Die Aufdeckung des Zusammenhangs ist der deduktiven Methoden eigen.*

Über die Wichtigkeit der strukturellen Zusammenhänge, über die Vorteile einer Akzentuierung der Stoffstruktur haben wir uns schon in Kap. 3 Gedanken gemacht. Lassen Sie uns aufgrund dieser Überlegungen nun kurz aus gnoseologischer Sicht formulieren:

- *Ist das zu erarbeitende Gesetz ein spezielles Gesetz und ist das dazugehörige allgemeine Gesetz bekannt, ist zwar sowohl die induktive wie auch die deduktive Lehrmethode verwendbar, man sollte aber womöglich die deduktive Methode benutzen, nachdem diese nicht nur das Gesetz selbst, sondern auch die Zusammenhänge, die zwischen dem ermittelten Gesetz und anderen Gesetzen bestehen, sichtbar macht.*

Aus unserem konkreten Beispiel ist auch deutlich ersichtlich, daß die induktive Methode keine Erklärung für die auftretenden Konstanten gibt. Bei der induktiven Methode ergibt sich in unserem Beispiel für die Amplitude des Stromes $I_m = 6{,}28\ f\ C\ U_m$. Bei den deduktiven Ableitungen mit der Symbolischen oder Differentialrechnung sowie bei der allgemeinen Berechnung mit dem Differenzquotienten erhält man demgegenüber direkt $I_m = 2\ \pi f\ C\ U_m$. Es ist zwar im Unterricht nicht schwierig, $2\ \pi$ statt 6,28 zu setzen – nachteilig bleibt aber selbstverständlich, daß man nicht erkennt, woher der Faktor $2\ \pi$ stammt.

Wenn wir die vom logischen sowie vom gnoseologischen Aspekt ausgehenden Überlegungen zur Methodenabhängigkeit vom Lehrstoff zusammenfassen, kann kurz gesagt werden:

- *Grundgesetz:* → *induktive Lehrmethode*
- *Spezielles Gesetz, dazugehöriges allgemeines Gesetz nicht bekannt:* → *induktive Lehrmethode*
- *Spezielles Gesetz, dazugehöriges allgemeines Gesetz bekannt:* → *deduktive Lehrmethode*

Die Entscheidung über die Wahl der Methode ist aber noch von weiteren Einflußgrößen abhängig. Wir wollen im weiteren noch die Abhängigkeit der Methode vom Stand des Wissens und Könnens der Adressaten sowie vom Zeitfaktor erörtern.

6.2.2.5 Zur Abhängigkeit der induktiven und deduktiven Lehrmethode vom Stand des Wissens und Könnens der Adressaten

Bei der **induktiven** Lehrmethode muß das Wissen, das zum Verstehen der Versuchsanordnung und -durchführung gehört, vorausgesetzt werden. Der Adressat muß also die Funktion der verwendeten Meßgeräte und die benutzten Meßverfahren kennen – dabei ist aber bei komplizierteren Meßgeräten (z.B. Elektronenstrahloszillograph) nicht unbedingt die detaillierte Einsicht in die Wirkungsweise des Gerätes notwendig. Der Adressat muß aber jedenfalls ein basales Verständnis auch für die komplizierten verwendeten Meßgeräte haben, insbesondere müssen ihm die Randbedingungen, unter denen die Anzeige erfolgt, sowie die Grenzen des Gerätes bekannt sein.

Das zur Auswertung der Versuchsergebnisse erforderliche mathematische Wissen ist in der Regel gering, der Adressat muß in der Lage sein, funktionelle Beziehungen zwischen den Größen zu erkennen und diese Proportionen in Gleichungen umzuformen etc.

Die Anforderungen, die bei Verwendung der induktiven Lehrmethode an das Wissen und Können der Adressaten gestellt werden, sind also – im Vergleich mit den komplexeren Wegen der deduktiven Ableitung – eher gering. Es kann festgehalten werden, daß der Stand des Wissens und Könnens in der Regel nicht von wesentlichem Einfluß auf die induktive Lehrmethode ist.

Die **deduktive** Lehrmethode demgegenüber *wird vom Wissen und Können der Adressaten stärker beeinflußt.* Primär müssen die Gesetze bekannt sein, aus denen das gesuchte Gesetz abgeleitet werden soll. Diese Gesetze sollten sehr gut bekannt sein, nachdem auf ihnen die ganze deduktive Ableitung aufbaut. Von der Beherrschung entsprechender, zur Ableitung erforderlicher Begriffe und Operationen ist abhängig, welche deduktive Ableitung angewandt werden kann.

Bei den Ableitungen mit der Symbolischen Rechnung sowie mit der Differentialrechnung bewegt sich das Denken auf hohem Abstraktionsniveau, den Operationen liegt ein Formalismus zugrunde. Beim Vollzug der einzelnen Schritte wird nicht mehr viel über deren Bedeutung überlegt, vom physikalischen Gehalt wird fast ganz abgesehen.

Der wesentliche Unterschied zwischen den beiden eben genannten Ableitungen und den Ableitungen mit dem Differenzenquotienten liegt insbesondere in der großen Abstraktionsspanne zwischen dem Begriff des Differentialquotienten und dem des Differenzenquotienten. Die Begriffe in den Ableitungen mit dem Differenzenquotienten sind nicht mehr sehr abstrakt, die Ableitungen sind weniger formal, es werden praktisch nur noch Grundrechenarten benutzt.

Bei der deduktiven Ableitung in Worten wird auf die mathematische Formulierung verzichtet und nur die sprachliche Form verwendet. Diese ist weniger formal und ungenauer. Mit der Vereinfachung der Methode ändert sich auch die Form des Ergebnisses. Je einfacher die Methode, desto unschärfer wird die Formulierung.

Das Wissen und Können der Adressaten und die Schwierigkeit der Ableitung müssen einander angepaßt werden. Die Vereinfachung besteht im Übergang von sehr abstrakten und formalen Wegführungen zu konkreteren und weniger formalen Ableitungen.

6.2.2.6 Zur Abhängigkeit der induktiven und deduktiven Lehrmethode vom Zeitfaktor

Der Zeitfaktor spielt in der Unterrichtsgestaltung eine gewichtige Rolle. Mit dem ständigen Widerspruch zwischen dem Anwachsen der Erkenntnisse und der Zeit, die zum Aneignen zur Verfügung gestellt werden kann haben wir uns schon in Abschn. 3.1 befaßt. Wir wollen jetzt anhand unseres Beispieles zur Erarbeitung eines Gesetzes im Unterricht noch die Abhängigkeit der induktiven und deduktiven Lehrmethode vom Zeitfaktor betrachten.

Für die Gestaltung der **induktiven** Lehrmethode ist der Zeitfaktor ziemlich entscheidend.

Bei der induktiven, von Versuchen ausgehenden Ermittlung ist der Zeitaufwand erheblich. Auch wenn man die Anzahl der Versuche mit dem Hinweis auf einen vertretbaren Aufwand einschränkt, erfordern doch auch die wenigen Messungen relativ viel Zeit. Dieser beträchtliche Zeitaufwand ist wegen dem hohen erkenntnisbildenden Wert zwar gerechtfertigt, nur steht aber praktisch im Unterricht die erforderliche Zeit nicht immer zur Verfügung.

Eine Zeiteinsparung ergibt sich, wenn man in der Lehrveranstaltung die Versuche nicht durchführt, sondern nur von Versuchsergebnissen ausgeht und diese als Grundlage für die induktive Methode nimmt. Noch mehr Zeit kann gespart werden, wenn man die induktive Wegführung überhaupt nur beschreibt und das Ergebnis nennt. Im letzteren Fall wird aber schon in etwa die Grenze erreicht, wo die Erarbeitung des Gesetzes noch als dem Erkenntnisprozeß entsprechend bezeichnet werden kann. In Anbetracht der schulischen Realität kann aber für Situationen, in denen die induktive Methode benützt werden muß und die Zeit für eine ausführliche Erklärung einfach nicht zur Verfügung steht, auch die zuletzt erwähnte Möglichkeit nicht absolut verneint werden. Zum Unterschied von einer dogmatischen Lehrweise, bei der das Gesetz nur genannt wird, kann auch die maximal verkürzte induktive Wegführung nicht ganz abgelehnt werden.

Für die Lehre ist es wichtig, daß auch eine geringe zur Verfügung stehende Zeit kein grundsätzlicher Hinderungsgrund für die induktive Lehrmethode ist. Steht ausreichend Zeit zur Verfügung, so kann und soll die induktive Ermittlung ausführlich mit Versuchen durchgeführt werden. Ist die verfügbare Zeit begrenzt, so kann eine verkürzte Form der induktiven Lehrmethode benutzt werden.

Bei der **deduktiven** Lehrmethode ist der *Zeitaufwand sehr unterschiedlich.* Bei vorhandener abstrakter Denkfähigkeit und Kenntnissen formalisierter Methoden kann die Ableitung sehr schnell durchgeführt werden (s. bei unserem Beispiel die Ableitungen mit Symbolischer und Differentialrechnung).

Bei den Ableitungen mit dem Differenzquotienten und nur in Worten ist der Zeitbedarf bedeutend größer. Mit der durch fehlende Vorkenntnisse und Wissen erforderlichen Vereinfachung der deduktiven Methode ist eine Verlängerung verbunden. Die Vereinfachung muß mit größerem Zeitaufwand erkauft werden. Beim Verzicht auf die mathematische Formulierung wächst nicht nur der erforderliche Zeitaufwand – von Nachteil ist auch die geringere Exaktheit und Übersichtlichkeit der Ableitung.

Im allgemeinen gilt, daß der Zeitbedarf bei der induktiven Lehrmethode durchschnittlich größer ist als bei der deduktiven. Bei beiden Methoden bestehen aber Möglichkeiten der Verkürzung.

In der Praxis besteht eine der wichtigsten Aufgaben des Lehrenden darin, eine solche Form der Methode zu wählen, die bei Berücksichtigung aller objektiven Bedingungen ein Optimum darstellt. Optimierungsaufgaben bilden ein zentrales Problem nicht nur in der Technik selbst, sondern auch im Bereich der Lehre der Technik.

Zusammenfassend zu unseren Überlegungen zur Erarbeitung von Gesetzen im Unterricht soll noch einmal darauf hingewiesen werden, daß unsere Schlüsse nicht formal angewendet, sondern in der Praxis von den einzelnen Lehrenden mit der nötigen Sachkenntnis und unter Berücksichtigung aller Faktoren eingesetzt werden sollen. Wir haben nur die Abhängigkeit der Lehrmethoden vom Stoff, vom Wissen und Können der Adressaten sowie vom Zeitfaktor erörtert. Der Gesamtzusammenhang ist bedeutend größer und komplizierter – es sind noch viele Untersuchungen dieser Problematik erforderlich; unser Beispiel soll u. a. auf die Möglichkeit objektiver und wissenschaftlicher Untersuchungen dieses Gebietes hinweisen.

6.3 Zum Experiment im Unterrichtsgeschehen

Anknüpfend an unsere Überlegungen zur induktiven Lehrmethode wollen wir uns noch speziell der Bedeutung und Stellung des Experiments im technischen Unterricht zuwenden. Viele empirische Untersuchungen und theoretische Überlegungen weisen auf, wie wichtig es ist, den Lernenden mit dem Gegenstand des Lernens aktiv zu verbinden. Das Experiment, ob nun schon als Bestandteil einer üblichen Lehrveranstaltung oder im Laborunterricht durchgeführt, spielt im Technik-Unterricht eine wichtige Rolle.

Wir werden in diesem Abschnitt zuerst einige allgemeine methodische Überlegungen zur Gestaltung von Experimenten anstellen und in der Folge die Problematik des Laborunterrichtes im speziellen kurz erörtern.

6.3.1 Zur Methodik des Experimentierens

Das Experiment im Unterrichtsprozeß soll den Adressaten das technische „Tun“ nahebringen. Der Adressat soll womöglich viele Stufen der Erkenntnisgewinnung aktiv durchlaufen, er soll Ergebnisse womöglich nicht als solche nur übernehmen, sondern sie (unter entsprechender Anleitung) womöglich selbst „finden“. Experimente, bei denen den Adressaten im Prinzip nur fertige Ergebnisse geboten werden, die – zwar hantierend – aber doch zum größeren Teil nur übernommen werden, vermitteln nicht genügend Einsicht in den Ablauf des naturwissenschaftlichen und technischen Erkenntnisprozesses. Ein Experiment, bei dem nur ein vorgegebener Versuchsablauf durchgespielt wird, ist zwar oft nach außen hin durch rege Betriebsamkeit der Lernenden gekennzeichnet, eine „forschende“ Rolle der Studenten kommt aber nicht, oder nur recht wenig, zum Tragen.

Das Experiment sollte, wenn auch unter schulischen Bedingungen, den Gang der naturwissenschaftlichen Erkenntnisgewinnung womöglich nachvollziehen. Wir wollen hierzu in Anlehnung an H. F. Bauer [3] eine stufenweise Vorgangsweise andeuten.

6.3.1.1 Problemstellung

Wer die richtigen Fragen stellt, hat schon wichtige Hürden genommen. Die Natur und die technische Praxis bringt uns auf verschiedenste Art zum Staunen. Jeder von uns hat Augenblicke erlebt, in denen ihn ein Vorgang oder Zustand in Staunen versetzt hat. Beim Techniker folgt dann in der Regel das Bedürfnis zu ergründen, wie es denn zu dem erstaunlichen Vorgang gekommen ist. Ein Problem wird offenbar.

Im Unterricht muß häufig der Adressat absichtlich zum Staunen gebracht werden – auch beim Experimentieren sollte eine womöglich motivierende Fragestellung am Anfang stehen. Eine saubere und exakte Problemformulierung soll das Experiment einleiten.

6.3.1.2 Hypothesenbildung

Nach dem Staunen folgt der Versuch, hinter die Erscheinung zu kommen. Es werden Vermutungen, Hypothesen, aufgestellt. Es geht darum, bereits bekannte Sachverhalte zu dem zu lösenden Problem in Relation zu bringen. Es werden je nach dem gegebenen Problem mehrere Lösungsmöglichkeiten aufscheinen und zum Teil wieder verworfen werden. Nach kritischer Überprüfung verbleiben meist einige wenige ernsthaft in Frage kommende Hypothesen.

Die beiden bisher angedeuteten ersten Schritte werden beim schulischen Experiment oft vernachlässigt, verkürzt, oder sogar gänzlich weggelassen. Diese Schritte entsprechen aber der naturwissenschaftlichen Erkenntnisgewinnung – sie führen erst zum eigentlichen Experiment. **Das Experiment beginnt sinnvollerweise nicht mit dem Laborieren, sondern mit dem Durchdenken.**

6.3.1.3 Das eigentliche Experiment

Nach der Stufe der Hypothesenbildung folgt logisch die Planung des Experimentes und seine eigentliche Durchführung. Die Stufe der Planung des Experimentes bildet einen integralen Bestandteil der Erkenntnisgewinnung. Unter schulischen Bedingungen ist sie, ebenso wie der eigentliche Versuchsaufbau, manchmal freilich nicht leicht realisierbar. Zeitdruck, Gerätemangel, Disziplinschwierigkeiten etc. wirken häufig stark limitierend. Die Randbedingungen sind auch danach unterschiedlich, ob es sich um ein „Klassenexperiment" handelt oder um kleinste Schülergruppen im Labor.

6.3.1.4 Ergebnis – Erkenntnis

Am Ende des Experiments stehen die Feststellungen. Aus diesen ergibt sich aufgrund selbständiger Denkakte das eigentliche Ergebnis des Experimentierens. Die Feststellungen selbst sind in der Regel der Ausgangspunkt für die Abstraktion, für die Verallgemeinerung, welche zum eigentlichen Ergebnis des Experimentes, zur allgemeineren Erkenntnis führt.

Das in Abschn. 6.1.2 2 angeführte Beispiel der induktiven Emmittlungen zum sinusförmigen Strom und zur Spannung am Kondensator kann die Situationen verdeutlichen.

Ich wollte hier nur den allgemeinen Ablauf der naturwissenschaftlichen und technischen Erkenntnisgewinnung andeuten – zu Überlegungen über ihre Umsetzung in den unterrichtlichen Ablauf anregen. Die Gewichtung, Ausdehnung und detaillierte Gestaltung der einzelnen Stufen hängt von der konkreten didaktischen und organisatorischen Situation ab. Diese Problematik soll nun anhand des Laborunterrichtes konkretisiert werden.

6.3.2 Zum Unterricht im Labor

Laborarbeit spielt eine wesentliche Rolle bei der Ausbildung von Technikern und Ingenieuren. Im Labor überzeugen sich die Studenten durch eigenes Tun von den Eigenschaften der Materialien, mit denen sie im Beruf zu tun haben werden, lernen Schaltungs- und Arbeitsvorgänge an einzelnen Geräten, Maschinen und ganzen Anlagen kennen etc. Der Labor-Unterricht ist eine Trainingsstufe für das Arbeiten als Techniker, Ingenieur und Forscher und der Ort für die „originale Begegnung“ des Lernenden mit dem Gegenstand des Lernens.

Bei der Laborarbeit können viele Ziele der Technikerausbildung angepeilt werden – z. B. Kreativität, Gruppenarbeit, Engagement u. a. Zu den Zielen der Laborübungen im Bereich der Elektrotechnik sagt z. B. W. Fritzsche [5]: „Die Lehrziele der Laborübungen sind allgemein bekannt, doch schwer exakt auszudrücken:

‚Gefühl‘ für die spezielle Technik
Lernen der Prinzipien des elektrischen Messens
Sicherheit in der Handhabung von Geräten
Sicherheit in der Durchführung von Messungen
Kennenlernen von ‚Kniffen‘
Vermeidung von ‚Dreckeffekten‘
Vertiefung des Stoffes der Vorlesung durch ‚Anwendungsbeispiele‘.“

Auch wenn die Laborarbeit eine wesentliche Rolle in der Techniker- und Ingenieurausbildung hat, findet sich zu dieser Problematik relativ wenig Literatur. Wir wollen hier z. B. auf die Berichte zum Workshop „Laborbetrieb an der Höheren Technischen Lehranstalt“ von J. Seiser in [29, 30] hinweisen sowie insbesondere auf die Arbeiten von A. Haug [8–10]. In den nun folgenden Abschnitten wollen wir die konkrete methodische Gestaltung von Laborübungen erörtern.

6.3.2.1 „Starre" Laborübungen

Bei den derzeit überwiegenden „starren“ Laborübungen führen die Lernenden ein genau vorbereitetes Experiment durch. Die erforderlichen Kenntnisse sind in vorausgegangenen Lehrveranstaltungen vermittelt worden, die zu benützenden Geräte sind vorgegeben.

Haug charakterisiert diese Laborübungen folgendermaßen:

- Die Lerner-Aktivität steht im Vordergrund, die Lehreraktivität tritt (im Vergleich mit dem „Klassenunterricht“) zurück.
- Der Lehrende hat die Übung genau vorbereitet.
- Das Lehrziel ist mit hoher Wahrscheinlichkeit erreichbar; Wiederholungen der Versuche sind jederzeit möglich, falls dies zur Zielerreichung nötig ist.
- Der Versuchsablauf ist starr vorfixiert – üblicherweise durch Umdruck- und Arbeitsblätter (Anleitungen) beschrieben.

- Ein Lernerfolg wird durch das benutzte technische Gerät sofort an die Lerner gemeldet, und sei es zunächst nur dadurch, daß die „Anordnung spielt".
- Manchmal kommt die Erfolgs- (oder Mißerfolgs-) Meldung erst später, beim Ausarbeiten der Protokolle, die von den Lernenden anzufertigen sind.
- Obwohl die Lernenden überwiegend mit einem technischen Medium konfrontiert sind, fehlt der Kontakt mit dem Lehrenden nicht. Der Dozent bleibt meist im Hintergrund, steht aber zu Rückfragen und Mithilfe zur Verfügung.
- Die Übung verläuft in Gruppen- bzw. Partnerarbeit, in Teamwork, wobei üblicherweise Rollen (Gruppenleiter u. ä.) verteilt werden.
- Die Motivierung ist höher als beim traditionellen „Klassenunterricht" – sie bewegt sich etwa auf der Ebene „Endlich das Gelernte selbst anwenden und erleben können".
- Nachdem die Übung genau vorbereitet ist, ist die Sicherheit vorhanden, daß das Experiment eindeutig verläuft und weder Mensch noch Gerät Schaden erleiden.

Auch wenn bei den besprochenen Laborübungen häufig rege Betriebsamkeit der Lernenden herrscht, sind die zu erreichenden Lernziele in etwa auf die Vertiefung des in der Theorie gebrachten Lehrstoffes sowie auf das Erlernen von bestimmten Fertigkeiten eingeschränkt. Es wird zwar die Eigenaktivität, nicht aber die Eigeninitiative angesprochen. Der Ablauf solcher Laborübungen wird für die Studenten bald zur Routine. J. Forejt [4] veranschaulicht die Situation bei „starren" Laborübungen durch ein witziges Flußdiagramm (Abb. 85).

6.3.2.2 „Freie" Laborübungen

Bei den „starren" Laborübungen ist zwar durchaus eine bestimmte Motivierung der Adressaten gegeben, nach mehreren Übungen klingt sie aber häufig ab – es wird etwas langweilig. Die Motivierung läßt sich stark dadurch erhöhen, wenn den Studenten Gelegenheit gegeben wird, im Labor von ihnen selbst vorgeschlagene oder ihnen zur Auswahl vorliegende Problemstellungen zu bearbeiten. Bei solchen „freien" Laborübungen wird auch der Gang der naturwissenschaftlichen Erkenntnisgewinnung in einem größeren Ausmaß nachvollzogen als bei starren Übungsversuchen.

Bei „freien" Laborübungen erweitert sich das Feld der Lernziele. Neben der Vertiefung der theoretischen Erkenntnisse und dem Erwerb von Fertigkeiten werden Problemlösungsstrategien gelernt, die kritische Auswahl von Methoden und Geräten, das selbständige Abfassen von Übungsberichten und

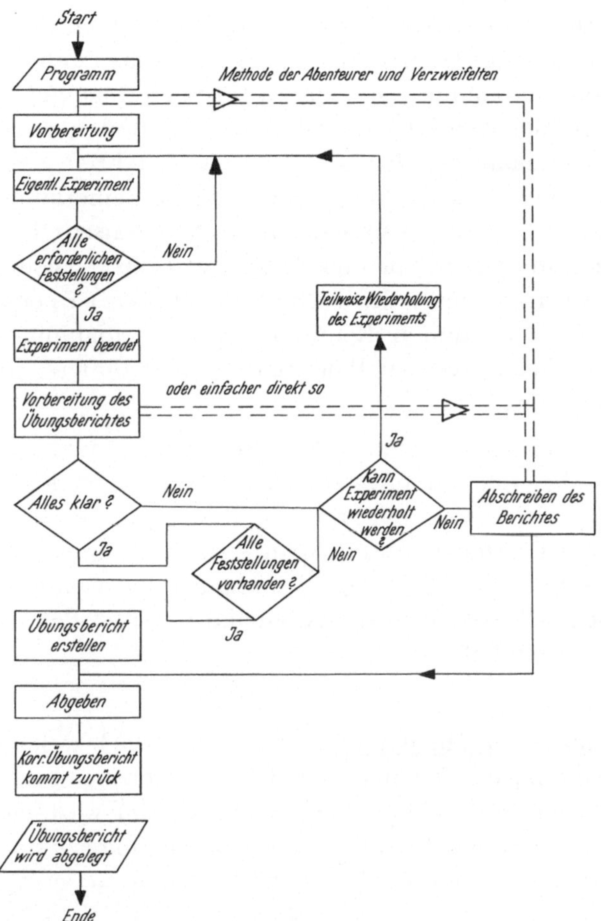

Abb. 85. Flußdiagramm für „starre" Laborübungen

Referaten. Neben kognitiven Zielen werden in erhöhtem Maße auch Ziele aus dem affektiven Bereich angesprochen.

Die praktische Realisierung von „freien" Laborübungen bietet sich auf zwei Niveaus an: „Auswahlübungen" und „Übungen mit freier Themenwahl".

a) Auswahlübungen Hier wird nur die Grundstruktur der Laborübung vorgegeben, ein Teil der Übungsarbeit wird den Studenten freigestellt. Dies kann z. B. durch Alternativen geschehen, die in der Versuchsanleitung angeboten werden. Man kann zudem eigene Weiterentwicklungs-Ideen der Studenten zulassen.

Die Elektrotechnik und Elektronik ist hier wahrscheinlich gegenüber manchen anderen Fächern im Vorteil, und zwar durch die Möglichkeit vieler relativ leicht zu realisierender Alternativen. Ein Beispiel: die Kennlinienaufnahme von Dioden und Transistoren. Hier können die Kennlinien z. B. punktweise mit einem Aufbau mit Volt- und Amperemetern aufgenommen werden oder mit dem Elektronenstrahloszilloskop. Es können zwei verschiedene Kennlinien nacheinander oder im Chopping-Verfahren gleichzeitig aufgenommen, eventuell photographiert werden. (Eine Bemerkung: Grundkenntnisse des Photographierens – sowie auch des Maschinschreibens und in den letzten Jahren immer mehr auch die Arbeit mit Textverarbeitungssystemen – sollten zu den Fertigkeiten jedes Technikers gehören.) Es ergeben sich Problemstellungen: Wie können Kennlinien von Germanium- und Siliziumdioden unterschieden werden? Wodurch sind Kennlinien von Zenerdioden gekennzeichnet? etc.

Bei solchen Übungen werden die Studenten vor kleinere Probleme gestellt, die sie selbständig oder zumindest mit Hilfe des Dozenten lösen. An organisatorischen Maßnahmen muß eine zeitliche Reserve vorgesehen werden (etwa ein einstündiges Fenster im Stundenplan), um auch langsamer arbeitenden Studentengruppen eine vollständige Beendigung der Übung zu ermöglichen. Generell lassen sich solche Auswahlübungen ohne großen Aufwand in die verschiedenartigsten Labors einbauen.

b) Übungen mit freier Themenwahl Noch wesentlich weiter geht man bei Laborübungen mit freier Themenwahl. Die Motivierung und somit die Initiative der Adressaten wird weiter erhöht, die Praxisnähe wird sehr deutlich. Bei den Lernenden wirkt das Gefühl mit, nicht mehr Dinge zu tun, deren Selbstzweck das Lernen ist, sondern nun „echte" Probleme zu bearbeiten.

Die Vorgangsweise kann etwa darin bestehen, daß eine Liste mit möglichen Themen ausgelegt wird, aus denen sich die studentischen Labor-Arbeitsgruppen Aufgaben auswählen. Als Unterlage wird entsprechende Literatur ausgegeben, eventuell ergänzt durch zum Thema relevante Berichte von Laborarbeitsgruppen aus früheren Semestern.

Das Problem der Übungsberichte wird hier überhaupt elegant gelöst. Das bei starren Laborübungen häufige Abschreiben dieser Berichte entfällt. Die Themen und Lösungswege sind nun unterschiedlich, die Studenten identifizieren sich mit den Problemen – sie fühlen sich „persönlich" verantwortlich für die Ergebnisse.

Laborübungen mit freier Themenstellung bringen neben vielen Vorteilen auch gewisse Probleme und Schwierigkeiten – in manchen Bereichen sind sie sicher schwieriger durchführbar als z. B. in der Elektronik. Ein gewisses „Risiko" ergibt sich auch für den Dozenten persönlich: es kann vorkommen, daß er bei spezielleren Problemen, bei spezifischen Fragen der Studenten, selbst nicht Rat weiß. Die Erfahrung des Autors dieses Buches (und sicher auch vieler

Kollegen) bestätigt aber, daß die fachliche Autorität des Lehrenden nicht dadurch Schaden erleidet, wenn er offen zugibt, daß er im Augenblick selbst keine technisch elegante Lösung vorschlagen kann. Er wird sicher einen pragmatischen Weg zur augenblicklichen Umgehung der Klippe beim Versuch vorschlagen und sich umgehend mit dem Problem befassen und bei nächster Gelegenheit eine Klärung herbeiführen. Solcherart entstehende Diskussionen zwischen Lernenden und Lehrenden können sehr anregend und inhaltlich äußerst bereichernd sein.

Gleichfalls die Befürchtung, daß im Vergleich mit starr vorprogrammierten Laborübungen viel mehr Bauelemente bzw. Geräte beschädigt werden, trifft im Durchschnitt nicht zu. Bei den „starren" Übungen verlassen sich die Studenten häufig darauf, daß nichts passieren kann. Bei „freien" Übungen fühlen sie sich persönlich verantwortlich, arbeiten vorsichtig und umsichtig. Sie entwickeln ein Verantwortungsgefühl, welches in der technischen Praxis von ihnen gefordert werden wird.

Was empfiehlt sich nun für die unterrichtliche Praxis – „starre" oder „freie" Übungen? Wie bei jeder solchen Gegensätzlichkeit können für beide Möglichkeiten viele positive sowie negative Argumente vorgebracht werden. Die für die Praxis richtige Lösung ist von vielen Faktoren abhängig, dürfte aber allgemein gesehen etwa davon ausgehen, daß vorerst von den Studenten Grund-Erfahrungen im Laborbereich erworben werden müssen. Das kann gut und relativ schnell in starr programmierten Übungen erreicht werden – diese sollten also eine diesbezügliche erste Lernstufe bilden. Anknüpfend an diese erscheint eine Weiterarbeit mit „Auswahlübungen" und darauffolgenden Übungen mit freier Themenwahl sinnvoll und empfehlenswert.

Die Einhaltung bzw. die Erziehung zur Einhaltung entsprechender Sicherheitsvorschriften im Labor, in den Werkstätten etc. sollte für jeden Techniker selbstverständlich sein und wird hier darum nicht weiter angesprochen.

6.4 Zur Rolle der Analogie im technischen Unterricht

Wir wollen den Begriff „Analogie" hier nicht ausführlich analysieren, sondern ihn im üblichen Verständnis als Ähnlichkeit, Entsprechung, Übereinstimmung gewisser Merkmale verstehen. Der Analogieschluß schließt von der Ähnlichkeit oder Gleichheit zweier Sachverhalte in einzelnen Merkmalen auf Ähnlich- oder Gleichsein in weiteren Merkmalen. Im Unterrichtsprozeß wollen wir zweierlei Verwendung der Analogie unterscheiden: Die **Analogie als Gegenstand des Unterrichts** und die **Analogie als Methode des Unterrichts**.

6.4.1 Die Analogie als Gegenstand des Unterrichts

Die Analogie bildet den Gegenstand des Unterrichts in allen Fällen, bei denen Analogien, bzw. auf Analogien basierende Methoden, relevante Bestandteile des zu vermittelnden Faches bilden. Analogien zwischen elektrischem und Gravitationsfeld werden z. B. in der Technik verschiedener Elektronenröhren verwendet. Barkhausen [2] zeigt Anordnungen, bei denen kleine Kügelchen auf einer entsprechend deformierten Gummimembrane Elektronenbewegungen modellieren. Elektromechanische Analogien werden häufig bei der Berechnung elektroakustischer Wandler verwendet etc.

6.4.2 Die Analogie als Lehrmethode

Die „Analogiemethode“ kann einerseits zur **Veranschaulichung**, andererseits zur **Rationalisierung** im Unterrichtsgeschehen herangezogen werden.

Veranschaulichungen sind insbesondere in technischen Bereichen erforderlich, welche von sich aus mit unanschaulichen Vorgängen arbeiten. Typisch für viele unanschauliche Sachverhalte ist die Elektrotechnik.

Bekannt und oft verwendet ist z. B. der Vergleich des elektrischen Stromes mit einem Wasserstrom. Elektronen werden als kleine Kugeln dargestellt und mit Wassertropfen verglichen. Je mehr Elektronen pro Sekunde durch einen Draht fließen, umso stärker ist der elektrische Strom.

Manchmal wird der elektrische Strom sogar mit einem Menschen-Strom verglichen. Aus einer solchen Analogie wird sogar das Ohmsche Gesetz veranschaulicht: Warum geht man zu einem interessanten internationalen Fußballspiel? Doch weil man gespannt ist. Wann entsteht ein elektrischer Strom, ein Strom von Elektronen? Wenn eine elektrische Spannung vorhanden ist. Die Spannung ist ein Zustand, der den Strom zur Folge hat. Wenn nun eine große

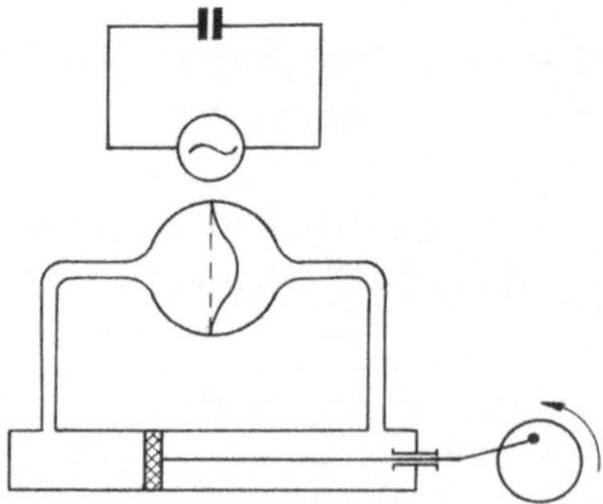

Abb. 86. Wechselstromvorgänge am Kondensator veranschaulicht durch „Wasseranalogie"

Spannung bei einem interessanten Fußballspiel besteht, wird auch der Zustrom in das Stadion, der Menschen-Strom groß sein. Desgleichen wird eine große elektrische Spannung U einen großen Strom I zur Folge haben. Ein zu hoher Eintrittspreis zum Fußballmatch stellt einen gewissen Widerstand dar – bei großem Widerstand (Eintrittspreis) wird der Menschen-Strom ins Stadion kleiner werden (desgleichen der elektrische Strom bei großem elektrischem Widerstand R).

Diese Analogie mit Menschen sollte selbstverständlich im Unterricht eher ausnahmsweise verwendet werden – etwa am späten Abend, wenn die Teilnehmer eines Kurses für Berufstätige schon ermüdet sind und durch einen lustigen Vergleich wieder aktiviert werden sollen.

Mit der Wasseranalogie sind z. B. die Wechselstromvorgänge am Kondensator (s. Abschn. 6.2.2) in der in Abb. 86 gezeigten Weise anschaulich darstellbar.

Diese und ähnliche Analogien können zwar der Veranschaulichung dienen, sind aber erkenntnistheoretisch weniger vertretbar. Die Gesetzmäßigkeiten des Wasserstromes z.B. sind nämlich mit den Gesetzmäßigkeiten des elektrischen Stromes höchstens in einem limitierten Strömungsbereich identisch. Ähnliches gilt auch für viele andere Analogien.

Lassen Sie uns ohne weitere Analysen kurz zusammenfassen: **Die Analogie-Methode ist zur Veranschaulichung unanschaulicher Sachverhalte im Unterricht durchaus verwendbar. Aber Vorsicht – zur Veranschaulichung ja, nicht aber zur Ableitung von Gesetzen.** Gesetze, wie z.B. die von uns schon wiederholt besprochenen Strom-Spannungsverhältnisse am Kondensator, müssen wissenschaftlich richtig abgeleitet werden – erst in diesem Zusammenhang kann man sie eventuell durch eine Analogie veranschaulichen.

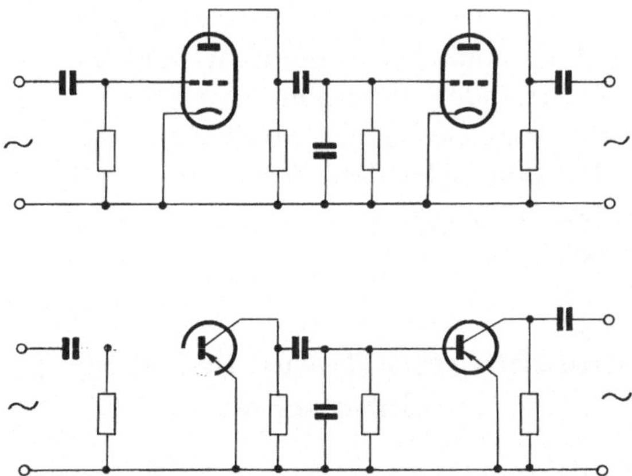

Abb. 87. Formelle Analogie bei der Darstellung von Schaltbildern: Röhrenverstärker und Transistorverstärker

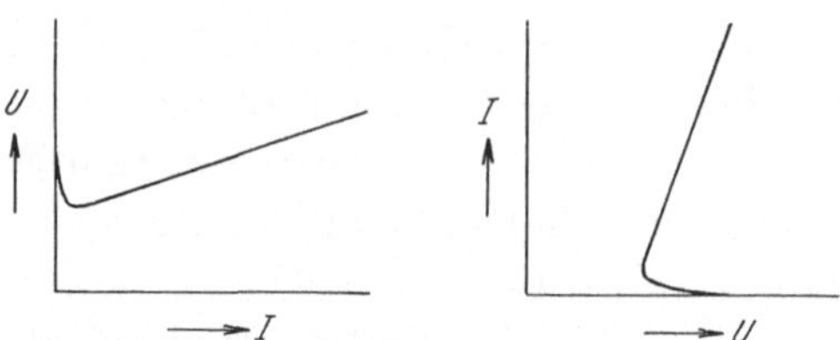

Abb. 88. Darstellung der Kennlinie einer und derselben Glimmlampe. Die Variablen U und I sind einmal auf der waagrechten und das andere Mal auf der senkrechten Achse aufgetragen. Die Darstellungen wirken optisch dadurch recht unterschiedlich

Noch kurz zur Analogie als **Rationalisierungshilfe**. Schon Comenius sagte: ... Die Identität der Methode kann in vielem zur Geschwindigkeit des Lernens beitragen ... Formelle Analogie bei graphischen Darstellungen, z. B. bei formell so ähnlich darstellbaren Schaltungen wie bei den vereinfachten Schaltbildern eines Röhren- und Transistorverstärkers in Abb. 87, unterstützt das häufig gute visuelle Denkvermögen des Technikers. Aus der Praxis ist bekannt, wie formell unterschiedlich solche und ähnliche Schaltungen gezeichnet werden können. Wie unterschiedlich erscheinen z. B. die Kennlinien einer und derselben Glimmlampe in Abb. 88 – nur die Variablen U und I sind hier einmal auf der waagrechten und das andere Mal auf der senkrechten Achse aufgetragen.

Formale Analogien können auch bei Berechnungen und anderen Gelegenheiten sinnvoll – rationalisierend – verwendet werden. Eine Überbetonung formaler Analogien kann aber die Gefahr von formalem Lernen in sich bergen.

6.5 Zur Methode „Programmierter Unterricht"

Die Bezeichnung „Programmierter Unterricht" wird hier gewissermaßen als terminus technicus verstanden und bedeutet im Prinzip Lehren, bzw. Lernen nach sorgfältig vorgeplanten und in ihrer Wirkung gesicherten Programmen – R. Schirm [28]. Aus den vielen Veröffentlichungen zum Programmierten Unterricht wollen wir auf einige Sammelbände [13, 26, 27] und Einzelveröffentlichungen hinweisen.

6.5.1 Die wichtigsten Thesen des Programmierten Unterrichtes

Zur Problematik der theoretischen Untermauerung und der Genesis des Programmierten Unterrichtes verweise ich auf die eben angeführte Literatur und möchte hier nur die wichtigsten Thesen des PU zusammenfassen:

6.5.1.1 Informationssegmentierung

Der Lehrstoff wird nicht in Form eines kontinuierlichen Informationsflusses, sondern in kleineren Informationseinheiten (Lehrschritten) dargeboten und erarbeitet. Die Länge der einzelnen Schritte ist vom Stoff, der Programmierungsart etc. abhängig. Typische Beispiele veranschaulicht Abb. 89 – hier entspricht a) dem traditionellen Ablauf, bei welchem der Lehrstoff praktisch ohne Unterbrechung monodirektional vom Lehrsystem zum Lernsystem gebracht wird, b) entspricht den sogenannten **linearen Programmen** mit sehr kurzen Lehrschritten (ca. 30 sec), c) entspricht den **verzweigten Programmen**, bei denen die mittlere Durcharbeitungszeit der einzelnen Lehrschritte bei 3 min liegt, d) entspricht kombinierten Programmen (z. B. dem in Abschn. 5.5.2.1.b erwähnten System MPG) mit Lehrschritten von 5 und mehr Minuten.

6.5.1.2 Aktives Reagieren

In jedem Lehrschritt werden im Sinn der Informationssegmentierung **vorerst bestimmte, sorgfältig ausgewählte Informationen geboten**. **Danach wird der Lernende zu einer Reaktion aufgefordert. Wenn er diese ausgeführt hat, wird ihm der nächste Lehrschritt vorgelegt.** Die Abfolge der Lehrschritte kann in einem Flußdiagramm dargestellt werden (Abb. 90). Abbildung 90a veranschaulicht die sogenannten **linearen (Skinner-)Lehrprogramme**, bei denen jeder Adressat alle Schritte nacheinander durcharbeiten muß. In Abb. 90b ist der grundsätzliche formale Aufbau **verzweigter (Crowder-)Lehrprogramme** angedeutet. Bei diesen wird der Adressat **entsprechend seiner Reaktion** auf individuell angepaßten Lehrwegen durch das Programm geführt (ZI = Zusatzinformation).

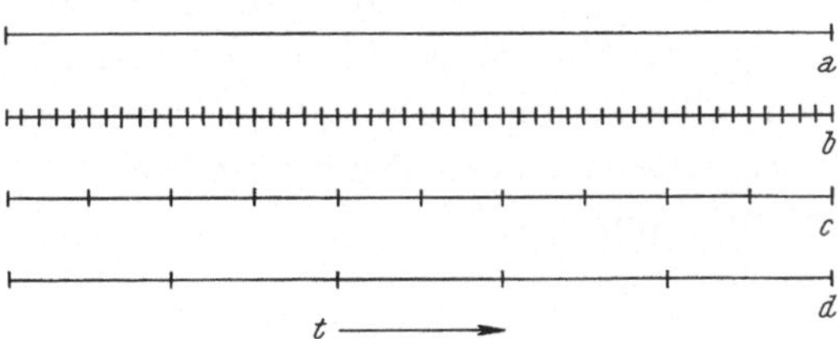

Abb. 89. Die Information wird in Segmenten – Schritten – dargeboten. (**a**) Traditioneller Ablauf, bei dem der Lehrstoff praktisch ohne Unterbrechung während der ganzen Unterrichtseinheit dargeboten wird. (**b**) Unterteilung des Lehrstoffes in viele kurze Schritte – dies ist bei den sog. linearen Programmen üblich. (**c**) Unterteilung des Stoffes in etwas größere Segmente (Durcharbeitungszeit je Segment einige wenige Minuten). Dies ist bei den sog. verzweigten Programmen üblich. (**d**) Unterteilung des Stoffes in Schritte von 5 und mehr Minuten. Eine solche Segmentierung findet man in kombinierten Programmen

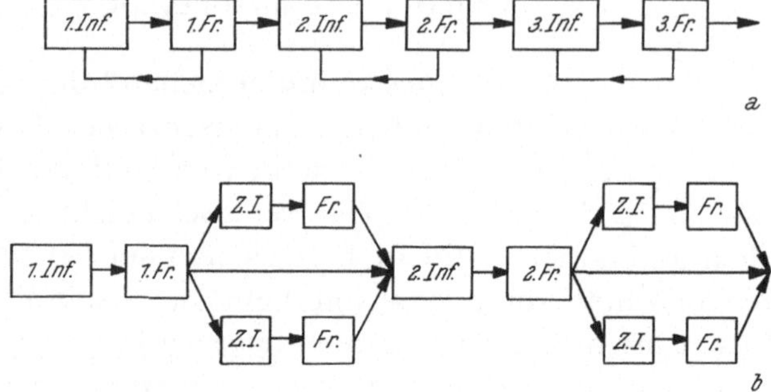

Abb. 90. Vereinfachte Darstellung von linearen Programmen (**a**) und verzweigten Programmen (**b**). *Inf.* Information, *Fr.* Frage, *Z.I.* Zusatzinformation

Als **Reaktion** wird in der Regel die Beantwortung einer Frage verlangt. Im wesentlichen sind folgende zwei Reaktionsmodalitäten üblich: Konstruktionsantworten und Auswahlantworten. **Konstruktionsantworten** werden frei formuliert bzw. konstruiert, indem z.B. ein fehlendes Wort im Text ergänzt werden soll, oder der Lernende aufgefordert wird, etwas zu berechnen, Schaltskizzen zu entwerfen u.ä. Bei **Auswahlantworten** ist auf eine Frage unter n vorformulierten Antworten die vom Adressaten für richtig gehaltene anzuzeigen; n ist meist nicht größer als vier oder fünf.

6.5.1.3 Erfolgsbestätigung

Ein Lehrprogramm sichert den Lernerfolg u. a. damit, daß es dem Lernenden die Möglichkeit der Erfolgskontrolle bietet. Zu diesem Zweck werden in jedem Schritt die richtigen Antworten auf die im vorhergehenden Schritt gestellten Fragen (Frage) angegeben. Eine Möglichkeit der formalen Gestaltung zeigt die schematische Darstellung einiger Lehrschritte am Beispiel eines linearen Programmes (Abb. 91). Die einzelnen Programme unterscheiden sich selbstverständlich in der konkreten Gestaltung.

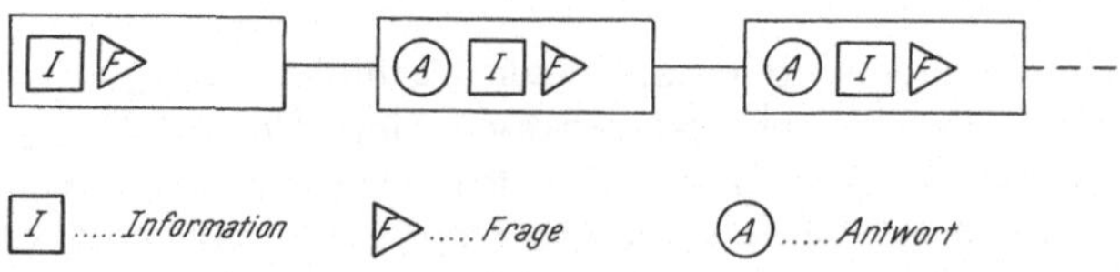

Abb. 91. Typischer Aufbau eines Schrittes bei linearen Programmen. Nach der Antwort (*A*) auf die im vorhergehenden Schritt gestellte Frage folgt die Information (*I*), danach eine weitere Frage (*F*) usw.

Neben den drei hier erwähnten, werden von verschiedenen Autoren noch weitere Thesen des PU angegeben. Häufig wird insbesondere die These des individuellen Lerntempos angeführt, diese wird aber z. B. beim programmierten Gruppen- oder Parallelunterricht bewußt nicht realisiert.

6.5.2 Die technische Realisierung des Programmierten Unterrichtes

Technisch wird der PU entweder mit Hilfe von Lehrprogrammtexten, d. h. von Lehrprogrammbüchern, oder von sogenannten Lehrmaschinen realisiert.

Mit Lehrprogrammbüchern können sowohl lineare als auch verzweigte Programme im Sinn von Abb. 88 dargeboten werden. Als Beispiel eines **linear programmierten Lehrbuches** soll der folgende Ausschnitt dienen: („Transistoren und Transistorschaltungen". Original herausgegeben vom New York Institute of Technology. Übersetzung erschienen im R. Oldenbourg Verlag, München, 1969).

⋮

2.35 (Kollektor) Es gibt also nur wenige Rekombinationen von Löchern und Elektronen in der Basiselektrode. Die meisten Löcher wandern nach rechts durch die dünne Basis hindurch und rekombinieren in der ________ Elektrode.

2.36 (Kollektor) Dies bedeutet, daß der äußere im Emitterbasiskreis fließende Strom relativ klein ist (obwohl die Emitterbasisstrecke ein niederohmiger Übergang ist). Er ist deswegen so klein, weil nur sehr wenig ________ zur Rekombination mit den aus der Emitterbasisbatterie stammenden Elektronen gelangen. Wir merken uns, daß der Basisstrom gering ist, obgleich der Emitterstrom groß sein kann.

2.37 (Löcher) Die Löcher durchwandern die Basis und kommen in den Kollektor, wo die Rekombination erfolgt. Da hier vergleichsweise viele Rekombinationen stattfinden, ist der Emitterkollektorstrom relativ ________ .

2.38 (groß) In einem typischen Transistor rekombinieren in der Basis nur ungefähr 5% der in die Basis diffundierenden Löcher mit dort vorhandenen Elektronen. Demnach erreichen ungefähr ________ % des Emitterstromes den Kollektor.

2.39 (95) Transistoren können auch aus 2 Stücken n-Materials hergestellt werden, zwischen die ein Stück ________ -Material geschichtet ist.

⋮

Verzweigte Programme werden häufig in der Form von sogenannten **„scrambled books"** realisiert. Die Lehrschritte sind dabei größer als bei linearen

Programmen, sie füllen meistens eine ganze Druckseite. Zum aktiven Reagieren wird das Auswahlantwort-System verwendet. Der Lernende wird aufgefordert, je nach Entscheidung für eine der angebotenen Auswahlantworten eine bestimmte Seite aufzuschlagen und dort weiterzuarbeiten. Auf der so gefundenen neuen Seite findet er den neuen Lehrschritt.

Lehrmaschinen (siehe auch Abschnitt 5.5.2) sind technisch unterschiedlich gestaltete Geräte, welche gegenüber Lehrprogrammbüchern verschiedene Vorteile haben, insbesondere:

- der Lehrstoff kann akustisch ausgegeben werden;
- der Lehrstoff kann optisch ausgegeben werden (statische, oder/und bewegte Bilder);
- eigenmächtiges Aufsuchen von Lehrschritten kann verhindert werden;
- das Adressatenverhalten kann registriert werden (Anzahl der falschen/richtigen Antworten etc.).

Beispiele von Lehrmaschinen für den individuellen sowie auch für den Parallel- bzw. Gruppenunterricht haben wir in Abschnitt 5.5.2.1 gezeigt.

6.5.3 Der Einsatz des Programmierten Unterrichtes

Die Erfahrungen zeigen, daß das bloße Einstreuen von Lehrprogrammen in den üblichen Unterricht häufig Schwierigkeiten gebracht hat. Genauso wie keine Lehrmethode allein, für sich genommen, eine optimale Lösung von Lernproblemen universell garantiert, bietet auch die Methode „Programmierter Unterricht" keine Wunderlösungen. Optimale Lernwirksamkeit kann erst durch eine sinnvolle Kombination von Lehrmethoden und Medien erreicht werden, durch überlegte Systeme, die zur Erreichung bestimmter Ziele konzipiert werden.

In den Unterrichtsprozeß können Lernprogramme u. a. folgendermaßen eingesetzt werden:

- als **Vorprogramme** – um notwendige Vorkenntnisse zu sichern;
- als **Basisprogramme** – um das Grundwissen, das notwendige Kernwissen, abzusichern;
- als **Leitprogramme** – um den Lernenden in der Stoffmenge sicher zum Ziel zu führen;
- als **Wiederholungsprogramme** – um den Stoff kompakt zusammenzufassen;
- als **Eingreifprogramme** – um den Unterrichtsbetrieb gegenüber Störungen (z. B. bei kurzfristigem Lehrerausfall) zu stabilisieren etc.

Vorprogramme können z. B. gleich zu Beginn eines Lehrganges oder Kurses eingesetzt werden, um alle Teilnehmer auf den gleichen Stand der Kenntnisse bzw. Sicherheit im gegebenen Bereich zu bringen. Relativ schnell und einfach kann hier durch eine individuelle Vorbereitungsphase mit Hilfe von Lehrprogrammtexten oder Lehrmaschinen eine Begriffserklärung, Sprachregelung etc. erfolgen.

Basisprogramme können z. B. in einem Unterrichtssystem den Lernenden, nachdem sie einen Lehrfilm gesehen haben, das darin enthaltene Kernwissen bewußt hervorheben und zur Einprägung des Basisstoffes beitragen.

Leitprogramme kann man als Studieranleitungen und Studienhilfen auffassen, z. B. als Hilfsmittel zum Aufbau von Selbstinstruktionstechniken (Arbeitstechniken, Studiertechniken). Das Leitprogramm steuert die Arbeit des Studenten an verschiedenem Unterrichtsmaterial, z. B. am Lehrbuch. Zu den einzelnen Kapiteln des Lehrbuches werden im Leitprogramm Zusatzerläuterungen, Übungsaufgaben, Arbeitsanweisungen und Kontrollaufgaben angeboten. Der Student kann nach den einzelnen Studienabschnitten seinen Lernfortschritt überprüfen – sein Lernfortgang wird in Abhängigkeit vom Lernerfolg, Lernschwierigkeiten etc. gelenkt.

Leitprogramme können auch zur Führung des Lernenden und Sicherung der Lernergebnisse bei experimentellen Arbeiten, als „Bedienungsanleitungen" für Rechen- und Meßwerkzeuge u. ä. eingesetzt werden.

Wiederholungsprogramme werden nach der Durcharbeitung bestimmter Stoffabschnitte eingesetzt. Das kann z. B. nach einer Tagung zur Zusammenfassung und Sicherung der wesentlichen Ergebnisse und Daten geschehen, nach einer Einführung des Neulings durch Vortrag, Film und Betriebsbesichtigung zur Sicherung der entscheidenden Information etc.

Eingreifprogramme sind einerseits für den Fall konzipiert, wenn Lehrer kurzfristig (Krankheit, Besuch von Lehrgängen etc.) aus dem Unterrichtsprozeß ausfallen, andererseits für Differenzierungsaufgaben. Die von K. Weltner und H. Ragnitz in [32] beschriebenen Eingreifprogramme haben einen einheitlichen Aufbau, einheitliche Bearbeitungstechnik, vorbereitetes Material für den Lehrer, Antworthefte und vorbereitete Abschlußarbeiten, Texte für die Hand des Schülers sowie Organisationshilfen in Form von Aufbaukästen.

In den letzten Jahren werden Texte oder Lehrbücher in der erwähnten Form des „Programmierten Unterrichts" praktisch nicht mehr verwendet. Die **Thesen des „Programmierten Unterrichts" bilden aber immer noch die Basis der Programme für die verschiedensten adaptiven unterrichtstechnologischen Geräte und Systeme** (siehe Abschnitt 5.5.2).

6.6 Zur Vorbereitung und Gestaltung eines Vortrages

Die Vorbereitungsarbeiten für einen Vortrag, eine Rede oder den Unterricht an einer Ausbildungsstätte haben viele gemeinsame Aspekte. Es gibt aber auch Unterschiede. Wir werden uns darum in diesem Abschnitt vorerst an der Vorgangsweise bei der Vorbereitung eines einzelnen Vortrages orientieren. Anschließend werden wir uns im Abschnitt 6.7 mit der Unterrichtsplanung dann noch im speziellen befassen.

6.6.1 Das kommunikative Wirkungssystem

Wir wissen schon aus der Einleitung zu diesem Buch: Jeder Vortrag, jede Rede, jede Kommunikation spielt sich in einem kommunikativen Wirkungssystem, unter dem Einfluß insbesondere folgender Einflußgrößen ab:

- Ziele
- Lehrstoff
- Psychostruktur
- Soziostruktur
- Medien
- Methode

<u>**Die bewußte Planung und Vorbereitung jeder Kommunikationsform muß diesen Bezugsrahmen berücksichtigen, muß von den Einflußgrößen ausgehen.**</u> Am Beispiel der Planung eines Vortrages kann dies gezeigt werden. Es bietet sich folgende Vorgangsweise an:

- <u>**Ziele formulieren**</u>
- <u>**Entsprechende Informationen (Lehrstoff) auswählen**</u>
- <u>**Psychostruktur der Adressaten feststellen/abschätzen**</u>
- <u>**Soziostruktur feststellen/abschätzen**</u>
- <u>**Geeignete Medien auswählen**</u>
- <u>**Methode festlegen**</u>

Mit den einzelnen Einflußgrößen haben wir uns schon in den vorhergehenden Kapiteln befaßt. Nehmen wir darum an, daß auch Sie schon die Ziele Ihres Vortrages formuliert haben, sich Klarheit über Ihre Adressaten (Psychostruktur) und die äußeren Randbedingungen (Soziostruktur) geschaffen und geeignete Medien zur Unterstützung Ihres Vortrages ausgewählt haben. Auch grundsätzliche Überlegungen zur Methodenwahl haben Sie schon angestellt. Wir wollen nun die verbleibenden pragmatischen Schritte der weiteren Vortragsvorbereitung kurz durchgehen und auch noch einige Anmerkungen zur Durchführung des Vortrages anstellen.

6.6.2 Unterlagen für den Vortrag

6.6.2.1 Materialsammlung

Die Vorbereitung eines Vortrages, einer Rede, beginnt mit der Materialsammlung. Die Materialsammlung basiert praktisch auf drei Quellen: dem eigenen Wissen, auf einschlägiger Literatur und Gesprächen mit anderen Leuten, insbesondere mit Fachkollegen.

Es ist günstig, sich systematisch Notizen zu machen, womöglich auf einzelne Zettel. Diese Zettel können schon während der Vorarbeit geordnet, wenigstens nach Themenschwerpunkten eingeteilt werden.

6.6.2.2 Strukturierung des Materials

Sobald das gesamte Material vorliegt, wird es gesichtet. **Insbesondere sollten Sie alles Unwichtige weglassen und sich zielbezogen auf die Schwerpunkte konzentrieren. Überlegen Sie die Zusammenhänge zwischen Ihren Informationen.** Versuchen Sie vielleicht die Struktur graphisch darzustellen – skizzieren Sie ein Strukturbild. Stellen Sie in dieser Skizze die wichtigsten Gedanken in größeren Lettern, die Untergedanken in kleineren und Details in sehr kleinen Lettern dar. Deuten Sie mit Pfeilen die Gedankenverbindungen an. Vom Strukturbild können Sie dann den ausführlichen Text des Vortrag-Manuskripts ableiten.

Denken Sie an die übliche Grundstruktur: Einleitung – Hauptteil – Schluß. Für technische Themen ist auch die sogenannte deskriptive Textstruktur gut geeignet: Titel – Ist-Zustand – Soll-Zustand – Lösungsweg – Lösung – Schluß. Für manche Themen und Zielsetzungen ist auch die dialektische Struktur geeignet. Sie beruht auf dem Dreischritt: These – Antithese – Synthese (siehe Abschnitte 3.3.2 bis 3.3.6).

Wichtig ist auch der „Titel“, d.h. die Überschrift, der Name des Vortrages. Legen Sie schon zu Beginn den Titel – wenigsten als „Arbeitstitel“, also als provisorischen, vorläufigen Titel – fest. Dadurch stecken Sie das Themenfeld ab, die Materialsammlung wird nicht ausufern, sondern sich am Titel orientieren.

6.6.2.3 Form der Vortragsunterlagen

Nachdem Sie ein vollständiges **Vortragsmanuskript** ausgearbeitet haben, sollten Sie sich als unmittelbare Hilfe für den Vortrag einen **Stichwortzettel** anfertigen. Die Erstellung eines kompletten Manuskripts ist sicher sinnvoll, meistens werden Sie es ja auch für die Veröffentlichung z. B. im Referateband der Tagung, bei der Sie den Vortrag gehalten haben, verwenden. Ihren Vortrag vom Manuskript ablesen sollten Sie aber womöglich nicht.

Als Unterlage für die eigentliche „Rede-Premiere“ sollten Sie sich als „roten Faden“ einen Stichwortzettel anfertigen.

Auf dem **Stichwortzettel** sollten Sie alle wichtigen Punkte des Inhaltes in der geplanten Abfolge stichwortartig notieren. Damit Sie die Anfangsnervosität leichter überbrücken, können Sie eventuell die Anfangssätze ungekürzt niederschreiben. Dies können Sie auch mit den Schlußsätzen tun – um im Feuer des Vortrages eventuell den geplanten wirkungsvollen Abschluß nicht zu vergessen oder rhetorisch zu verpatzen. Notieren Sie auf dem Stichwortzettel auch Angaben über die Stellen, an denen Sie Medien verwenden wollen, Angaben über geplante Zitate usw.

Kurz zusammengefaßt einige Tips für die Gestaltung Ihres Stichwortzettels:

- Karteikarten etwa in Postkarten-Format (DIN A6) verwenden.
- Karteikarten **einseitig** beschriften und durchnumerieren (z. B. oben rechts).
- Deutlich lesbar mit genügend großen Buchstaben schreiben, aber nicht in VERSALIEN (Text nur in Großbuchstaben ist schlecht lesbar)
- Redeteile farbig voneinander trennen. Einleitung z. B. auf grünem, Hauptteil auf gelbem und Schluß auf weißem Karton.
- Auf den einzelnen Stichwortzetteln inhaltliche Schwerpunkte farblich oder durch Unterstreichungen hervorheben.
- Stellen für vorgesehenen Mediensatz kennzeichnen (z. B. OH, DIA, VIDEO).
- Zeitangaben notieren! Z. B. rechts oben eingetragen *5/20* bedeutet, daß dieser Stichwortzettel für 5 Minuten Vortrag gedacht ist und bis zur 20. Minute des gesamten Vortrag abgeschlossen sein sollte.
- Nur die wichtigsten Informationen Ihres Vortrages, also wirklich Stichworte, Kernsätze, notieren. Die Zahl der Stichwortkärtchen richtet sich selbstverständlich nach der Länge des Vortrages, es sollten aber nicht zu viele Kärtchen sein, z. B. für einen 30 Minuten Vortrag womöglich nicht mehr als 10 Kärtchen.

6.6.2.4 Umgang mit den Vortragsunterlagen

Welche Technik des Gebrauchs der Redeunterlagen der Redner bei seinem Vortrag verwendet, ist abhängig von seinem Können und seiner rednerischen Erfahrung. Die einzelnen Techniken wollen wir hier kurz zusammenfassen.

Manche Redner glauben, es sei am sichersten, das erstellte Manuskript **auswendigzulernen**. Diese Technik ist nicht zu empfehlen – es wird der Eindruck einer unlebendigen Perfektion erweckt, es bleibt wenig Raum für gefühlsmäßiges Engagement usw.

Eine gute Grundlage für rednerische Leistungen bildet das **Lesen mit schweifendem Blick**. Diese Methode besteht darin, daß der Redner zwar den zu sprechenden Text wortwörtlich vor sich liegen hat, aber durch vielmaliges Blicken in das Publikum nicht den Eindruck erweckt, er lese ab. Diese Technik gibt dem Redner ein hohes Maß an Sicherheit, nicht stecken zu bleiben, und ermöglicht gleichzeitig den notwendigen Kontakt mit den Zuhörem. **Der Redner soll bei seinem Vortrag so viel wie möglich in das Auditorium und so wenig wie möglich auf sein Manuskript blicken.**

Bei dieser Technik ist die größte Gefahr für den Redner die, nach dem Hochblicken nicht mehr die Anschlußstelle im Text zu finden. Daher soll das Manuskript so groß und übersichtlich wie möglich geschrieben sein. Der Text sollte auch mit entsprechenden Markierungen, Unterstreichungen etc. versehen werden.

Bei der **Mischtechnik** handelt es sich um den vorbereiteten Wechsel zwischen Ablesen und freiem Sprechen. Bei dieser Technik werden nur die Stellen des Vortrages, bei denen es auf exakte Formulierungen ankommt, niedergeschrieben und dann mit schweifendem Blick gelesen. Alle anderen Teile der Rede werden frei gesprochen. Bei weiterer Fortentwicklung des rednerischen Könnens genügt es, den gesamten Aufbau des Vortrages als Gliederung auf einem überschaubaren Blatt vor sich zu haben.

Die nur auf der Verwendung einer Gliederung bzw. eines Stichwortzettels basierende Technik kann man praktisch schon als **freie Rede** bezeichnen. Ein Redner, der bei seinem Vortrag so viel wie möglich in die Augen seiner Zuhörer und so wenig wie möglich auf seine Redeunterlagen blickt, wird bei den Adressaten höchstwahrscheinlich auf bessere Resonanz treffen als ein Redner, der seine Redezeit damit verbringt, den Text abzulesen.

6.7 Zur Unterrichtsplanung

In diesem Abschnitt wollen wir einige Anregungen für die Unterrichtsplanung, und zwar womöglich aus der Sicht des Unterrichtsalltags, zusammenfassen. Die vorgelegten Ansätze stellen ein praxisorientiertes Rahmenmodell dar, welches eine Grundlage für die Unterrichtsplanung bilden kann und im konkreten Einzelfall an die gegebene Aufgabe und Situation anzupassen ist.

Das Unterrichtsgeschehen wird von den in diesem Buch wiederholt erwähnten und im einzelnen angesprochenen pädagogischen Variablen **Lehrziel, Lehrstoff, Medium, Psychostruktur, Soziostruktur und Methode bestimmt. Alle diese wechselseitig abhängigen Einflußgrößen müssen bei der Unterrichtsplanung berücksichtigt werden.** Dies sollte einerseits bei einer

Rahmen-Gesamtplanung für das ganze Semester (bzw. Schuljahr), andererseits bei der Planung einzelner Unterrichtseinheiten geschehen.

6.7.1 Der Rahmen-Gesamtplan für ein Unterrichtsfach

Wir wollen die Situation anhand des Beispiels einer technischen Schule, etwa vom Typ einer Höheren Technischen Lehranstalt, illustrieren.

Die Aufgabe des Dozenten einer solchen Lehranstalt zu Beginn des neuen Schuljahres besteht in der globalen Vorbereitung seiner Lehrveranstaltungen. **Hier entscheidet er über die Gesamtgestaltung seines Unterrichts.**

Bei der Erstellung des Rahmen-Gesamtplanes für sein Unterrichtsfach hat er von vorgegebenen **Richtzielen** sowie von einer meist recht allgemein gehaltenen Lehrstoffumschreibung auszugehen (Lehrpläne). Aufgrund einer ausführlichen, den letzten Stand der Technik berücksichtigenden Stoffanalyse und entsprechender didaktischer Überlegungen formuliert der Dozent die **Grobziele** der einzelnen Themen und plant deren zeitliche Abfolge.

Dabei muß er auch die makrostrukturellen Verhältnisse seiner Studienrichtung, d. h. die Zusammenhänge seines Unterrichtsfaches mit vorhergehenden, oder parallel ablaufenden Unterrichtsfächern, berücksichtigen.

Weiterhin hat er die von uns unter dem Begriff „Psychostruktur" und „Soziostruktur" (Kap. 4) zusammengefaßten Einflußgrößen zu berücksichtigen. In seine Überlegungen muß er also z. B. alle für den Lernprozeß wichtigen psychologischen bzw. biologischen Merkmale seiner Schüler einbeziehen. Zu berücksichtigen sind auch die räumlichen Verhältnisse, die vorhandenen oder erreichbaren unterrichtstechnologischen Geräte und Einrichtungen usw.

Im Rahmen-Gesamtplan für sein Unterrichtsfach sollte der Lehrende dann etwa folgende wichtigste Angaben festhalten:

- Die Grobziele der einzelnen Themen sowie eventuell eine kurze Beschreibung des entsprechenden Lehrstoffes
- Die Termine für die Erarbeitung der einzelnen Themen, also den Plan des allgemeinen zeitlichen Ablaufes in einer groben (etwa vierzehntägigen) Gliederung
- Wichtige methodische und organisatorische Bemerkungen, etwa Hinweise auf vorgesehene Exkursionen, auf Hilfsmittel wie spezielle Geräte, Filme etc., die ausgeliehen werden müssen etc.

Für die formelle Gestaltung eines solchen Rahmen-Gesamtplanes kann die folgende Darstellung als Anregung dienen:

Rahmen-Gesamtplan

für das Fach .... Schuljahr ....

Klasse: Wochenstunden:

Thema-Nr.	Grobziele – Lehrstoff	von – bis	Anmerkungen
1	Gegenstand des Faches; Aufgaben, Anwendungsbeispiele, Perspektiven ...	1.9.–15.9.	Motivationsfilm „.........“

6.7.2 Die Planung einzelner Unterrichtseinheiten

Generell sind auch hier alle Unterrichtsprozeß-Einflußgrößen bei der Planung zu beachten. Bei der üblichen unterrichtlichen Praxis ändert sich die Zusammensetzung der Adressaten (Schulklasse, inskribierte Hörergruppe) während eines Semesters nur geringfügig. Gleichfalls die soziokulturellen Einflüsse, die räumlichen und organisatorischen Gegebenheiten etc. verbleiben meistens im Semesterablauf praktisch unverändert. Nachdem die Einflußgrößen „Psychostruktur“ und „Soziostruktur“ in die generelle Unterrichtsplanung am Beginn des Schuljahres einbezogen wurden, genügt es darum in der Regel, wenn die einzelnen Aspekte dieser pädagogischen Variablen bei der Planung der einzelnen Unterrichtseinheiten nur noch fallweise individuell und flexibel berücksichtigt werden.

Bei der Planung einzelner Unterrichtseinheiten sind demnach, vom Gesamtkonzept ausgehend, insbesondere folgende Schritte zu beachten:

- Formulierung der Lehrziele
- Stoffanalyse und Stoffauswahl
- Festsetzung und Feststellung der Eingangsvoraussetzungen
- Auswahl der Medien
- Planung des eigentlichen Unterrichtsablaufes – Lehrmethoden

Die Problematik der **Ziele** haben wir in Kap. 2 besprochen. Wir wollen hier nur erinnern, daß die Formulierung von Zielen der einzelnen Unterrichtseinheit von umfassenderen Zielvorstellungen (Richtziele, Grobziele) ausgehen wird. Die zu erstellenden Feinziele sollen ein beobachtbares Verhalten bezeichnen, wobei Aufmerksamkeit nicht nur der Präzisierung dieser Ziele, sondern auch dem Zielniveau gewidmet werden muß.

Mit der Problematik des **Lehrstoffes** haben wir uns in Kap. 3 befaßt. Aufmerksamkeit ist hier insbesondere der Stoffstruktur zu widmen. Einzelwissen kann durch Akzentuierung der stoffimmanenten Strukturen systematisiert, eingeordnet und „verankert“ werden. Isolierte Fakten werden schnell vergessen. Betonung der Stoffstruktur unterstützt und fördert den Transfer.

Eingangsvoraussetzungen sind Lehrziele, die im Unterricht bereits erreicht worden sind, oder Kenntnisse, die der Adressat außerhalb des Unterrichts erworben hat. Mit Hilfe der Eingangsvoraussetzungen gewinnt der Lernende Zugang zum neuen Lehrstoff.

Die Problematik der **Medien** im Unterricht wurde in Kap. 5 erörtert.

Verschiedene **Lehrmethoden** haben wir in den vorhergehenden Abschnitten dieses Kapitels besprochen. Wir wollen hier noch zusammenfassend darauf hinweisen, daß im eigentlichen Unterrichtsablauf drei wichtige Funktionen zu erfüllen sind:

- Es müssen Informationen bereitgestellt werden.
- Es müssen Anweisungen zur Verarbeitung der Informationen gegeben werden.
- Es müssen Rückmeldungen über die Verarbeitung der Informationen erfolgen.

In vielen Lehrveranstaltungen an technischen Schulen wird überwiegend die erste Funktion erfüllt, d. h. es werden verständliche Inhalte bereitgestellt.

Es genügt nicht, Informationen anzubieten. Das Entscheidende ist, daß diese vom Lernenden verarbeitet werden. Dazu sollen Problemstellungen und Fragestellungen vorhanden sein, dazu sollen Anweisungen zur Verarbeitung der Informationen helfen, z. B. Modelle der erwarteten Leistung, Verdeutlichung der Fragestellungen, Hinweise auf wichtige, dem Lernenden aber im Augenblick nicht präsente Begriffe und Regeln usw.

Auch die Erfüllung der zweiten Funktion reicht nicht aus. Wenn Informationen verarbeitet werden sollen, ist eine womöglich durchgehende Rückmeldung über die Qualität und Quantität der Informationsverarbeitung erforderlich. Der Lernende braucht zur Selbstkontrolle Angaben darüber, wo er im Hinblick auf die Erwartungen steht. Der Lehrende braucht die Rückkopplung, um den weiteren Unterrichtsverlauf sinnvoll steuern zu können.

6.7.2.1 Unterrichtsentwurf „Die Ermittlung des Firmenwertes eines Unternehmens"

Ich möchte in diesem Buch keine „Rezepte“ geben, sondern Anregungen und Impulse für die Unterrichtsgestaltung an technischen Schulen. Auch dieser Unterrichtsentwurf soll nur ein Beispiel konkreter Unterrichtsplanung sein, soll zum Nachdenken über die Planung von Unterrichtseinheiten und womöglich zu Verbesserungen anregen. Der Transfer des Modells auf einzelne Unterrichtsfächer und Schultypen ist eine schöpferische Aufgabe des unterrichtenden Technikers.

Unser Unterrichtsentwurf könnte etwa dem Fach „Betriebs- und Rechtskunde“ oder „Betriebslehre und technische Kalkulation“ an Höheren Technischen Lehranstalten zugeordnet werden. Er stützt sich auf eine Ausarbeitung von F. J. Nasse [20].

a) Lehrziele

Grobziel

„Unternehmung und Firma“. Innerhalb dieses Zieles spielt die Ermittlung des Firmenwertes häufig eine Rolle – z. B. bei Besitzerwechsel, Fusionen etc.

Feinziele

1. LZ: Begründen können, daß der Wert eines Unternehmens mehr als die Summe seiner bilanzmäßig ausgewiesenen Vermögenswerte sein kann
2. LZ: Den Begriff „Firmenwert“ definieren können
3. LZ: Mindestens fünf Ursachen für den „Wert der Firma“ angeben können
4. LZ: Den Firmenwert nach der Mittelwertmethode ermitteln können
5. LZ: Die steuerrechtliche Behandlung des Firmenwertes mit der handelsrechtlichen Behandlungen vergleichen können

Die Feinziele sind niveaumäßig verteilt – s. folgende Matrix:

Niveau/LZ. Nr.	Kennen	Begreifen	Anwendung	Analyse	Synthese	Beurteilung
1. LZ	×	×				
2. LZ	×	×				
3. LZ	×	×				
4. LZ	×	×	×			
5. LZ	×	×	×	×		

b) Lehrstoff

Bei der Bestimmung des Firmenwertes (auch Good-will, Geschäftswert etc.) sind verschiedene Gesichtspunkte zu berücksichtigen, die nicht allein aus der Buchhaltung des Unternehmens erklärt werden können.

Bei der Gründung eines Unternehmens ist sein Gesamtwert gleich dem Substanzwert, d. h. der Summe der Wiederbeschaffungswerte der einzelnen Vermögensgegenstände. Der Unternehmenswert kann über den Substanzwert hinaus steigen. Gründe dafür sind u. a.:

- die langjährigen Geschäftsverbindungen,
- der im Laufe der Jahre erworbene Kundenstamm,
- die Tüchtigkeit des Inhabers (Image),
- das geführte Sortiment,
- die örtliche Lage und die Konkurrenzsituation,
- die Kreditwürdigkeit u. a.

Der Firmenwert ist demnach der in Geld ausgedrückte Teil des Unternehmens, der über den zu Wiederbeschaffungspreisen bewerteten Substanzwert hinausgeht.

Zu unterscheiden ist der originäre (selbst erarbeitete) und der derivative (entgeltlich erworbene) Firmenwert. Handels- und steuerrechtlich wird der Firmenwert unterschiedlich behandelt; z. B. ist im Handelsrecht der derivative Firmenwert aktivierbar, der originäre nicht usw.

Die Ermittlung des Firmenwertes kann durch verschiedene Methoden erfolgen, in der Praxis wird am häufigsten die Mittelwertmethode angewendet.

c) Eingangsvoraussetzungen Themenkreise: Firma, Firmenarten, Firmengrundsätze.

d) Medien Für Technik-Studenten liegt die Problematik der Betriebs- und Rechtskunde meistens nicht im unmittelbaren Zentrum der Interessen. Darum erscheint als Motivierung- und Problematisierungshilfe der Einsatz eines Single-concept-Filmes angebracht. Anhand einer filmischen Gegenüberstellung zweier unterschiedlich geführter und dislozierter technischer Handelsunternehmen kann ein guter Impuls für die Erarbeitung des Themas erfolgen.

Ansonsten erscheinen Transparentfolien sowie ein Overheadprojektor, das Lehrbuch und ein vervielfältigtes Aufgabenblatt für das gegebene Thema angemessen. Das Aufgabenblatt ist als Ausgangspunkt für einen lernzielbezogenen Test als Hausaufgabe vorgesehen.

e) Eigentlicher Unterrichtsablauf Die Erarbeitung des Lehrstoffes erfolgt überwiegend in bidirektionaler Form – im Lehrer-Schüler-Gespräch. Die induktive Methode ist vorherrschend.

Der geplante Ablauf des Unterrichts wird hier in Tabelle 2 zusammengefaßt.

Für die angedeutete Unterrichtseinheit ist eine Doppelstunde vorgesehen. Die Zeitschätzungen sind für die Praxis wichtig, Einzelangaben wurden in diesem Entwurf nicht angegeben.

Tabelle 2. Plan für Unterrichtsablauf

Akt.Nr.	Fkt.	Kurztext	Medien	Zeit
1	I	Themennennung. Eingliederung des Themas in die Stoffstruktur. Angabe der Gliederung der Unterrichtseinheit.	L, TA	
2	1	Motivierende Einführung in die Problematik (Film). Problemstellung: Wodurch wird der Wert eines Unternehmens bestimmt?	SC-Film,	
3	I,A	Die Schüler versuchen, eine Begriffsbestimmung des Firmenwertes zu geben. Hierbei sind Anregungen und Systematisierungshilfen vom Lehrer erforderlich. Firmenwert wird definiert (OH 1). Ursachen für den Firmenwert werden erarbeitet – ein Schüler schreibt sie auf die Tafel. Dabei wird auch der Begriff „Bilanz" wiederholt (1. LZ, 2. LZ, 3. LZ)	L, Sch, OH, TA	
4	I,R	Nun wird der für die Mittelwertbestimmung erforderliche „Ertragswert" bestimmt. Dazu überwiegend Informationsdarbietung durch den Lehrer mit Rückkopplungen auf Vorkenntnisse der Schüler	L, OH (OH 2)	
5	I,A,R	Vom mathematischen Begriff des Mittelwertes ausgehend wird zuerst der Unternehmenswert und dann der Firmenwert bestimmt. Durch Schüleraktivitäten – einfache rechnerische Beispiele (Tafel oder OH) – wird der Firmenwert erarbeitet (4. LZ)	L, Sch, TA, OH	
6	I	Bei diesem Schritt (Erarbeitung des 5. LZ) ist kein Transfer aus den ersten vier LZ möglich. Bei der Entwicklung des originären und des derivativen Firmenwertes ist deduktiv vorzugehen. Die steuerrechtliche Behandlung des Firmenwertes wird der handelsrechtlichen gegenübergestellt (OH 3)	L, OH 3	
7	I,R,A	Gesamtwiederholung. Darüber hinaus ist ein Test als Hausaufgabe anzufertigen. Die Schüler erhalten hierzu ein Aufgabenblatt. Anmerkung: Der Stoff dieser Unterrichtseinheit muß unbedingt wiederholt werden. Ausgangspunkt dafür ist die Besprechung der Ergebnisse aus dem Aufgabenblatt in der folgenden Stunde	L, Sch, OH, TA, Aufgabenblatt	

I Informationsdarbietung, *A* Anweisungen zur Verarbeitung der Informationen, *R* Rückmeldungen, *L* Lehrer, *Sch* Schüler, *OH* Overheadprojektion, *TA* Tafel.

Der Inhalt der vorgefertigten Overhead-Folien und des Aufgabenblattes

OH 1

Firmenwert
in Geld (DM, ÖS etc.) ausgedrückter Teil des Unternehmens, der über den zu Wiederbeschaffungspreisen bewerteten Substanzwert hinausgeht

OH 2

Der Ertragswert wird bestimmt durch:
a) zukünftiger Erfolg
b) Kapitalisierungsfaktor
c) Lebensdauer des Unternehmens

$$EW = \frac{\text{Zukunftserfolg} \cdot 100}{\text{Zinsfuß}}$$

OH 3

Firmenwert			
originärer		derivativer	
steuerlich	handelsrechtlich	steuerlich	handelsrechtlich
–	nicht aktivierbar	ist zu aktivieren, keine Abschreibung	darf aktiviert werden, Abschreibung möglich

Aufgabenblatt „Firmenwert“:

1. Berechnen Sie den Substanzwert!

	Buchwerte 31. 12. 74	Wiederbeschaffungswerte am 31. 12. 74
Geschäftseinrichtung	85.000,–	120.000,–
Kfz	9.000,–	14.000,–
Warenbestände	70.000,–	105.000,–
Forderungen	5.000,–	5.000,–
flüssige Mittel	4.000,–	4 .000,–
	173.000,–	248.000,–

Verbindlichkeiten	140.000,–

2. Berechnen Sie den Ertragswert!

Um Anhaltspunkte für die zukünftige Erfolgsermittlung zu erhalten, wurde aus drei vorhergehenden Jahren eine Planungsrechnung für die folgenden Jahre durchgeführt. Diese Planungsrechnung lautet:

Jahr	erwarteter Reinertrag
1977	28.000,–
1978	29.000,–
1979	30.000,–
Gesamtgewinn	87.000,–

Angenommener Zinsfuß 10%

3. Berechnen Sie den Firmenwert!

   a) Unternehmenswert = ?
   b) Firmenwert = ?

6.8 Zusammenfassung; Praxis-Tips

✎ ***Gehen Sie bei der Methodenwahl grundsätzlich vom gesamten kommunikativen Wirkungssystem aus.***

Es empfiehlt sich folgende Vorgangsweise:

- Formulieren Sie die Ziele (s. Kap. 2)
- Wählen Sie die entsprechende Information/Lehrstoff (s. Kap. 3)
- Stellen Sie die Psychostruktur der Adressaten fest (s. Kap. 4)
- Stellen Sie die Soziostruktur fest (s. Kap. 4)
- Wählen Sie geeignete Medien (s. Kap. 5)
- Abschließend wählen Sie, entsprechend den vorhergehenden Punkten, die geeignete Methode.

✎ ***Bei der Methodenwahl für die Ableitung von Gesetzen beachten Sie die im Abschn. 6.2.2 zusammengefaßten Erkenntnisse***

✎ ***Bemühen Sie sich bei Ihren Lehrveranstaltungen, frei zu sprechen.***

Wer seine Vorträge abliest, schläfert ein. Verwenden Sie einen Stichwortzettel. Dieser ermöglicht ein ungegängeltes, praktisch freies Sprechen und gibt Ihnen gleichzeitig Sicherheit, daß Sie den roten Faden nicht verlieren (Abschn. 6.6.2). Bemühen Sie sich um einen wirkungsvollen Rede-Anfang und Rede-Schluß. Die ersten Sätze Ihres Vortrages sollen bei den Zuhörern Aufmerksamkeit und Interesse wecken. Anfang und Ende des Vortrages sollten Höhepunkte Ihrer Veranstaltung bilden (s. Abschn. 6.1.1 8).

✎ ***Halten Sie Blickkontakt mit Ihren Adressaten.***

Schauen Sie nicht auf Ihre Fingernägel oder aus dem Fenster; schauen Sie auch nicht durch Ihre Zuhörer „hindurch". Stellen Sie sich den Gedankengang bei Zuhörern vor, wenn der Vortragende diese nicht anblickt, weil er z. B. dauernd auf seine Redeunterlagen schaut: Warum blickt er dauernd auf sein Blatt? – Wahrscheinlich weil er seiner Sache nicht sicher ist, weil er wahrscheinlich nichts kann – wenn er nichts kann, dann habe ich auch nichts von ihm zu erwarten!

✎ ***Unterstützen Sie Ihre Sprache durch Gestik und Mimik.***

Gestik und Mimik sollen Ihre Sprache sinnvoll begleiten und unterstreichen. Ihr Vortrag gewinnt durch passende Gestik und Mimik an Farbe.

Übertreiben Sie aber nicht. Wenn Gestik und Mimik Ihren übrigen Aktionsformen widersprechen, erzielen Sie eine ungünstige Wirkung. Wer z. B. freundliche Worte von sich gibt und dabei die Finger zur Faust verkrampft, wirkt unglaubwürdig und weckt Unbehagen.

✎ ***Agieren Sie dynamisch.***

„Änderung ist Leben". Sprechen Sie z.B. nicht zu gleichmäßig, monoton. Verändern Sie die Lautstärke Ihrer Sprache. Heben Sie wichtige Inhalte auch stimmlich hervor.

✎ ***Machen Sie gezielt Sprechpausen.***

Stürzen Sie sich nicht Hals über Kopf in den Vortrag. Beginnen Sie mit einer kurzen Pause, lassen Sie den Blick über das Publikum schweifen, lassen Sie „prickelnde Erwartung" entstehen.

Machen Sie immer dann eine kurze Pause, wenn Sie einen wichtigen Gedankengang abgeschlossen haben.

Benutzen Sie die „Pausen-Technik" auch, wenn Ihre Zuhörer unruhig oder unkonzentriert werden.

✎ ***Formulieren Sie leicht verständlich.***

Ihr Vortrag sowie Ihre schriftlichen Unterlagen sollen unbedingt leicht verständlich gestaltet sein. Auch komplizierte Inhalte können gut verständlich dargeboten werden.

- Verwenden Sie geläufige und nicht ungeläufige Wörter. Wenn Sie Fachwörter (Fremdwörter) einführen, erläutern Sie diese gleich.
- Verwenden Sie kurze, überschaubare Sätze. Nicht lange und verschachtelte Sätze.
- Formulieren Sie konkret; anschaulich ist verständlicher als abstrakt.
- Strukturieren Sie den Lehrstoff: Texte sollen sowohl eine gute „innere" Ordnung (folgerichtig) als auch eine deutliche „äußere" Gliederung (Wesentliches und Unwesentliches müssen gut unterscheidbar sein) haben.
- Formulieren Sie kurz und prägnant. Der Sprachaufwand soll zielgerichtet, auf das Wesentliche beschränkt sein.
- Vergessen Sie nicht auf anregende, motivierende „Zutaten".

Beispiele: Interessante Eröffnung anstatt farbloser Einführung. Persönlich und engagiert statt unpersönlich und „trocken".

✎ ***Abschließend: Seien Sie optimistisch, positiv.***

Wer unterrichten will, braucht eine optimistische Geduld. Bemühen Sie sich um eine freundliche Atmosphäre. Seien Sie nicht autoritär, aber lassen Sie auch nicht die Zügel schleifen. Halten Sie die Zügel nicht nur in der Hand, sondern gebrauchen Sie sie gezielt.

„Schießen Sie nicht mit Kanonen auf Spatzen". Verwenden Sie bei Störungen nicht zu starke Mittel. Häufig genügt, wenn Sie den Störer anschauen oder eine humorvolle Bemerkung machen. Wenn Sie zu hart vorgehen, könnten Sie, und nicht der Störer, von der Gruppe isoliert werden.

Seien Sie aber auch selbstkritisch und nicht leicht beleidigt. Wer es wagt, öffentlich aufzutreten, der muß auch gelegentlich Kritik vertragen und aus gerechtfertigter Kritik lernen.

Literatur

1. Ammelburg, C.: Rhetorik für den Ingenieur. VDI-Verlag GmbH, Düsseldorf, 1975.
2. Barkhausen, H.: Elektronenröhren, Band 1 bis 4. Hirzel Verlag, Leipzig, 1954.
3. Bauer, H. F.: Die Bedeutung des Experiments für die naturwissenschaftliche Erkenntnisgewinnung. In: Sievert (Hrsg.), „Theorie und Praxis des Physikunterrichts". Verlag J. Klinkhardt, Bad Heilbrunn, 1976.
4. Forejt, J.: Výuka technických předmětů v laboratoři. In: Sdělovací technika, 11/1976, SNTL, Prag.
5. Fritzsche, W.: Laborübungen in der Elektrotechnik. In: Melezinek (Hrsg.), „Ergebnisse und Perspektiven der Ingenieurpädagogik". Verlag J. Heyn, Klagenfurt, 1972.
6. Geiger, K.: Methodik der Lehre der Wechselstromtechnik. VEB Verlag Technik, Berlin, 1956.
7. Geiger, K: Induktive und deduktive Lehrmethode. VEB Verlag Volk und Wissen, Berlin, 1966.
8. Haug, A.: Labordidaktik in der Ingenieurausbildung. VDE-Verlag Berlin, 1980.
9. Haug, A.: Freie Arbeitsgruppen im Studenten-Übungslabor. In: Melezinek (Hrsg.), „Die Technik und ihre Lehre". Verlag J. Heyn, Klagenfurt, 1974.
10. Haug, A.: Die Integration des Systemdenkens moderner Elektronik in die Curricula. Dissertation an der Lehrkanzel für Unterrichtstechnologie der Universität Klagenfurt, Juli 1975.
11. Heinemann, P.: Grundriß einer Pädagogik der nonverbalen Kommunikation. A. Henn Verlag, Kastellaun, 1976.
12. Langer, I., und Schulz v. Thun und Tausch, R.: Verständlichkeit. E. Reinhardt Verlag, München, Basel, 1974.
13. Lindner, H. (Hrsg.): Erfahrungsbericht über den Programmierten Unterricht. E. Klett Verlag, Stuttgart. Sonderdruck aus Zentralblatt für Didaktik der Mathematik 75/1.
14. Maeck, H.: Arbeitshandbuch der Lehr- und Trainingstechniken. Verlag Moderne Industrie, München, 1978.
15. Melezinek, A.: Kapitoly z teorie vyučování elektrotechnickým předmětům. ČVUT, Prag, 1969.
16. Melezinek, A.: Elektronika. SNTL, Prag, 1970.
17. Melezinek, A.: Základy radioelektroniky. NV, Prag, 1970.

18. Melezinek, A.: Physikalische Grundlagen der Elektronenröhren. Verlag Siemens AG, Berlin, München, 1971.
19. Melezinek, A.: Die Triode. Verlag Siemens AG, Berlin und München, 1973.
20. Nasse, F.: Die Ermittlung des Firmenwertes eines Handelsunternehmens. In: „Winklers Flügelstift" – Ausgabe A, Heft 2/1976. Winklers Verlag, Darmstadt.
21. Neumann, R.: Zielwirksam reden. Expert Verlag, Grafenau/Württ., 3. Auflage 1981.
22. Nolker, H., und Schoenfeldt, E.: Berufsbildung. Expert Verlag, Grafenau/Württ., 1980.
23. Piaget, J.: Psychologie der Intelligenz. Verlag Walter, Olten, 1971.
24. Posch, P., Schneider W., und Mann, W.: Unterrichtsplanung. Manzsche Verlags- und Universitätsbuchhandlung, Österreichischer Gewerbeverlag, Wien, 1977.
25. Posch, P., und Schneider, W.: Elemente der Unterrichtsplanung auf Hochschulniveau. IBE-Bulletin 12/1973.
26. Rollett, B., und Schneider, P.: Perspektiven des Programmierten Unterrichts. Österreichischer Bundesverlag, Wien, 1970.
27. Rollett, B., und Weltner, K. (Hrsg.): Fortschritte und Ergebnisse der Unterrichtstechnologie. Teil I – Ehrenwirth Verlag, München, 1971. Teil 2 – Ehrenwirth Verlag, München, 1973.
28. Schirm, R.: Programmiertes Lernen. Deutsche Verlagsanstalt, Stuttgart, 1971.
29. Seiser, J.: Bericht zum Workshop „Labor-Betrieb an der Höheren Technischen Lehranstalt". In: Melezinek (Hrsg.), „Die Technik und ihre Lehre". Verlag J. Heyn, Klagenfurt, 1974.
30. Seiser, J.: Zum Laborbetrieb an Höheren Technischen Lehranstalten". In: Melezinek (Hrsg.), „Ingenieurpädagogik und Computereinsatz". Verlag J. Heyn, Klagenfurt, 1975.
31. Völkl, F.: Lehrgewinn und Behalten bei verschiedenen Formen des Programmierten Lernens. Österreichischer Bundesverlag, Wien, München, 1970.
32. Weltner, K, und Ragnitz, H.: Erprobung des Eingreifprogrammsystems in der Schulpraxis. In: Rollett, Weltner (Hrsg.), „Fortschritte und Ergebnisse der Unterrichtstechnologie". Ehrenwirth Verlag, München, 1971.
33. Zypkin, J. S.: Adaption und Lernen in kybernetischen Systemen. VEB Verlag Technik, Berlin, 1970.
34. Zypkin, J. S.: Grundlagen der Theorie lernender Systeme. VEB Verlag Technik, Berlin, 1972.

Glossar

adäquat entsprechend
Adressat Person, für die Lernprozesse organisiert werden
affektiv Gefühle bzw. Emotionen betreffend
aktivieren organisieren lernzielgerichteten Tuns bei Adressaten
Akzeptanz Annahme im Sinne von Bejahung
Analyse Zerlegung in einzelne Elemente
Ankerbegriffe Begriffe, die beim Erwerben neuer Informationen wichtig sind
Anspruchsniveau psychische Ebene, auf der Erfolg oder Mißerfolg erlebt wird
Assoziation Verknüpfung von Vorstellungen und anderen seelischen Inhalten
auditiv den Gehörsinn betreffend
Begriffslernen ordnen von Objekten durch Zusammenfassung nach gemeinsamen Merkmalen
Bekräftigung Belohnung eines Verhaltens (= Verstärkung)
Beobachtungslernen das teilnehmende Beobachten der Erfolgs- und Mißerfolgserlebnisse von Bezugspersonen und das Ziehen von Konsequenzen für eigenes Handeln
Bildung motorischer Ketten assoziative Verknüpfung von Bewegungselementen
Bildung sprachlicher Ketten assoziative Verknüpfung von Wörtern, Redewendungen oder Sätzen
Curriculum Detail-Studienplan mit Angabe der Inhalte, Methoden usw.
deduktives Vorgehen das Schließen von der Regel auf mögliche Einzelfälle
Diagnostik Kunst und Lehre des Erkennens
Dialog Zwiegespräch, Gespräch
didaktisch das Auswählen von Lernzielen und Lerninhalten betreffend
Differenzierung Verfeinerung
Dilemma Lage, in der zwangsweise zwischen zwei Möglichkeiten zu wählen ist
divergent, divergierend auseinandergehend, entgegengesetzt verlaufend
dominativ dominierend, bestimmend
Dystreß im Gegensatz zum Eustreß die schädliche Form der psychischen oder physischen Belastung
Effizienz Wirkungsintensität
Einsicht erkennen von Zusammenhängen
emotional gefühlsmäßig, dem Gefühl zugehörig
empirisch erfahrungsgemäß, durch planmäßige Erfahrung gefunden

Eustreß nicht schädliche Form der psychischen oder physischen Belastung
Exkurs ein gedanklicher Umweg
Fähigkeitspotential Fähigkeiten, die möglicherweise erreicht werden können
Feedback Rückkoppelung
Fertigkeiten alles psychomotorische und geistige Tun
Frustration Enttäuschung
Frustrationstoleranz die Fähigkeit, mit Frustrationen fertig zu werden
Gedächtnisphysiologie die Wissenschaft von den physikalischen und chemischen Vorgängen, soweit sie das Gedächtnis betreffen
Gnoseologie Erkenntnistheorie
heuristisch für systematisches Vorgehen Anhaltspunkte bietend
Hospitant jemand, der einen Unterricht zum Zwecke der Beobachtung des unterrichtlichen Geschehens besucht
Hospitation Unterrichtsbesuch zum Zwecke des Beobachtens unterrichtlichen Geschehens
Hypothese wissenschaftliche Annahme, die sich als richtig oder als falsch erweisen kann
Identifikation die Übernahme von Eigenschaften oder Verhaltenselementen eines anderen
Indikation Umstände und Gründe, auf die bestimmte Maßnahmen folgen sollten
individualisieren das Berücksichtigen der Adressateninteressen beim Aktivieren
induktives Vorgehen das Schließen von Einzelfällen auf die Regel
informelle Beziehungen die nicht formell geregelten Beziehungen zwischen Menschen
informeller Führer der nicht formell mit Vollmachten ausgestattete Führer einer Gruppe
innovativ Neuerungen betreffend, erneuernd
integrativ zusammenarbeitend, kooperativ
Intelligenz verstandesmäßige Fähigkeit, auch in ungewohnten Situationen zweckmäßig zu reagieren
Interaktion Wechselbeziehungen zwischen Menschen, z. B. im Gespräch
intervenieren eingreifen
Intervention führungsmäßiger Eingriff in ein interaktionelles Geschehen
intuitiv gefühlsmäßig erkennend, nicht vorüberlegt
Kenntnisse Wissen, das in der gelehrten oder erarbeiteten Form wiedergegeben werden kann
Killerphrase abwertende Bemerkung
Kinesik die Lehre von den körpersprachlichen Mitteilungen
kognitiv verstandesmäßig
kognitive Strukturierung verstandesmäßige Aufarbeitung
kognitives Lernen verstandesmäßiges Lernen
Kommunikation absichtliches oder unbeabsichtigtes Senden und Empfangen von Mitteilungen

Kompetenz Zuständigkeit allgemein; durch Lernen gewonnene sachliche Zuständigkeit

konativ Handlungen bzw. Tun betreffend

Konflikt die Erscheinung der sich überschneidenden Interessen von Individuen oder von Gruppen bzw. Individuen und Gruppen

Konflikttoleranz die Fähigkeit, mit Konflikten fertig zu werden

konformistisch das kritiklose Übernehmen von Gruppennormen betreffend

konvergent, konvergierend zusammenführend, auf üblichen Wegen verlaufend

Korrelation Wechselbeziehung, das Aufeinanderbezogensein von zwei Begriffen oder Dingen

Kreativität Fähigkeit, Ideen hervorzubringen

kreieren neu schaffen

kumulativ sich häufend

Lehrplan Bildungsplan; Auflistung des Lehrstoffes, manchmal auch der zu erreichenden Ziele

Leitbild verhaltensbeeinflussendes Vorbild

Lerndefizit Mangel an Lernergebnissen

Lernen durch Einsicht überlegtes Handeln, bis der Erfolg eintritt

Lernen durch Probieren zufallsbetontes Handeln, bis der Erfolg eintritt

Lernen durch Versuch und Irrtum lernen durch Probieren

Lernmotivation Bereitschaft, zu lernen

Lernplateau die Erscheinung des Lernstillstandes

methodisch das Vorgehen betreffend

Moderator Gesprächsleiter, der nicht seine Meinung bringt und nur auf formell richtigen Ablauf der Gespräche achtet

Monolog Kommunikation, bei der nur einer spricht

Motivation auf die Bedürfnisbefriedigung ausgerichteter Zustand

Nivellierung Einebnung, gleichmachendes Vorgehen

nonkonformistisch sich nicht in seinem Urteil durch Gruppenformen beeinflussen lassen

objektiv sachlich, frei von Vorurteilen, die Sachlage betreffend

operational kontrollgerecht formuliert

Operationalisierung kontrollgerechte Formulierung von Sachverhalten, insbesondere von Lernzielen

Personalisierung persönlich werden, das Beziehen auf die Person

Phänomen Erscheinungsbild, Erscheinung

physiologisch die physikalischen und chemischen Vorgänge im Körper betreffend

Plenum Vollversammlung

Polarisierung das Herausarbeiten von Gegensätzen

potentiell möglicherweise, aber nicht zwingend

pragmatisch praxisbezogen, handlungsbezogen, ohne theoretischen Ballast

primäre Motivation auf die Befriedigung von Primärzielen ausgerichteter Zustand

progressiv sich steigernd

Projektion psychischer Abwehrmechanismus; selbst nicht akzeptierte Impulse werden auf andere übertragen

psychomotorisch die Bewegungen innerhalb des psychischen Geschehens betreffend, auf Bewegungsabläufe bezogen

psychomotorisches Lernen lernen von Bewegungsabläufen

quantitativ mengenmäßig, auf die Menge bezogen

rational verstandes- bzw. vernunftgemäß

Rationalisierung verstandesmäßige Aufbereitung, verstandesmäßige Begründung

rationell verständig, zweckmäßig

reflektieren rückbesinnende Aufmerksamkeit, Geschehenes überdenken

Regellernen assoziative Verknüpfung von Begriffen bzw. lernen der Regeln für das Verknüpfen von Begriffen

rekapitulieren wiederholen

relevant bedeutungsvoll, wichtig

Relikt Überbleibsel

reproduzieren das Wiederhervorbringen früher angeeigneter Gedächtnisinhalte

restriktiv hemmend, unterdrückend, einschränkend

rezeptiv aufnehmend

Rhetorik die Lehre von der Rede- und Sprechkunst

Rolle Verhalten, das von Menschen bestimmter Position und bestimmter Situation erwartet wird

Rollenträger Person, der bestimmte Rollen zugeschrieben werden

Rückkoppelung Rückmeldung, Bekanntgabe des erreichten Niveaus

Schlüsselbegriffe Ankerbegriffe

sekundäre Motivation auf die Befriedigung von Sekundärzielen ausgerichteter Zustand

Sekundärziel Ziel, an dessen Erreichen nur rnittelbares Interesse besteht; das Sekundärziel wird angestrebt, um über dieses das Primärziel zu erreichen

Selbstverständnis das für richtig Gehaltene; das selbstverständlich Erscheinende

Selbstverstärkung das Belohnen des eigenen Verhaltens

selektieren auswählen

Selektion Auswahl

Sensibilisierung Steigerung der Empfindungsfähigkeit

Sensibilität Empfindsamkeit, Feinfühligkeit

Signal Zeichen

Signallernen die assoziative Verknüpfung eines Reizes und einer Reaktion

sinnvolles Üben einsichtiges Üben

situativ auf die Umstände bezogen

Skill Verhaltenselement

soziale Prozesse Abläufe innerhalb des menschlichen Zusammenlebens

soziales Lernen das Verhalten zu anderen Menschen betreffendes Lernen

spontan aus eigenem Antrieb; von selbst, ohne lange Überlegung

Spontaneität Selbsttätigkeit ohne Aufforderung

Status der Rang einer Person innerhalb einer Gruppe
Struktur Beziehungsgefüge
strukturieren das Aufdecken von Beziehungen und Zusammenhängen
subjektiv einseitig, persönlich gefärbt: Gegensatz zu objektiv
Subsystem System innerhalb eines Systems
synchron zeitgleich
synonym gleichbedeutend
Synthese Zusammenfügung einzelner Elemente zu einem Ganzen
System Ordnung von Elementen innerhalb eines Ganzen
Taxonomie Einordnung in ein System, Systematik
Theorie die in sich schlüssige Zusammenfassung der bisherigen Erkenntnisse über einen Sachverhalt
tradiert überliefert
Trainingssequenz Abschnitt in einer Folge von Trainingsabschnitten
Transfer Übertragung
transparent durchsichtig
Validierung Überprüfung eines Verfahrens im Hinblick auf seine Wirksamkeit
Variable beobachtbares Merkmal, das unterschiedlich ausgeprägt sein kann und zu unterschiedlichen Wirkungen führt
verbal vom Wort her
Verbalisierung das Ausdrücken durch Worte
Verdrängung die unbewußte Unterdrückung eigener Bedürfnisse
Verhaltenspotential die Gesamtheit des möglichen Verhaltens
Verkehrung ins Gegenteil psychischer Abwehrmechanismus; sich unbewußt zum Gegenteil bekennen
Verständnis Wissen, das mit eigenen Worten sinngerecht wiedergegeben werden kann
Verstärkung Belohnung eines Verhaltens (= Bekräftigung)
Visualisierung das optische Veranschaulichen
visuell den Gesichtssinn betreffend
Vorurteil unbegründetes, auf Gefühlen beruhendes Urteil
Wirkungssystem System, dessen Elemente sich gegenseitig beeinflussen; jede Veränderung eines Elementes wirkt auf die anderen auch verändernd
Zuwendungsmotivation die Bereitschaft, sich einer Sache, einer Person oder einem Zustand zuzuwenden

Sachverzeichnis

Springer-Verlag und Umwelt

Als internationaler wissenschaftlicher Verlag sind wir uns unserer besonderen Verpflichtung der Umwelt gegenüber bewußt und beziehen umweltorientierte Grundsätze in Unternehmensentscheidungen mit ein.

Von unseren Geschäftspartnern (Druckereien, Papierfabriken, Verpackungsherstellern usw.) verlangen wir, daß sie sowohl beim Herstellungsprozeß selbst als auch beim Einsatz der zur Verwendung kommenden Materialien ökologische Gesichtspunkte berücksichtigen.

Das für dieses Buch verwendete Papier ist aus chlorfrei hergestelltem Zellstoff gefertigt und im pH-Wert neutral.